大学生心理健康十二讲

李 梅 黄 丽 ◎主 编

DAXUESHENGXINLIJIANKANGSHIERJIANG

主　编：李　梅　黄　丽

副主编：刘伟伟　沈　威

编　委：胡　俊　孙小菲

　　　　周凤琴　汤丽萍

北京师范大学出版集团
BEIJING NORMAL UNIVERSITY PUBLISHING GROUP
北京师范大学出版社

图书在版编目(CIP)数据

大学生心理健康十二讲/李梅,黄丽主编.—北京:北京师范大学出版社,2012.6(2023.7重印)

ISBN 978-7-303-08859-1

Ⅰ.①大… Ⅱ.①李…②黄… Ⅲ.①大学生－心理健康－健康教育－高等学校－教材 Ⅳ.①B844.2

中国版本图书馆 CIP 数据核字(2012)第 095867 号

图书意见反馈:gaozhifk@bnupg.com 010-58805079
营销中心电话:010-58807651
北师大出版社高等教育分社微信公众号 新外大街拾玖号

出版发行:北京师范大学出版社 www.bnupg.com
　　　　　北京市西城区新街口外大街 12-3 号
　　　　　邮政编码:100088
印　　刷:天津中印联印务有限公司
经　　销:全国新华书店
开　　本:730 mm×980 mm　1/16
印　　张:14.75
字　　数:250 千字
版　　次:2012 年 6 月第 1 版
印　　次:2023 年 7 月第 15 次印刷
定　　价:24.60 元

策划编辑:齐　琳　　　　　责任编辑:齐　琳
美术编辑:毛　佳　　　　　装帧设计:陈国峰
责任校对:李　菡　　　　　责任印制:马　洁

序

    2009 年，学校心理健康教育与咨询中心（以下简称"中心"）专兼职教师在学校党委对大学生的心理健康教育工作的高度重视下，组成编写小组为我们的大学新生编写了《校园成长列车——献给大学新生的心灵礼物》读物。学生们来到学校，这份礼物就开始伴随他们成长，很多学生从中获益。在之后的几年里，我们一直在思考，怎样工作能够让大学生更积极主动地觉察自己、成为自己，成为心理健康的下一代。因此，开设选修课或开设必修课便进入了我们的工作计划中。写一本学生接纳的、喜欢的教材也成为了我们的目标。从那以后，我校专兼职的年轻的心理健康教育工作者就开始投入大量的精力、情感，为此付出心血。我作为"中心"主任，更多地将精力放在培养他们如何形成编写思路、如何将积极心理学的理念渗透全书的各个章节中，并将《习近平新时代中国特色社会主义思想进课程教材工作要求实施细则》，和中国共产党第 20 次代表大会报告中关于教育和文化的要求，体现在修订内容中。几经努力，凝聚了年轻作者们才智和爱心的书终于形成了。

    这本书也是教育部人文社会科学研究专项任务"积极心理学视角下的三层次心理健康教育课程建设体系构建"工作的重要组成部分。通过这样的工作我们希望不仅对学生有益，同时对我们的专兼职教师的专业成长、个人发展也有促进作用。

黄 丽

2022 年

于杭州青龙苑

前　言

当我主动提出来主编这本书时，正好是夏末秋初的时候。在此之前有过一些参编书稿的经验，想在此基础上将自己以及周围年轻同事在这些年工作中积累的大学生心理健康教育的相关经验用文字呈现出来。这一提议得到了领导的鼓励和支持，黄丽老师在放手让年轻人去尝试的同时，除了在方向上给整本书以指导，也参与了部分章节的编写。

在过去10年时间里，大学生心理健康教育工作获得长足的进展，课程教育作为心理健康教育的重要途径之一，在普及心理健康基本知识，培养人格健全和全面发展的大学生方面起到了重要作用。2011年教育部印发了《普通高等学校学生心理健康教育课程教学基本要求》的通知，对开设大学生心理健康教育必修课提出了明确的要求，进一步强调了课程教育的重要性。编写本书也是为了更好地满足《大学生心理健康》教育课程开设的需要。

大学生心理健康教材几乎很难将心理健康的知识全面涵盖，本书在编写内容上试图做到涉及的心理学知识贴近大学生心理健康的需要，并运用这些知识和理论，增强大学生自我调节、自我教育的能力，缓解心理困扰、优化心理素质、学会心理调适的方法，进而提升积极的心理品质，积极关注自我认识、情绪调节、挫折承受、人格发展、学习管理、人际交往、婚恋态度，进而预防心理疾病的发生。本书共分为十二个教学单元，包括心理健康的基本理论、自我意识、自我提升、人格、情绪、亲密关系、同学关系、爱情、性心理、学习、挫折以及生命教育等与当代大学生成长发展联系密切的专题。在体例安排上，设置了"心灵万花筒""心灵小贴士""心灵瑜伽"等栏目，力求生动活泼、通俗易懂、文字优美、启迪智慧，各章最后还有附有思考题，以帮助读者加深理解和把握重点。

本书的编写注重案例教学。为了让案例更贴近学生实际，在编写前，以及第一稿写作完成后，我们组织了部分大学生座谈、讨论，从中获得第一手资料。各章节的开篇与章节内容中都提供了丰富的案例、小故事、知识链接等内容，教材中的案例大多是发生在同学们身边的小故事，或者是编写老师在工作过程中感觉到对大学生心理健康的发展很重要的环节，或者这些故事能带给大学生丰富的启发，或者通过这些案例为大学生理解相关的心理学知识提供范例。

本书在编写理念上既注重大学生心理健康的特点，又强调心理健康的可持续发展。本书作为大学生心理健康教育课程的教材，突出大学生所处阶段心理健康呈现出来的各种特点。同时，编者认为心理健康的维护和发展应该是每个人的终生需要，因此在编写过程中也比较强调这一点，如亲密关系的发展、情绪管理、提升生命的价值，用积极的方式面对挫折，对自我进行探索与提升等，这些不仅是大学期间需要进行学习和发展的内容，哪怕离开大学、进入社会，这些心理健康的内容也会与每个人的生活相伴随，因此大学生目前的学习和累积是为今后的幸福人生打下基础。

积极心理学理念的渗透是本书内容的基本基调。这并不意味着在编写内容上不去触碰缺陷、困惑等，而是试图在讲述与此相关的内容时，试图从积极、健康、乐观的方面对大学生进行启迪。

参与本书编写工作的主要是杭州师范大学心理健康教育与咨询中心的教师以及辅导员。具体分工如下：第一讲，李梅、沈威；第二讲，黄丽、刘伟伟；第三讲，黄丽、刘伟伟；第四讲，孙小菲；第五讲，周凤琴；第六讲，李梅；第七讲，李梅；第八讲，胡俊；第九讲，胡俊；第十讲，李梅、刘伟伟；第十一讲，李梅、汤丽萍；第十二讲，孙小菲。黄丽老师负责第一、第二、第三、第六、第七、第十讲的统稿，李梅负责第四、第五、第八、第九、第十一、第十二讲的统稿。本书的插图全部由我校美术学院2009级学生童双艳绘制。因此可以说，本书是集体智慧的结晶。

在编写过程中，由于作者基本上是年轻人，尽管积累了一些工作经验，也有一些相关知识的储备，但还是深感要把内心的想法转变成字句，并用较准确的语言表达出来，实属不容易之事。本书在编写过程中参考了大量的相关书籍与文献，特别是国内外心理健康的最新研究成果，在此，向上述作者和研究者等前辈谨表感谢。由于编写者水平和能力有限，加上时间仓促，书中存在的缺陷与错误在所难免，欢迎同行和读者予以指正。

李梅

2012 年 2 月 29 日

于钱塘江畔

目　　录

第一讲　心理健康——成长的新视角 / 1
　　第一节　识心有据——心理学与心理健康 / 2
　　第二节　健康标准——大学生心理健康的发展 / 8
　　第三节　心理咨询——为心理健康"护航" / 14

第二讲　认识自己——自我的全面画像 / 20
　　第一节　认识自己——"我"的组成 / 21
　　第二节　自我觉察——"我"是怎样成为现在的我 / 26
　　第三节　自我觉醒——"我"的改变方向 / 33

第三讲　提升自我——做回真实的自己 / 37
　　第一节　自我认同——拥抱自己 / 39
　　第二节　自我效能——欣赏自己 / 45
　　第三节　自我尊重——提升自我存在的尊严与意义 / 52

第四讲　人格魅力——人心不同，各如其面 / 56
　　第一节　人格概述——人格面面观 / 58
　　第二节　人格与健康——人格对心身健康的影响 / 66
　　第三节　人格完善——健康人格的培养和塑造 / 71

第五讲　情绪管理——给情绪安个家 / 76
　　第一节　情绪概述——掀起你的盖头来 / 78
　　第二节　情绪体验——让我欢喜让我忧 / 83
　　第三节　情绪管理——我的情绪我做主 / 88

第六讲　亲密关系——人际交往的源起与形成 / 94
　　第一节　人际交往的起源——依恋理论 / 95
　　第二节　人际交往的发展——人际中的其他理论 / 100
　　第三节　亲子关系——与父母关系的和解 / 107

第七讲　同学关系——大学人际关系的变奏曲 / 112

第一节　简单中的繁复——人际交往的主旋律 / 114

第二节　人际交往的困惑——山重水复疑无路 / 117

第三节　交往能力的提升——柳暗花明又一村 / 124

第八讲　爱情花开——恋爱心理面面观 / 131

第一节　爱之 ABC——爱情是什么 / 133

第二节　爱之维系——呵护你的爱情花朵 / 138

第三节　分手快乐——应对爱的起起伏伏 / 146

第九讲　路过"性"福——大学生性心理保健 / 152

第一节　掀开"性"的面纱——什么是性 / 153

第二节　"性"福的烦恼——有关"性"的那些事儿 / 158

第三节　我要的"性"福——面对性关系 / 162

第十讲　革新学习——整合学习模式 / 170

第一节　学习的心理学概述 / 172

第二节　玉不琢，不成器——面对学习中的难题 / 180

第三节　做学习的主人——打造新的学习模式 / 185

第十一讲　挫折应对——让挫折成为成长的资源 / 188

第一节　挫折真相——挫折的心理概述 / 190

第二节　挫折应对——你用了的防御方式 / 195

第三节　提升耐受挫折能力——从积极心理学的视角出发 / 199

第十二讲　生命教育——让生命的宝石熠熠闪光 / 207

第一节　生命教育——打开生命教育之门 / 208

第二节　生命的真谛——思考生命这个命题 / 211

第三节　生命的危机——迈过绝望那道坎 / 219

参考文献 / 226

第一讲

心理健康——成长的新视角

健康的一半是心理健康,
心理的健康,是幸福的源泉。

健康的一半是心理健康。心理的健康，是幸福的源泉。

从 心 开 始

小平进入大学后，第一学期的必修课中就有《大学生心理健康教育》课程。作为看上去并不重要的"副课"，他准备好 PSP 游戏机带到课堂。可他发现，要在这个课堂中集中精力玩游戏并不是一件容易的事，因为自己时不时会被老师讲的内容吸引。当老师谈到刚入学大学生的心理状态时，他觉得自己仿佛被"看穿"了似的。那些孤单、迷茫、新奇、希望等心情都是他一个人默默承受着或承受过的。但没想到这是一种常见的状况。当被人读懂，心里顿感敞亮和轻松了许多。当老师谈到过度的焦虑会影响一个人正常潜能的发挥时，他不由得想到自己的高考。高复过的他不管是第一次参加高考，还是第二次，高考的成绩都比平时的成绩要差许多。每次到了高考，他就拉肚子、发低烧，以致严重影响高考成绩。他之前总觉得是运气不好，现在看来这是考试过度焦虑的表现，而且这种焦虑可以得到缓解。老师谈到情绪管理中的抑郁情绪时，指出一个人在重度抑郁情绪下，很有可能会选择自杀。他想到自己曾有位邻居自杀，当时大家都感叹说，怎么就这么想不通。现在想来其实是他得了抑郁症，若当时他的家人知道这些知识，能及早采取一些行动，或许他就不会走到极端的状况了。渐渐地，小平每次去上心理课，不再带 PSP 机了，因为他发现这门"副课"，正好贴合了自己的内心成长需要。

每位大学新生怀揣着对大学生活的各种憧憬，开始四年的大学生活。每个人都希望这四年能够有所成长、有所收获，并渴望大学生活能过得顺利、开心。在这个过程中，不管是专业学习还是能力的培养，不管是对自我的认识还是与他人的人际关系的建立，不管是面对实际的生活事件还是思考终极的人生话题，不管是行动力的提升还是情绪的管理，不管在遇到困难时，是采取积极的态度，还是用消极的方式去对待，这些都是大学学习生活过程中需要经历和面对的，也都可以从心理健康学的视角进行认识与体验。因此，学习与心理健康学相关的知识，并在实践过程中运用之，对大学生的成长具有重要意义。

第一节　识心有据——心理学与心理健康

镜头一：学校正在开展"5·25，我爱我"大型心理健康教育宣传活动，其中有一项为现场心理咨询。这时几个男生经过活动现场。甲对乙打趣说："心理咨询，这个你最需要了，赶紧去。"乙推搡了甲一把说："像你这样不正常的人才需要呢，我们正常人是不需要这个的。"

镜头二：新生小张与小丁因为听讲座时坐在座位相邻而彼此认识。两个人开始闲聊。张："你学什么专业啊？"王："心理学。"张："真的啊，那你们学不学关于血型、生肖、星座的内容啊，我对这个好有兴趣，觉得很准啊。"

从这些镜头中，多少可以看出大学生对心理学的了解状况。现实生活中，一些人把心理学与精神病学等同，把心理学理解成对人即刻心理活动的捕捉，把心理咨询当做是心理不正常的人才需要的服务，把心理学与占星、血型分析等放在一起了解……这些都是人们普遍存在的对心理学的误解。因此，对心理学以及心理健康有正确的了解，是大学生心理健康教育的起点。

一、心理学的内涵

（一）心理学的定义

心理学是研究心理现象和心理规律的一门科学。

心理现象是心理活动的表现形式。从心理现象的分类来看，心理现象可分为心理活动过程和人格两个方面。心理活动过程又包括认识过程（感觉、知觉、注意、记忆、思维和想象等心理活动），情绪、情感过程（情绪、情感体验和表情）和意志过程（自觉确定目的、克服困难、调节管理行为的心理活动）三部分。人格（又称个性）包括人格倾向性（需要、动机、兴趣、信念、世界观等），人格特征（能力、气质和性格）和自我意识系统（自我认识、自我体验和自我调控）三部分内容。

心理规律是心理活动发生发展的规则。

心灵小贴士

人的心理活动

人可以辨别物体的颜色形状，分辨各种声音、气味、味道以及空间远近和时间长短等，这是由于感觉和知觉的作用。人可以记住和回忆经历过的事物，这是记忆的作用。人在日常生活中可以憧憬未来；在艺术活动中，可以创造出新的形象，这和想象的作用有关。人还能发现事物之间的关系，而且能够思索问题、解决问题，这是思维在起作用。人在认识周围世界时，不会无动于衷，总会发生喜爱、厌恶、淡漠等不同的态度和体验，有时会引起狂喜、暴怒、惧怕、焦虑等状态，这些是情绪和情感过程。人还常常为了改善自己、变革现实而自觉地树立某种目标，并努力克服各种困难去达到预定的目标；或者根据自己的认识和集体的要求而克制自己的愿望、改变自己的行为，这属于心理学中的意志过程。

（丁祖荫：《幼儿心理学》，北京，人民教育出版社，2006）

（二）心理学的分类（学科属性）

学科通常分为自然科学和社会科学两大部类。心理学研究心理现象的物质本体，及心理的神经生物学基础。在这个意义上，心理学的研究目标和手段都与自然科学一样，因而具有自然科学的性质。然而，人又是社会的实体，人的心理活动的发生离不开社会环境的影响，此外心理学还研究团体心理和社会心理，这些心理现象更是社会生活的产物。在这个意义上，心理学的研究又具有社会科学的性质。总之，心理学既具有自然科学的性质又具有社会科学的性质。所以心理学处在中间位置，因而叫做中间科学或者边缘科学。

（三）心理的实质

1. 心理是脑的机能

产生心理活动的器官是脑。随着医学的进步，人们逐步增强了对脑的认识，把心理活动的产生与脑的活动联系起来。人脑如何产生心理活动是个极复杂的问题。现代神经生理学的研究指出，人的心理现象，特别是高级心理现象，绝不是个别神经细胞或脑的个别区域活动的结果，而是脑的机能系统协同活动的产物。心理现象就其产生方式来说，是脑的反射活动。人的反射可分为无条件反射和条件反射。条件反射在性质上既是生理现象又是心理现象，是人的语言以及在语言影响下形成的第二信号系统，使人的心理表现出新的特点。

2. 客观现实是心理的源泉，同时心理活动具有主观能动性

脑是产生心理活动的器官，具有反映的机能。人脑必须在客观现实的影响下才能实现其反映的机能，从而把客观存在转化为主观的心理。人脑好比是个"加工厂"，客观现实就是"原材料"，没有"原材料"，大脑这个"加工厂"就不能生产出任何产品。人的心理所反映的是客观现实，客观现实是人的心理的源泉。大量实例证明，离开了社会生活条件，就不可能产生正常人的心。但就产生心理的人这一主体来说，任何心理都属于一定主体并产生于具体人的脑中，是不可替代的。由于每个人的知识经验、生活经历、世界观、需要、态度及个性特征以及当时的心理状态不同，就必然使人的心理活动带上鲜明的个人色彩，表现出对客观事物反映的主观性。这里举一个很简单的事例：一千个读者会有一千个哈姆雷特说的就是这种主观性，同一班学生，同读一本书，各人对书的内容的理解及评价不会完全相同。

心灵小贴士

两 可 图

心理学中有各种各样的两可图，不同的人第一反应看到的内容可能不一样，这种现象是心理的主观能动性的生动说明。以下的两幅图，你第一眼看到的内容是什么呢？

3. 人的心理在实践活动中发生发展

社会实践活动是把人脑和客观现实联系起来的桥梁。实践活动是人的心理发生、发展的基础。人的一切心理活动都是在劳动、学习、交往等实践活动中产生的。人的心理的日益丰富是随着实践活动的日益深化而实现的，人在改变外界的实践活动中，也同时改变了自己对外界的反应，使自己的心理得到发展。同时，在实践活动中发生、发展起来的心理，必将作为再实践的理论指导，使实践活动不断深入，提高实践活动的效率。即使是一些极其简单的实践活动，也需在心理调节下完成。就像案例中的小平，在大学新生适应的过程中产生的迷茫、好奇等心理现象，通过心理调节，可以更好更快地适应大学新生活。

二、新的健康观

"如果说人生的学业、事业、婚姻、名利就像是许多个0，那么健康就是这许多个0前面的那个1，如果没有这个1的存在，再多的0也将没有任何意义。"这句话充分传递了健康的重要性，对健康的照护是建立在对健康全面了解的基础之上的。

(一)健康的定义

1978 年 9 月，国际初级卫生保健大会发表《阿拉木图宣言》，该宣言重申了 1948 年世界卫生组织成立时对健康的定义："健康不仅是疾病与体弱的匿迹，而是心身健康、社会幸福的完满状态。"还进一步提出："健康是基本

健康是指身体健康与心理健康的统一。

人权，达到尽可能的健康水平是世界范围内的一项最重要的社会性目标。"1989年，世界卫生组织又进一步深化了健康的概念，指出健康包括身体健康、心理健康、社会适应良好和道德健康。

由此可见，健康是身体健康与心理健康的统一，二者是相互联系、密不可分的。当人的身体产生疾病时，其心理也必然受到影响，会产生情绪低落、烦躁不安、容易发怒等行为表现，从而导致心理不适；同样，长期的心情抑郁、精神负担重、焦虑的人也易产生身体不适，甚至导致心身疾病。因此，健全的心理与健康的身体是相互依赖、相互促进的。

心灵小贴士

心身健康的十条标准

一是有充沛的精力，能从容不迫地担负日常工作和生活，而不感到疲劳和紧张；

二是积极乐观，勇于承担责任，心胸开阔；

三是精神饱满，情绪稳定，善于休息，睡眠良好；

四是自我管理能力强，善于排除干扰；

五是应变能力强，能适应外界环境的各种变化；

六是体重得当，身材匀称；

七是牙齿清洁，无空洞，无痛感，无出血现象；

八是头发有光泽，无头屑；

九是反应敏锐，眼睛明亮，眼睑不发炎；

十是肌肉和皮肤富有弹性，步伐轻松自如。

（《世界卫生组织》）

（二）心理健康的内涵

第三届国际心理卫生大会（1946）为心理健康下的定义是："所谓心理健康是指在身体、智力以及情感上与他人的心理健康不相矛盾的范围内，将个人心境发展成最佳的状态。"

从广义上讲，心理健康是一种持续高效而满意的心理状态；从狭义上讲，心理健康是知、情、意、行的统一，是人格完善协调，社会适应良好。迄今为止，关于心理健康还没有一个统一的概念，国内外学者一般认同心理健康标准的复杂性，既有文化差异，也有个体差异。

人的心理健康是指一种持续的、积极的心理状态。个体能够与环境有良好的适应，其生命具有活力，能充分发挥其心身潜能，就可被视为心理健康。据此，人的心理健康水平大体可分为三个等级：一是一般常态心理，表现为心情经常愉悦程度较高，适应能力强，善于与别人相处，能较好地完成与同龄人发展水平相适应的活动，具有调节情绪的能力；二是轻度失调心理，表现为不具有同龄人应有的愉快，与他人相处略感困难，生活自理能力不够好，经主动调节或通过专业人员帮助后可恢复常态；三是严重病态心理，表现为严重的适应失调，不能维持正常的生活和工作，如不及时治疗可能恶化成为精神病患者。

三、心理健康教育

关于对心理健康教育的理解，有一个通俗的故事很能说明其深刻的内涵。故事是这样的：有三个打鱼人，聚在一个河潭边钓鱼，钓鱼时他们发现有人在上游被冲进水潭挣扎着求救，于是有一个打鱼人跳入水中把落水者救了上来，用人工呼吸予以抢救，但在这时，他们见到另一个被冲下来的落水者，另一个打鱼人又跳入水中把他救了上来……

可是，他们接着又发现了第三个、第四个和第五个落水者，这三个打鱼人已经是手忙脚乱，显得难于兼顾和应付了。此时，有一个打鱼人似乎想到了什么，他离开现场去了上游，想去做一种性质不同但目的一致的工作，就是劝说人们不要在这里游泳，并且在落水处插上一块木牌以示警告。可是，仍有无视警告者被冲进水潭，三个打鱼人身处其中，仍然要忙于从水中救人的工作。后来，其中一个打鱼人最终似乎醒悟了，他说这样仍不能从根本上解决问题，他要去做另一项工作——去教人们游泳，这似乎是问题的关键，如有了好的水性，那么即使被冲下深水或急流之中，也能够独立应付，不至于深陷危急甚至付出生命了。

（申荷永，高岚著：《心理教育》，广州，暨南大学出版社，2001）

如果以此来比喻心理学，那么第一步，跳入水中抢救落水者就好比心理治疗，但心理治疗往往需要花费治疗者相当的时间和精力，被治疗的人往往感受到深刻的痛苦和不安。第二步，有一个打鱼人去上游插告示牌，这就好比是心理咨询（和心理辅导），但一般来说，它也只是对来访者发挥影响。第三步，那位去教人们游泳的打鱼人所做的工作，就好比是"心理健康教育"。如果一个人能很好掌握水下自救的技巧，即使被卷入急流，也能脱离危险。心理健康教育的目的也是如此，就是教会大学生一些心理调试的技巧和方法，使大学生在遇到问题的时候能及时调整自己的心态，来面对困难。

大学生心理健康教育是根据大学生生理、心理的发展特点，以实现心理学自身的意义和价值为目标，运用心理教育有关的方法和手段，培养与完善大学生的人格，培养学生良好的心理素质，促进学生心身全面和谐发展和素质全面提高的教育活动。

（一）心理健康教育的目标

大学生心理健康教育的目标是：提高全体学生的心理素质，充分开发大学生的潜能，培养大学生乐观、向上的心理品质，促进大学生人格的健全发展；使大学生不断正确认识自我，增强调控自我、承受挫折、适应环境的能力，培养大学生健全的人格和良好的个性心理品质，对少数有心理行为问题和心理障碍的学生，给予科学的心理咨询和辅导，使他们尽快摆脱障碍、调节自我，形成健康的心理品质，提高心理健康水平。由此可见，大学生心理健康教育并不是少数"有病"的大学生需要的学习内容，而是广大想要成才的大学生在大学期间的"必修课"之一。

(二)心理健康教育的实施途径

1. 课堂教学

目前高校心理健康教学由公共必修课程、选修课程以及各种形式的心理健康知识讲座组成。公共必修课程是每位大学生在校期间必修的课程之一，2011年教育部颁发《普通高等学校学生心理健康教育课程教学基本要求》的通知。要求通过课程教学活动，使学生明确心理健康的标准及意义，增强自我心理保健意识和心理危机预防意识，掌握并应用心理健康知识，培养自我认知能力、人际沟通能力、自我调节能力，切实提高心理素质，促进学生全面发展。选修课程往往从心理健康某一具体内容入手，深入系统地就某一项心理技能进行教授，或对在某些心理技能方面有特别需求的同学提供如"情绪管理""人际关系的真谛""自我成长训练"等选修课程。心理知识讲座的形式具有更大的灵活性和新颖性，学生可以根据自己的喜好挑选内容进行学习。

2. 心理健康宣传活动

为了丰富心理健康的校园文化氛围，为大学生提供多种渠道参与心理健康活动，学校通常会组织形式多样的心理健康宣传活动。这些活动包括：心理影片展播、心理沙龙、心理漫画展示、心理情景剧汇编汇演、心理知识竞赛、心理辩论赛、心理素质拓展等；有些学校还会组织学生编写心理健康教育的报纸或杂志，定期更新心理健康教育网站，制作心理健康相关知识的宣传手册、组织大型心理健康竞赛等活动。

3. 心理咨询与服务

学校的心理健康教育中心通常向学生开放个别心理咨询和团体心理咨询。大学生在校期间遇到心理困惑或者渴望提升自身的心理素质都可以通过预约咨询的形式来进行个别心理咨询或者团体心理咨询，目前我国大部分学校咨询都是免费的。除了面对面的咨询外，有的学校还向学生开放电话热线咨询、网络咨询等形式。

第二节　健康标准——大学生心理健康的发展

在对心理学、心理健康的相关知识有初步了解的基础上，认识大学生心理健康的标准以及大学生心理健康的影响因素，一方面可以给大学生提高心理素质提供可参照的标准；另一方面大学生在塑造自身的心理素质时，可以从不同的方面去考量给自身心理状况带来影响的因素，从而为心理健康的调适提供途径。

事实上，尽管以下涉及的内容是大学生心理健康的标准，但并不意味着这一标准是没有弹性的。标准设定的一个重要作用在于辅助加强对心理健康的认识，也让大学生在进行心理调适时，有目标可循。人的健康状态的活动是动态发展的，一个人在某阶段面临心理困惑并不意味着这种困惑总是存在或会加剧，而是在成长过程中，必然会遇到各种困惑。大学生心理健康与不健康也并无明显界限，而是一个连续化的过程，对多数大学生而言，在某一阶段遇到心理上的发展性问题，大学生学习带着这些问题继续学习生活，以及在学习生活过程中随着个体的心理成长而逐渐调整心理状况进而趋于健康，从而提高心理健康水平。心理健康的建设遵循着螺旋式上升的途径。

一、大学生心理健康的标准

关于大学生心理健康的标准，众多学者从不同方面提出了自己的见解。本书作者认为大学生心理健康的标准为以下七个方面。

(一)智力正常

对于能通过高考进入大学校园学习的大学生来说，基本上智力上不会有偏差。对大学生来说，智力涉及在经验中学习或理解的能力、获得和保持知识的能力、迅速而成功地对新情境做出反应的能力、运用推理有效解决问题的能力等。这是大学生学习、生活与工作的基本心理条件，也是适应周围环境变化所必需的心理保证。因此，衡量大学生的智力是否正常，关键在于其是否正常地、充分地发挥了自我效能，即有强烈的求知欲，乐于学习，能够积极参与学习活动。

(二)情绪健康

情绪健康的标志是情绪稳定和心情愉快。情绪稳定并不是指情绪上没有起伏，而是指从一段时间来看，情绪的起伏基本能维持在一个

大学时代是心理断乳的关键期.

较稳定的水平上，能管理与调节自己的情绪，既能克制又能合理宣泄自己的情绪，情绪的表达既符合社会的要求又符合自身的需要，在不同的时间和场合有恰如其分的情绪表达；情绪反应与环境相适应；反应的强度与引起这种情绪的

情境相符合。情绪愉悦也同样，并不意味着没有负性情绪的体验，而是指愉快情绪多于负性情绪、乐观开朗、富有朝气，对生活充满希望。

(三)意志健全

对大学生来说意志健全的一个重要特征是有行动力去为自己的理想行动，有执行能力去执行自己的学习、成长计划。在各种活动中有自觉的目的性，能适时地做出决定并运用切实有准备的方式解决所遇到的问题，在困难和挫折面前，能采取合理的反应方式，能在行动中管理情绪和言而有信，而不是行动盲目、畏惧困难、顽固执拗。

(四)人格完整

人格是个体比较稳定的心理特征的总和。大学生人格完善的重要标准是：构成人格的气质、能力、性格和理想、兴趣、动机等方面达到平衡的发展。能以积极进取的人生观作为人格的核心，并以此为中心把自己的需要、目标和行动统一起来。

(五)自我评价合理

大学生对自我的评价是一个认识自我、对自我定位的过程，它是大学生对职业生涯规划的核心内容。大学生在进行自我观察、自我认定、自我判断和自我评价时，能做到自知，恰如其分地认识自己，摆正自己的位置，既不以自己在某些方面高于别人而自傲，也不以某些方面低于别人而自卑；能够自我悦纳，喜欢自己，接受自己，自尊、自强、自制、自爱适度。

(六)人际关系和谐

大学生人际关系的和谐主要表现为：能较好地维护与父母、恋人等亲密关系，乐于与人交往，拥有较广泛而深厚的人际支持系统；在交往中保持独立而完整的人格，具备换位思考的能力；在交往的过程中能自如地表达和满足自己的人际需要，乐于助人，能在关系中满足他人的人际需要，有面对和解决人际冲突的能力，实现人际关系的良性和谐互动。

(七)社会适应正常

大学生的社会适应正常是指能与客观现实环境保持良好秩序，既能进行客观观察以获取正确认识，以有效的办法应付环境中的各种困难，不退缩；又能根据环境的特点和自我意识的情况努力进行协调，要么改变环境以适应个体需要，要么改造自我去适应环境。具有与自己的年龄和角色相应的心理行为特征。

心理健康的标准是一种理想尺度，它一方面为人们提供了衡量心理是否健康的标准，另一方面也为人们指出了提高心理健康水平的努力方向。如果每个人在自己现有基础上能够做出不同程度的努力，都可以追求心身发展的更高层次，从而不断发挥自身的潜能。

心理小贴士

大学生心理健康的标准

樊富珉提出大学生心理健康的 7 个标准：①能保持对学习较浓厚的兴趣和求知欲望；②能保持正确的自我意识，接纳自我；③能协调与管理情绪，保持良好的心境；④能保持和谐的人际关系，乐于交往；⑤能保持完整统一的人格品质；⑥能保持良好的环境适应能力；⑦心理行为符合年龄特征。

（樊富珉：《大学生心理健康与发展》，北京，清华大学出版社，1997）

二、影响大学生心理健康的因素

对影响因素的探讨的重要意义在于，每个人都会有属于自己的盲区，当意识中完全没有相关的知识、信息储备时，就算是这些因素在发生影响，作为认识的主体也会看不到这些因素的存在。加强对大学生心理健康影响因素的学习，能有效减少大学生在心理健康方面的盲区。

人的心理健康是一个极为复杂的动态过程。影响心理健康的因素是各种各样的，既有个体心身因素，也有外界环境因素。这些影响因素在不同的情境下带给大学生心理健康状况的影响是不同的。就大学生的具体现状而言，影响其心理健康的因素主要体现在以下几个方面。

(一)环境变迁

心理学研究表明：个体所处环境的巨大变迁就是重大生活事件，它会使个体产生心理应激并最终影响身心状况。生活事件是影响心身健康的应激流，对于每一个新入学的大学生来说，面对全新的环境、全新的交往对象、全新的学习内容、全新的学习方式……需要心身能量的付出来做出社会再适应，在这个过程中许多人会新奇、兴奋，也有些人会感到不知所措，无所适从，还会经常感到焦虑、彷徨、沮丧、迷茫等。伴随着这样的心理状态，很有可能影响大学生的现实生活。人际关系上的孤单感，旧的人际关系圈的远离、新的人际关系圈尚未建立；学习方式上的不适应、学习目标的丧失、对自我的重新定位的迷茫。总的来看，无论是对学习和生活环境的适应，还是对人际关系以及自我地位变化的适应，都会极大地影响大学生的心理健康状况。大学生能不能意识到这方面带给自己的影响，并进行相应的调整，是能否顺利迈出大学新生活的重要影响因素。

(二)学业期望

当大学生终于从高考的重压下解脱出来，拥有了学习的自主权时，大学生成为学习活动的主体。他们在拥有自主学习的权利的同时，也面临学习方法、学习内容与学习习惯的巨大转变，也包括对自己学习能力的重新评估。

绝大部分大学生都期待能通过大学四年的学习，将自己培养成一名能独立承担社会责任、独立工作的社会人，希望自己能以优美的姿态离开大学，踏入社会。许多大学生在中学时代拥有自己的学习优势，有着较高的学业期待。在大学，面临着学业期待的变化，学习成绩的优劣不再是衡量大学生优秀的唯一标准，大学生需要对学业进行重新定位，学习内容从单一变为丰富的选择转变。

学生身份作为大学生最重要的角色，几乎所有人对自己的大学学业都有期待。大学生对自身形成合理的学业期待，是逐步摸索的过程。学习动机不强，学习目的不明确，自我约束能力弱，是大学生中较普遍存在的现象。如何培养自主学习的能力、增强学习的动机、在学习的过程中培养创新能力，是大学生达成自身学业期待需要思考的问题。

（三）人际关系

与中学生相比，大学生的人际交往的人数更多，与人交往也更深，角色内涵也更多元。因而人际关系也从相对简单变得更为复杂。新型人际关系的适应是大学生面临的重要课题。大学生的人际关系内容既有对师生关系的理解，也有与同学和室友的相处，还包括异性交往的适应等。

人有许多的需要都可以通过人际交往得到满足，大学生也不例外。他们对良好的人际关系抱有极大的期望，希望能建立和谐、友好、真诚的人际关系。人际关系上的一些小波澜都能引起大学生情绪上较大的起伏，这一点恰好也说明了他们对人际关系的在意。大学生与人交往和相处的经验相对较少，在短期内建立起一种和谐的人际关系也伴生着一些困难。另外，这种期望又带有理想化的色彩，即对别人要求或期望过高，从而造成对人际关系的不满。这种不满又会反过来对他们的人际关系带来消极的影响。大学生中重要的人际关系还包括异性交往，这既包括两性之间友谊的发展也包含爱情的培养。在异性交往中重新进行自我认识与定位，这也是影响大学生人际关系的重要内容。

（四）自我认知

大学生随着年龄的增长，自我意识、自我管理能力、自我评价能力都发生飞跃。进入大学的学生，都会思考一个问题："我从哪里来""我是谁""我将到哪里去"等问题。自我认知用通俗的话来说，就是作为主体的自己与作为客体的自己关系如何，主体我用怎样的态度对待客体我，主体我用怎样的行动对待客体我、提升客体我，即通常所说的自我接纳、自我提升等。同时现实自我与理想自我之间的关系如何、它们的差距有多大？这些也会对大学生心理健康状态产生影响。因此，大学生重新确立目标也是自我意识发展的重要部分。围绕这些问题展开的思索，都是大学生自我认知的过程，大学期间大学生能否完成自我同一性的建设对今后的人生发展有着重要影响。

(五)心理动机冲突

心理动机冲突是指个体在有目的的行为活动中，存在着两个或两个以上相反或相互排斥的动机时所产生的一种矛盾心理状态。大学生心理动机冲突常会造成动机部分或全部的不能被满足，也使动机所指向的目标的实现受到阻碍。大学生的心理动机冲突既有群体性的冲突，如独生子女与贫困学生特有的心理冲突；也有个体发展中的冲突，如面临的升学与就业、学业与情感等的冲突。

大学时代是心理断乳的最后时期。心理断乳意味着个人离开父母家庭的监护，彻底切断个人与父母家庭在心理上联系的"脐带"，摆脱家庭的依赖，成为独立的个体，完成自我心理世界的建构。当多重发展任务同时落到大学生身上时，必然会产生各种各样的内心冲突。事实上，大学生的内心冲突许多都源于选择带来的取舍。例如，升学还是就业；集中注意力在学习上还是花些时间在能力的培养上；是出国还是留在国内继续深造……各种冲突给大学生带来困扰的同时，大学生也在冲突的选择过程中，提升了独立性、自主性。

(六)生活事件

生活事件指人们在日常生活中遇到的各种各样的社会生活的变动。大量的研究表明：即使是中等水平的应激事件，如果它们连续发生，对个体的影响都会累加，因而也可能给个体的心身健康带来影响。大学生经历人际关系的疏离、评优失败及失恋等都有可能会引发大学生明显的心理不适。

在生活事件中，重要丧失对大学生心理健康起着消极作用，如重要人际关系的丧失、荣誉的丧失等。重要的人际关系主要是指与家人、朋友的关系特别是异性(恋人)的关系。这种关系一旦丧失或出现问题，不仅仅会影响到他们的情绪、学习、生活，更重要的是，它们可能会极大地影响到大学生对自身及人生的评价。荣誉的丧失，一般出现在：没有如愿以偿地获奖学金、入党愿望没有实现、考试作弊、违纪受处分等情况。

从积极心理学的角度来看，生活事件的产生提升了大学生适应环境的能力。大学生每经历一次生活事件，必须付出精力去调整由这一事件带来的生活变化，这也是大学生抗挫折能力提高的过程。

(七)家庭环境

家庭的影响主要体现在家庭的情绪氛围、父母的教养态度及家庭结构、家庭经济状况四个方面。家庭是人生的奠基石，父母是孩子的第一任老师，对大学生的成长与成才的影响是长久而深远的。家庭的情绪氛围是良好心理素质形成的前提，家庭成员间的语言及人际氛围，直接影响着家庭中每个成员的心理，对个性逐渐成熟的大学生的影响更具有特别的意义。父母的教养态度和教育方法直接影响孩子的行为和心理。民主、平等而非命令、居高临下的，开明而非专制的，潜移默化而非一味娇宠的教养态度与教育方法有利于大学生心理的健康发展。家庭环境对大学生心理的健康发展也有着深远而长久的影响。许多研究表明，家庭经济状况也会影响大学生的心理健康。当前高校贫困大学生的数量不少，其心理状况与家庭的贫困状况紧密相关。比如，许多贫困大学生具备耐挫折、意志力好等特点，同时，也有学生因家庭贫困而产生自卑、孤僻等心理。

第三节　心理咨询——为心理健康"护航"

　　心理咨询作为高校心理健康教育中心为大学生成长提供的心理服务的机构，每个大学生在校期间遇到心理困惑时都可以向其寻求帮助。加强对心理咨询的了解，一方面能提高心理知识储备，另一方面也为开发自心身理潜能提供途径。

心灵万花筒

正确认识心理咨询

　　小颖从小对学习就有一种说不出来的恐惧，基本上是靠家教的帮助考上了大学。上了大学之后再也无法请家教了。因此，面对每一门课程的考试对她来说都是一件很困难的事。她很想改善自己的这一状况，周围的同学也都建议她可以去学校的咨询中心寻求帮助，可她觉得去咨询是一件"挺没面子的事"。再说，对于咨询是否真能带来改变她也不是很确定。直到有一天，她的好朋友为她预约了咨询，她接受咨询一段时间后，对咨询的那些疑虑才消退掉。她也在咨询老师的帮助下，渐渐减少了对学习及考试的恐惧。后来，很长一段时间里，每周固定的时间去见咨询师成为她最期盼的事情。

一、心理咨询的基本知识

（一）心理咨询的定义

　　心理咨询是咨询心理学的实际业务之一，是指来访者就其自身存在的心理不足或心理障碍，通过语言、文字等交流媒介，向有专业素养的咨询员进行诉说、询问与商讨，在其支持和帮助下，通过共同的讨论找出引起心理问题的原因，分析问题的症结所在，进而寻求摆脱困境与解决问题的条件与对策，以便来访者恢复心理平衡，提高对环境的适应能力，增进心身健康的过程。

(二)心理咨询服务的对象

国际心理科学联合编写的《心理学百科全书》对心理咨询对象的界定为：心理咨询的对象(不是患者)被认为是在应付日常生活中的压力和任务方面需要帮助的正常人。咨询师的任务就是教给他们模仿某些策略和新的行为，从而能够最大限度地发挥其已经存在的能力，或促使来访者形成更为适应的应变能力。

各种非病理性精神痛苦　　　　　　　　　　　　　　各种病理性精神痛苦

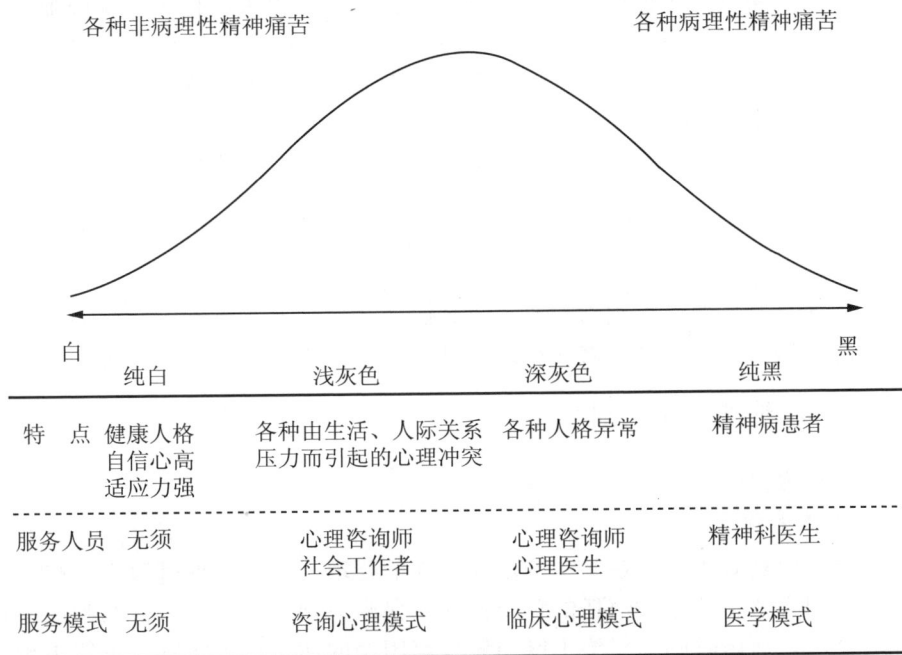

	白　　纯白	浅灰色	深灰色	纯黑　　黑
特　点	健康人格 自信心高 适应力强	各种由生活、人际关系 压力而引起的心理冲突	各种人格异常	精神病患者
服务人员	无须	心理咨询师 社会工作者	心理咨询师 心理医生	精神科医生
服务模式	无须	咨询心理模式	临床心理模式	医学模式

图 1-1　心理健康的"灰色理论"

(摘自马建青，《大学生心理健康》，杭州，浙江大学出版社，2011)

图 1-1 以图表的形式阐述了人的心理健康与否并没有一个非黑即白的明确界限，而是一个连续变化的过程。实际上，大部分人都是落在灰色的中间地带，既不是绝对的健康，也不是严重的不正常。按照 2003 年国际心理治疗大会的保守估计，中国大概有 7.8 亿人在一生中需要接受专业的心理咨询或心理治疗。

(三)心理咨询的程序

1. 咨询预约

咨询是一项来访者主动向咨询师寻求心理帮助的过程。当来访者面临某些心理困惑时，或者有某些心理潜能提升的需要，可以拨打心理咨询预约电话进行预约。预约的接线员会根据来访者的要求，与来访者约定咨询的时间和地点。预约的过程体现了来访者主动求助的态度，这对咨询过程的有效开展具有非常重要的意义。

2. 咨询登记与初访

来访者在约定的时间到约定的地方进行咨询活动。初次接受咨询的来访者，需要填写来访者基本信息的登记表。登记的主要目的是便于咨询师了解来访者的基本情况。一般情况下，来访者的人口学资料，如年龄、出生地、民族等资料要求真实填写，而姓名等如果来访者愿意，可以采取化名。咨询师对来访者的信息情况进行保密。在初访的过程，咨询师从各方面收集来访者的资料，并初步了解来访者的心理状况，为来访者制定大致的咨询目标。

3. 建立良好的咨访关系

良好的咨访关系是咨询有效进行的重要环节。只有建立良好关系，来访者才愿意打开心扉、打开尘封已久的心结，双方才能一起工作、在心灵深处相遇。当然，也只有建立了良好的关系，长期定时的咨询才有存在的可能。在大学咨询机构中，一般性心理问题的咨询时间为5～8(或3～6)次，如果是更深层次的心理素质的塑造，则需要维持更长时间的咨访关系。有了对咨访关系长度的了解，能有效缓解来访者在咨询初期因感受不到咨询效果所带来的焦虑。

二、心理咨询的原则

(一)行为原则

1. 保密原则

保密原则是对咨询师最基本的职业操守的要求，也是咨询过程中，能让来访者感觉到安全、放松、信任的重要保证。保密原则主要是针对咨询师的工作操守的要求。来访者的资料绝不能当做社交闲谈的话题；个案资料不能出现在咨询师的公开演讲中；咨询师所做的咨询记录或个案档案应妥善保管不能让人查阅；咨询师不能将记录档案带离咨询机构；任何咨询机构都应设立健全的储存系统来确保当事人档案的保密性。只有在下列情况下才可以公开来访者的身份，一是有明显自杀意图者，应与有关人士联系，以尽可能加以挽救；二是存在伤害性人格障碍或是精神病患者，为避免他人受到伤害，而作一些预防工作。

2. 时间限定原则

这是指每次咨询服务的时间有一定的限定。咨询时间一般规定为每次50分钟左右(初次受理可以适当延长)，原则上不能随意延长咨询时间或间隔。来访的学生有继续咨询的需要可以续约咨询。如果出现来访学生迟到等现象，迟到的时间也算入咨询时间内，不予延迟。如在咨询时间接近尾声时，来访学生处于情绪波动较大的状况下，可适当将来访时间延长至学生情绪相对平缓状态结束。

3. 感情限定原则

咨询师作为来访者"职业的朋友"，除了与来访者保持咨访关系以外，不可建立其他私人关系。原则上，熟悉的人之间不适宜建立咨访关系。这是对咨询师与来访者在情感上的限定。学校的咨询老师和学生之间，除了咨访关系外，往往还有师生关系，在这一点上与其他咨访关系相比，相对来说是特别的。原则上，咨询师不在咨访以外的时间里主动因私人目的与学生建立其他关系。来访的学生也不宜在咨访时间以外的时间里，通过电话、短信、家庭造访等方式对咨询师的生活进行干扰。个人间接触过密的话，不仅容易使来访者过于了解咨询师内心世界和私生活，阻碍来访者的自我表现，也容易使咨询师该说的不能说，从而失去客观公正地判断事物的能力。

(二)态度原则

1. "来者不拒、去者不追"的原则

原则上，到咨询室求助的来访者必须出于完全自愿，这是确立咨访关系的先决条件。没有咨询愿望和要求的人，咨询师一般不会主动找他(她)并为其进行心理咨询，只有自己感到心理不适，为此烦恼并愿意找咨询师诉说烦恼以寻求咨询者的心理援助，才能够获得问题的解决。心理咨询室的大门向任何人都是敞开的。另外，来访者有权利决定是否继续咨询，如果来访者决定终止咨询，咨询师无需主动找来访者继续咨询；如果咨询师觉得暂时无法承担来访学生的咨询任务，亦可以转介。

在大学校园的咨询机构有可能出现"例外"，那就是咨询师在有些必要的时候会处理"校园非志愿来访者"，这主要是咨询机构主动参与的一些特殊个案的处理，如精神障碍学生、突发群体事件学生、危机干预等。

2. 真诚的原则

一方面，真诚是指咨询师在面对来访者求助时，能够真心诚意地表达对来访学生的关心。这种真诚的态度是发自内心的，即使是在不认同来访者的某些行为时，仍能关心来访者对自己行为的了解与想法，积极设法帮助来访者做更好的选择。另一方面，咨询师诚实地看待自己与来访者的互动经验，当来访者充分体会到咨询师言行一致、内外如一时，自然会比较愿意开放讨论自己，并为自己做深度的思考，为自己的行为负责。

3. 尊重的态度

尊重是指咨询师能够真正关心来访者，并且避免对来访者的言行做出有意或无意的评价以及表示同意或者不同意。人本主义心理学家罗杰斯非常强调尊重对咨询的意义，将其列为使来访者人格产生建设性改变的关键条件之一。尊重来访者的重要意义在于给来访者创造一个安全、温暖的氛围，使其最大程度地表达自己。这种氛围能让来访者感到自己受到尊重、被接纳、获得自我价值感。

(三)方法的原则

1. 中立的原则

咨询师的中立是指在咨询过程中，咨询师处理来访者的情况时，对来访者所选择的话题、所谈论的事情，保持中性的立场，避免对求助者所讨论的重要他人表现出是非善恶的判断或喜怒哀乐的情绪。在方法上，咨询师尽量引导来访者去面对自己的想法和感觉，并且产生去探索与了解的好奇，进而能去做多角度的处理。不管咨询师具备多良好的咨询技能和素质，咨询师也不是来访者本人，无法替代来访者本人去感受、判断和决定事件的发生与发展。

2. 共情的原则

共情是指咨询师对来访者主观经验与内心世界的了解。共情，即有能力站在来访者的立场和观点，去了解来访者所经历的现象世界，类似"感同身受""设身处地"的意思，但同时又不会失去掌握现实与来访者状况的能力。咨询师通过共情能听懂来访者话里的信息以及情感，能看懂来访者的肢体语言。共情的表达在于咨询师会使用语言以及非语言，针对所听到的给予反应，并且这个反应对来访者来说是有咨询治疗意义的。

(四)不同心理咨询理论的差异

心理咨询师因参与和学习的理论或偏爱的理论不同，在面向来访者的咨询过程中，所采取的方式也带着不同的理论偏向，不同理论取向的工作目标之间也存在一些差异。表1-1列举了四种不同心理咨询理论的主要差异。

表1-1　不同心理咨询理论的主要差异

心理维度	理论导向	观　点	咨询师作用	咨询目标
情感	人本主义	重视人的自由与责任，强调成长和自我实现的趋势	通过真诚的关系让来访者体验基本需要	自我认识 自我理解 自我实现
行为	行为主义	认为人的行为是通过强化或观察学习的，可以消退，也可以再学	鉴别问题行为，通过创造学习的条件和发展策略帮助获得新行为	适应性的行为变化，减少问题行为，获得和巩固所期望的行为
认知	认知主义	认为人的思想和思想过程决定情感和行为，所以认知的改变能改变情感和行为	帮助来访者探讨、检查和改变有问题的思想和思想过程	促进来访者思想和思想方法的变化

续表

心理维度	理论导向	观点	咨询师作用	咨询目标
潜意识	精神分析	认为心理问题是潜意识动机冲突的结果	帮助来访者认识潜意识中的问题，通过自由联想、梦的分析及移情和反移情解决动机冲突	解决潜意识的冲突，整合人格的潜意识部分

（杨宏飞：《心理咨询原理》，杭州，浙江大学出版社，2006）

(五)什么时候可以寻求咨询

①生活中遇有重大选择犹豫不定时；

②学习压力大、无力承受但又不能自行调节；

③初涉世事，对新环境适应困难；

④经受挫折后，精神一蹶不振；

⑤过分自卑，经常感到心情压抑；

⑥在社交方面自感有障碍（如怯懦、自我封闭等）；

⑦在经历了重大生活事件等情况之后，心灵创伤无法"自愈"；

⑧与亲人、恋人关系不和睦，渴望通过指导改善；

⑨患有某种身体疾病，对此产生心理压力；

⑩经常厌食或暴食；

⑪睡眠状态发生改变时的初期失眠；

⑫轻度性心理障碍；

……

大学生有了以上对心理咨询基本知识的了解，在面对心理咨询时是不是心理的负担减轻了许多呢？也希望大学生在以后遇到困惑时能有效地运用咨询以及其他的方式手段去面对和改善，从而保证大学生活的顺利进行。

心灵小贴士

心理咨询可以给人以"登天的感觉"

心理咨询不在于教训人，而在于开导他人；

心理咨询不是要替人作决定，而是要帮人作决定；

心理咨询的首要任务是思想沟通，而非心理分析；

心理咨询是现代人的精神享受，而非见不得人的事情；

心理咨询确信人皆可以自我完善，而非人是不能自我超越的；

心理咨询应增强人的自立能力，而非增强其对他人的依赖；

心理咨询不仅可以帮助他人成长，也可以帮助自己成长。

（岳晓东：《登天的感觉》，上海，上海人民出版社，2008）

第二讲

认识自己——自我的全面画像

多数人想要改造这个世界，
但却罕有人想改造自己。
最困难的事情就是认识自己。

——古希腊谚语

一切的成就一切的财富，都始于一个意念，即自我意识。

——拿破仑·希尔

每天敲 21 小时的座钟

台北大学校园里有一道独特的风景线，在椰林大道旁边有一座古老的挂钟。这座钟，在每个整点都会敲响。但让人觉得奇怪的是，虽然每天有 24 个小时，但这座钟每天只敲 21 下。当初设立这座钟的老校长内心的意图在于希望提醒师生，每天忙于学习知识，忙于应对各种工作事务，但不管多么忙碌，都记得要留出来 3 个小时时间用来自省，与自己单独相处。

成龙主演过一部电影《我是谁》，主人公在一次执行任务中失去记忆，于是他不断地追问"我是谁"。每个人都需要了解自己，来自哪里，自己的特征是什么，准备做什么，否则就处在一片混沌之中。大学阶段因为要面对学习、交往、恋爱、就业、独立等，命题在这些历程中，都需与个体的自我意识对话，本章以认识自我开篇，主要是了解我是谁，我来自哪里。

第一节　认识自己——"我"的组成

自我意识不是零散地存在于心理结构之中，它以某种稳定的系统结构存在并运行着，对自我产生着指导和调控作用。同时，自我意识的内容也是复杂多维的，下面主要介绍自我意识的概念和分类。

一、自我意识的定义

自我意识是意识的主要存在形式之一，是指人对自身的认识和态度，即主体的我对客体的我的意识。自我意识是多维度、多层次的复杂心理系统。从形式上看，自我意识包括：①自我认识，属自我意识的认识成分，指个体对生理自我、社会自我、心理自我的认识，如自我感觉、自我观察、自我图式、自我概念、自我评价等。其中，自我概念和自我评价是自我认识中最重要的方面，集中反映个体自我认识乃至整个自我意识的发展水平，也是自我体验和自我调节的前提。②自我体验，属自我意识的情感成分，指个体对自己所持的态度，如自尊、自信、内疚、自豪感、成功感、自我效能感等。其中自尊是自我体验中最主要的方面。③自我调节，属自我意识的意志成分，指个体对自己的心理和行为的调控，如自制、自主、自立、自我监督、自我管理、自我教育等。其中，自我管理和自我教育是自我调节中最主要的方面。

在已有的教育模式下，在进入大学以前，大学生更多的精力都投入在通过大学入学考试的准备上，很少有人会花大量的时间去探索自我意识。进入大学后，之前的人生目标和任务达成，由于缺乏对自我的全面正确的认识，很多人陷入迷茫的状态。如果不主动去探索自我意识，大学四年时间很容易在浑浑噩噩的状态中度过。

在每年的新生适应讲座中，与同学们进行互动时，当问及进入大学学习一段时间的感受，很多同学会发出这样的感慨："到大学后，我感觉特别自卑，觉得自己处处不如人""刚入大学，感觉特别迷茫，学校活动那么多，不知道自己该去参加哪些活动""我来读大学究竟为了什么""在大学里我究竟要学哪些知识、完善自身哪些方面的能力"？这些困惑的背后，其实都是大学生自我意识缺乏的表现。

二、自我意识的内容

苏轼的《题西林壁》——横看成岭侧成峰，远近高低各不同。不识庐山真面目，只缘身在此山中——拿来形容自我意识再恰当不过了。自我是一个多元的心理构成，原本就复杂，加上自己来认识自己这个复杂的过程就更为不容易。以下对自我进行"解剖"式的描述，也只能梳理成看待自我的"线路"，离真正的自我认识还有很远的距离，或者说一个人要比较全面地认识自己是相当困难的事，但是，只要有意识并且努力去做，人们离认识真正的自我会越来越接近。

（一）主我和客我

主我（I）是对自我认识与知觉的主体执行自我的功能，支配自我的活动；客我（me）是自我的客体，是自我观察的对象，自己把自己作为心理的对象。从主我、客我的观点来看，人既是观察者又是被观察者。

（二）物质自我、精神自我和社会自我

美国心理学家詹姆斯（James）将自我分为物质自我、精神自我和社会自我三个层次。物质自我是指真实的物体、人或地点。物质自我还可分为躯体自我（如我的手臂、我的腿、我的皮肤等）和躯体外自我（如我的狗、我的书、我的家乡等）。精神自我是指人体内部的自我或心理自我。人们所感受到的能力、态度、情绪、兴趣、动机、意见、特质，以及愿望都是精神自我的组成部分。也就是说，精神自我是个体所感知到的内部心理品质，它代表了个体对自己的主观体验。社会自我是指自己是如何被他人看待和承认。詹姆斯说，有多少人认可并将对个体的印象印入他们的心中，个体就拥有多少社会自我。

（三）个人自我、社会自我和理想自我

个人自我是指个人对自己各种特征的认识，它包括自己的躯体特征、行为特征、人格特征以及性别、种族、角色特点等自己所感知到的个人特征。个人

自我纯属个体对自己的看法，主观性强，是自我意识中最重要的内容。社会自我是指个人所认为的他人对自己各种行为的看法；理想自我是个人根据前两个自我的经验，建构自己所希望达到的理想标准，它引导个体趋向理想的境界。

(四)自我认识、自我体验和自我调节

从表现形式来看，自我意识包括自我认识、自我体验和自我调节。

自我认识包括自我感知、自我观察、自我概念、自我分析、自我评价等，主要涉及"我是一个什么样的人""我为什么是这样一个人"等问题。

自我体验包括自我感受、自爱、自尊、自怜、责任感、自豪感、优越感等，主要是以体验的形式表现出个体对自己的态度，它涉及"我是否满意自己""我能否悦纳自己"等问题。

自我调节包括自我监督、自我激励、自我管理、自我暗示等，主要表现为个体对自己的行为活动的调节、自我对待他人和自己态度的调节等，它涉及"我怎样管理自己""如何改变我的状况，使我成为理想的那种人"等问题。

(五)公开我、盲目我、隐藏我和未知我

美国心理学家约翰（John）和哈里（Harry）关于人自我认知的窗口理论，被称为乔韩窗口理论（见图2-1）。

第一个部分称为公开我，是自由活动的领域，是自己和别人都知道的公开部分，如身高、肤色、长相等，这是当局者清旁观者明的部分。

第二个部分是盲目我，是自我认识中的盲点，是自己不知道而别人知道的部分，这是旁观者清当局者迷的部分。

	自己知道	自己不知
他人知道	公开区	盲目区
他人不知	隐藏区	未知区

图 2-1 乔韩窗口理论示意图

第三个区域称为隐藏我，是逃避或隐藏的领域，我们自己清楚知道而别人却不知道的秘密，是当局者清而旁观者迷的部分。自私、嫉妒、小秘密是平常自己不肯坦露的缺点，心中的愿望、雄心、优点也属于这个区域。

第四个区域称为未知我，是无意识领域的我，是当局者迷而旁观者亦迷的部分。人的潜能常是自己和别人不易发觉的。

不同的人这四个方块的面积会有所不同。有些方块对某些人来说可能很大，对另外一些人来说可能很小。大学生可以通过自我认识，减少意识中自我不知道(盲目我和未知我)的面积。

"我"从哪里来？

三、自我意识的发生发展

人的自我意识是随着人生每一阶段的成长而逐渐发展的。个体的自我意识在社会交往过程中，随着语言和思维的发展而发展，它起始于婴幼儿时期，萌芽于童年、少年期，形成于青春期，发展于青年期，完善于成年期，青少年阶段是自我意识发展最重要的时期。自我意识的发展最常见的有以下学说。

（一）自我发展渐成说

心理学家埃里克森（Erikson）提出人的自我意识发展持续一生，但要经历不同的发展阶段，每个阶段都有一个核心课题。这些阶段虽不可逾越，但时间早晚因人而异。自我在人生经历中不断地获得或失去力量，保证个人适应环境，健康成长。青少年时期的主要发展课题是"自我同一性"，即自我的建立和统合是青年期心理发展的主要任务。

（二）自我发展三阶段说

詹姆斯认为物质自我、社会自我、精神自我是循序渐进发展的。人最先是从自己的躯体知道自己的存在，产生了"物质自我"。这种躯体感并非是与生俱来的，而是从婴儿出生以后第 8 个月开始，到 3 岁左右基本成熟。

而后与人交往，从他人对自己的反应以及自己的社会角色中，体验"社会自我"，对自己在社会生活中所处的经济状况、政治地位、声誉、威信等方面的自我评价和自我体验，如自己是贫穷还是富裕，是否受人尊重和信任，在集体生活中举足轻重还是无足轻重，别人对自己是亲近还是疏远。

再后来是从生活的成败得失中，在心理发展中，逐渐形成"精神自我"，这是对自我心理品质、精神状态的认识体验，如自己的理解力、记忆力是强还是弱，想象力丰富还是不丰富，思维敏捷还是迟钝，行动的自觉性高还是低，自制力强还是弱等。

（三）我国心理学界的理论

我国心理学家提出了自我意识发展的三阶段模式，即生理自我、社会自我和心理自我发展时期。

一是生理自我。人出生时，物我不分；七八个月时出现自我意识的萌芽；

两岁左右的儿童，掌握第一人称"我"的使用；3 岁开始出现羞耻感、占有心。这段时间，其行为是以自己的身体为中心，以自己的想法和情感来认识和投射外部世界。

二是社会自我。从 3 岁到青春期(3～14 岁)这段时期，是个体在社会化中学习承担社会角色，少年开始积极关注自己的内部世界，但他们主要从别人的观点去评价事物、认识他人，对自己的认识也服从于权威或同伴的评价。

三是心理自我。自我意识经过分化、矛盾、统一趋于成熟。个体开始清晰地意识到自己的内心世界，开始有明确的价值探索和追求，强烈要求独立，产生了自我塑造、自我教育的紧迫感和实现自我目标的驱力。青年的世界观、人生观、价值观的形成是心理自我成熟的标志。

以上三者互相联系、有机组合、完整统一，成为一个人个性中的核心内容。

四、健康的自我形象

(一)健康自我形象的内容

健康的自我形象的形成有三个支架。其一是归属感，知觉到自己被爱，感到自己被接受，因而有安全感；归属感是大学生认识到自己被无条件给予爱的感觉。置身于让个体感到被接受的交往关系中，有助于坚固自我存在。其二是价值感，知道自己有价值，对别人是重要的。有价值感关系到一个人内在的完整性。其三是重要感，感到自己有能力，能够有所贡献。每个人都会遭到失败，但是认为自己没有用，自己什么都做不好，就会缺乏重要感。

(二)健康自我形象的树立

归属感、价值感、重要感能使人们获得健康的自我形象，大学生怎样才能拥有归属感、价值感和重要感呢？这三种"感觉"与个体固有信念紧密地联系在一起。"我们对自己的信念决定着我们如何感觉自己"，罗伯特·麦克吉(Robert McGee)在他的《寻找意义》一书中写道："人在思考自身的时候，经常会出现四个误区。当试着走出这四个误区，就有可能有归属感、价值感和重要感。"

首先，表现误区，即必须达到某种标准才能有好的自我感觉。有这样误区的同学可能会想：除非我做到那些事情，否则我就不够优秀。

其次，指责误区，即失败者不配得到爱，应该受到惩罚。有这样误区的同学可能会想：这次比赛失败了，我是组织者，所以同学们应该恨我，因为我没有做好本应该做好的事。

再次，认可误区，即必须得到一些人的认可，才能觉得有价值并有好的感觉。有这样误区的同学可能会想：如果我考试没有考好，我的父母和老师都会不高兴的。

最后，羞愧误区，即"我"将永远是这个样子，"我"没有希望，也不可改变。有这样误区的同学可能会想：我把某些事情做得再好，也不过如此，是碰巧的。

因此，认识自己，需要大学生学习用适当的自我信念来取代不合理的自我信念。以下四种健康的信念可以防御以上的四个自我信念的误区。

第一，虽然有失败，但我仍然被谅解和接受。

第二，虽然有过错，但我仍然被理解和接受。

第三，纵然我做得不够好，但是我的父母依旧爱我，我的老师依然接受我。

第四，虽然过去我不够好，有太多的不快和失败，但是变化已经在我身上发生，我会改变得更好。

第二节　自我觉察——"我"是怎样成为现在的我

初生的婴儿起初不知道"我是谁"，无法认识自己，无法管理自己，甚至无法区分自我和他人，这个时候婴儿与抚养者处于"共生"状态。随着不断地长大，个体才有意识地区别自我与他人，才能意识到与抚养者是"不同"的，才能越来越清楚意识到自我以及他人的不同方面。然而这些认识也因人而异，究竟是什么影响自我意识，到了大学这一阶段自我意识又有哪些特点，本节将给予一些说明。

一、自我意识发展的影响因素

自我意识作为意识的一部分，是在发展过程中逐步形成和发展起来的，是主客观因素相互作用的结果。人首先是对外部世界、对他人的认识，然后才逐步认识自己。这个过程在每个人一生中一直进行着。因此，探讨影响自我意识发展的因素，有利于促进当代大学生自我意识的健全发展。

(一)地域因素

俗话说"一方水土养一方人"，它蕴涵着一个人出生和成长的地域对个体发展的影响，这种影响也包括对个体自我意识的影响。大学生从五湖四海聚集到一起为了共同的人生理想学习，在与不同的人接触的过程中可以发现不同个体身上所呈现出来的属于某一地域的特点，如北方人的直率、南方人的温婉……除了个体意识上的某些共性，地域带给人的影响还有生理自我上所呈现出来的差异。一般情况下，中国人有黄皮肤、黑眼睛、黑头发的生理特征；相对来说北方人身形高大，南方人身形清秀。一位南方的同学到北方的大学上学，进入校园就意识到自己身高上与同学的差距，常让他需要仰头与人对话。

（二）社会因素

生活在不同的社会时代，也会对个体自我意识的发展有巨大的影响。当代社会信息化程度发展迅速，社会的开放度不断提高，竞争机制导入，多元文化与价值观念涌动，都对当代大学生的人生观、价值观等产生了重大作用，这直接影响到大学生对自我的认知。即使在同一社会中，由于每个人所处的社会地位不同，所从事的社会实践不同，具体的社会关系不同，对自我的认识、评价也会有所差异。

另外，随着科学技术的发展，大众传播手段越来越丰富。随着电视的普及、广播电视节目播放时间的延长、报纸杂志的增多、信息高速公路的建设、互联网的普遍应用，大学生不但受到教师、家庭的影响，受到电视、电影等单向传播的影响，还受到互联网络交流信息的影响。当操纵电脑，接受信息、处理信息和公布信息时，犹如"运筹帷幄之中"，发挥着自己的主动性和创造性，以一种前所未有的方式促进自我意识的发展。

（三）家庭影响

现代心理学研究表明，家庭环境对人的一生发展会产生重要的影响。一个人的早期经验对他的自我意识的形成有非常重要的意义。每个人来到这个世界上，首先接触到的第一个学习场所是家庭，第一任老师是家庭成员尤其是父亲和母亲。他们早期的教养方式、教养态度和家庭的经济地位直接影响了孩子后来的自我意识的发展。

随着社会的发展，父母亲作为父母角色的知识储备、角色准备等都有了长足的发展，独生子女的增多，父母对孩子教育和培养越来越重视，总体来说，投入的时间、经历都相对更多，也有许多家庭形成民主、独自、自主的家庭氛围，这些都对大学生的自我意识的形成产生重要影响。同时也存在过分溺爱的家庭教养类型的出现，这些家长的过分保护、过分顺从，使孩子过分依赖，使部分大学生的自我意识长期得不到很好的成长空间。另外，社会经济地位高的家庭，子女容易产生优越感；家庭成员社会地位的急剧变化，易使个体自我意识的发展出现混乱等。

（四）教育因素

教育因素在自我意识中的作用主要体现在学校教育等方面，学校教育按社会对个体的基本要求对个体发展的方向做出社会性规范，具有引导、培养和塑造的功能。接受教育是伴随一生的事件，在受教育的过程中，个体渐渐学会认识自我、觉察自我。同时，过去的教育经历也会影响并改变一个人的自我意识。

生活方面，中学时父母照顾多，而大学要培养自理能力；心理适应方面，中学时代的好学生周围充满了赞扬声，优越感强，但到大学，尖子荟萃，自己原有的优势不明显了，有的学生认为，"我不是老师和同学眼中拔尖的学生了""在这个地方，我得不到原来得到的特别的关注和爱护了"。有的学生因为种种原因，出现不及格现象，往往把原因归为"我不是学这个专业的材料""我的其他方面搞不好""我缺乏创造性"等。

（五）生理因素

从胎儿的形成到青春期身体的趋向成熟，个体时时刻刻都在感知自己生理带来的变化。生理因素影响自我意识体现在很多方面，如健康与否、身高、体重、相貌等。常常会看到一些身材偏胖的女生感到自卑，也能看到一些相貌平平的大学生缺乏自信。心理学家奥尔波特等人认为，8个月的婴儿开始关心自己在镜子里的形象，因此，生理因素是形成自我意识的最初因素，也是影响一生各个阶段的因素。

大学生一般都处在17～22岁的年龄阶段上，男生特别重视自己的身高，女生也更加重视自己的相貌。一位大学二年级学生在日记中写道："在许多场合下，我都不想出头露面，因为我的个子低，我总避免与高个子的同学在一起，以显得我更低。"女生有28%不满意自己的长相，希望自己再漂亮一点。一位女生说："我每天都照镜子，我的第一个念头是'我能再漂亮一点就好了'。每当看到我那淡而短的眉和翘起的两颗黄牙，我总感到不是滋味，尤其是对我那漂亮（至少比我漂亮）的同桌，我更有一种难以言状的妒意。"

（六）个体倾向性

个体倾向性包括需要、动机、兴趣、理想、信念、世界观和人生观。青少年时期是一个人理想、信念和世界观形成到成熟的时期。理想、信念和世界观一旦形成，决定了青少年成为怎样的人，准备如何实施，从而及时调整自我理想，深化自我认识，实现和超越自我。

（七）他人的影响

俗话说："旁观者清，当局者迷。"他人的评价是个体客观认识自己的一面镜子，可以帮助自己了解"现实自我"的形象，知道自己在别人心目中所处的地位。

面对大自然的鬼斧神工，我们还有权利和资格说我不重要吗？

学生可以通过竞赛评比、表扬与批评、学习成绩报告单等途径获得他人正式的评价，也可以通过相互交谈等获得别人非正式的评价，这些评价都可能对大学生的自我意识产生影响。在大学生的成长过程中，遇到的对自己的人生产生过重要影响的"他者"也对大学生自我意识的发展起到重大的影响。

通过对这一过程的回望，大学生对如今的这个自己是在哪些因素的影响下成长起来的，是否有了相对具象的理解？应该看到，大学生在自我意识发展过程中出现的这样那样的困扰，这其中有心身发展状况、家庭、学校等种种因素的作用。这些因素既可以促进大学生心理迅速成熟，也可能成为自我健康发展的阻力。因此，引导和调适大学生恰当的发展自我意识，促进大学生心理的发展和成熟，达到自我的统一和发展，对大学生的成长成才非常重要。

二、大学生自我意识发展的特点

在个体的发展过程中，童年期是人格开始形成的时期，少年期和青年期则是人格初步形成并定型的时期，成年期是人格成熟的时期。自我意识是人格发展的核心要素，在自我认知、自我体验与自我管理三者相互影响、相互作用的过程中，自我意识逐步成熟，其间经历了分化—矛盾—整合的过程。

(一)自我意识的进一步分化

儿童和少年时期，个体的自我意识尚未分化，作为一个整体和外部相对。到了青春期，自我意识分化为主体我和客体我。主体我处在观察者的位置上，客体我处在被观察者的位置上，成为自我审视的对象。自我意识出现这样的分化，有助于大学生通过自我反思、自我分析，准确把握自身的内心世界和行为。如果主体我和客体我失衡，客体我不能达到主体我所期望的水平，个体就会表现出焦虑，自我贬低，丧失信心；如果主体我的期望落后于客体我的水平，个体容易过度自满，从而忽视应有的发展锻炼。

(二)自我意识的矛盾

自我意识分化后，各种自我矛盾由此而来。大学生的自我意识的矛盾表现在以下几个方面。

1. 理想我与现实我的冲突

理想我是指个人想要达到的完美的形象，是个人追求的目标，它引导个体实现理想中的个人自我。现实我是从自我的立场出发，对现实中自我的各种特征的认识。在现实生活中，大学生的理想我与现实我总是存在着一定差距的，合理的差距能够使人不断进步、奋发有为。但是，如果差距过大，则有可能引起自发的分裂，导致一系列心理问题。

心灵万花筒

理想我和现实我

理想与现实之间的距离有多远，是可望而不可及的。犹如大海一样广阔无边，犹如苍穹一样遥无尽头，还是只在一线之间，唾手可得。犹如花蕾绽放成花朵，江河汇聚成海洋，犹如落红化春泥，叶落归根般顺其自然，水到渠成。

理想，现实；现实，理想。我们徘徊其中，乐也有，忧也有。把快乐和悲伤，希望和梦想演绎成了人生中一道亮丽的风景线，一曲动听的歌谣。

理想我是多么的理智，遇到什么事情都能冷静处理，总能把每一件事处理得非常完美。而现实我做事总是不经过大脑，处理事情总是很冲动，有些事情不明所以地就往自己身上揽，到最后又感到后悔。

理想我总是能很好地面对每一件事，遇事总是能理性分析，这样既能帮助别人，也能帮助自己。而在现实生活中，如果是别人的事，自己还可以理性地进行分析，并帮助别人解决问题。而一旦牵扯到自己的事的时候，就不能理性地分析问题了，做事也很容易冲动，最终的结果就是找不到很好的解决方案，还有可能使得问题变得越来越严重。

面对生活时，理想我总是能规划好自己生活中的每一件事，比如说每个月的生活费刚来时，自己在心中就有一个大概的分配方案，从而不会出现生活费透支。然而现实我却总是与理想我相背而行，每个月的生活费来时，刚拿到钱就大用特用，不到半个月的时间钱就用完了，使得后半个月要勒着裤腰带过日子。

在学习上，理想我与现实我也是大不一样的。理想我能够规划好自己的学习，每天该看什么书，做什么作业，心中都有一个大致的方向。而在现实中，"我"却非常懒，什么都不想做，每天老师布置的作业都是等到快要交时还在赶；有时候总是规定自己在一定的时间内读一本书，然而刚把书拿起时可能还会看一点儿，但时间一长就不想看了，有时还会觉得很烦，到最后什么都学不到。套用古人的一句话就是"三天打鱼两天晒网"，到最后什么收获都没有。

面对感情时，理想我与现实我更是大不相同，简直就是两个极端的对比。理想我敢爱敢恨，面对自己喜欢的人就直接说，遇到恨的人就给予严厉的打击。然而在现实生活中，却觉得自己胆小怕事，什么都不敢承认，特别是面对自己喜欢的人时，有时甚至不敢和她面对面的交流。我的朋友们都说我其他方面什么都好，就是面对感情有一点儿自大和自负，然而我更多是自卑。

理想和现实是相对的，理想是好的，现实是残酷的。理想给我们提供一个前进的方向，使我们做事更有动力。所以我们要更加努力，把理想变成现实，我们的生活才会更加美好。

（摘自 http://wenku.baidu.com.）

以上就是大学生"现实我"与"理想我"的真实写照。事实上，大学生经过自身的努力与规划，通过大学四年的学习与成长，能有效缩短"理想我"与"现实我"之间的距离，让"现实我"向"理想我"不断靠拢。

2. 独立与依附的冲突

大学生生理与心理的成熟使他们渴望独立，以独立的个体面对生活、学习与工作中遇到的问题，但由于长期的校园生活使他们的社会阅历与经验相对匮乏，当应激事件出现时，盼望亲人、老师、同学能够替自己分忧。另外，大学生心理上的独立与经济上的不独立也形成了明显的反差。在他们迫切希望摆脱约束、追求自立的同时，却又不可能真正摆脱家长、老师的支持和帮助。

依附表现在日常事务和经济上对父母有很大的依附，生活学习上对网络的依附性。网络中许多不健康信息对他们的心理是一种极大的冲击，网络的虚拟和假想的美好诱使大学生在心理上不断地依赖和探寻，他们一旦脱离了现实，不能冷静客观地对待事物，迷失自我，过分依附使大学生缺乏对客观事情的判断能力与决断能力，显得优柔寡断，缺乏主见；而过分的独立又使部分学生陷入"不需要社会支持"及"凡事都要靠自己"的状态，采取我行我素、孤傲自立的行为方式，但在遭遇挫折时却又不知如何寻求帮助。应当指出的是，独立并非意味着独来独往，独立并非不需要任何人的帮助和指导，独立并非不需要依赖别人，而在于个人必须对自己的行为负责任。

心灵瑜伽

测测你的独立性怎么样？

你在遭遇困难时，会不会找朋友帮忙？

A. 先自己解决，如果没有必要，不会去找朋友帮忙。

B. 先找朋友解决，如真没办法，再自己想办法。

C. 不管困难多小，一开始就找朋友帮忙，免得自己把事情搞砸。

D. 不管多困难，死都不找朋友帮忙。

答案解析：

选A：你是个独立性很强的人，遇到困难都先自己来，想办法试试看，真的不行，会找一些救兵来帮忙。你这样的心态从人际关系上来讲，可以有个合理的求救动机，一般人听到你是真的做不来，帮你的意愿会比较强。

选B：你是个很聪明、很会利用朋友资源的人，这样可以缩短你和朋友之间的距离，又可以节省自己的体力和精神。这一招通常是女孩子用才有效，而男孩子用这招，就会给别人一种一无是处，甚至是一点儿男子气概都没有的印象。

选C：你会如此地依赖朋友，可能不是因为你的能力不足，而是你在暗示自己：我是做不到的！这种自我设限的暗示，可能是来自于你的自卑感，或许你曾经受过很大的挫折，或许你是太好面子，心中压力太大，以至于不敢轻易尝试着去解决问题。

选D：你是个死要面子的人，最主要的是你心中有自卑感在作崇。所以人就是因为本身有缺陷才会有互助互信的动机，如果你否定了这项功能，你就注定要孤独一生了。

3. 渴望交往与心灵闭锁的冲突

一方面，大学生都渴望着爱与友谊，渴望着交往与分享，渴望着自我价值得到实现，渴望着探讨人生的真谛，寻找人生的知己，希望成为群体中受尊敬与欢迎的人；另一方面，大学生的自我表露又受着心灵闭锁的影响，总是不经意地将自己的心灵深藏起来，与同学有意无意保持着一定的距离，存在着戒备心理，不能完全敞开心扉交流、沟通思想。

4. 自负与自卑的冲突

自负就是自己过高地估计自己，拥有这种心理的人，缺乏自知之明，具体表现为盲从、狂妄。容易把自己的意志强加在别人身上，不能与人和睦相处。自卑是一种自我否定，表现为对自己缺乏信心，对自己不满和否定，拥有这种心理的人总以为自己存在着缺陷、不足与失误，因而遇事总会胆怯、心虚、逃避、退缩，缺乏独立主见。当遭遇失败与挫折时，有时甚至是小小的失利如考试失败、恋爱失败等，他们便开始怀疑自己的能力，进而产生自我否定、自我怀疑甚至自暴自弃，陷入强烈的自卑之中。

心灵瑜伽

自负的标签

检测一下自己是否有自负者常常附带的一些性格。

1. 好自以为是，自认为老子天下第一，把任何人都不放在眼里。很难听取旁人的意见和看法。

2. 好勇斗狠，尤其擅长挑动群众斗群众，喜欢拉一帮打击另外一帮，弄得大家窝里斗。

3. 多疑，对谁都不放心，能共患难，不能共富贵，与其共同谋利益无异于与虎谋皮。

4. 任人唯亲是举，对自己的崇拜者和忠于自己的人给予极大关照，很难唯才是举，海纳百川。

5. 语言行为好偏激，总认为自己是对的，并且考虑问题总以自己个人的喜好判断出发，先入为主。

6. 做事喜欢针对人不喜欢针对事情，喜欢建立绝对的权威，对异己绝对清理干净毫不留情，与没有主见的人或弱势群体在一起容易成为领袖。

心灵万花筒

自卑的小黑羊

农夫家里养了三只小白羊和一只小黑羊。三只小白羊常常因为有雪白的皮毛而骄傲，而对那只小黑羊不屑一顾："你自己看看身上像什么，黑不溜秋的，像锅底。""依我看呀，像炭团。""像穿了几代的旧被褥，脏死了！"

不但小白羊，连农夫也瞧不起小黑羊，常常给它吃最差的草料，时不时还对它抽上几鞭。小黑羊过着寄人篱下的日子，也觉得自己比不上那三只小白羊，常常伤心地独自流泪。

初春的一天，小白羊与小黑羊一起外出吃草，走得很远。不料寒流突然袭来，下起了鹅毛大雪，它们躲在灌木丛中相互依偎着……不一会儿，灌木丛和周围全铺满了雪，雪天雪地雪世界。它们打算回家，但雪太厚了，无法行走，只好挤做一团，等待农夫来救它们。

农夫发现四只羊羔不在羊圈里，便立刻上山找，但四处一片雪白，哪里有羊羔的影子哟。正在这时，农夫突然发现远处有一个小黑点，便快步跑去。到那里一看，果然是他那濒临死亡的四只羊羔。

农夫抱起小黑羊，感慨地说："多亏小黑羊呀，不然，羊儿可都要冻死在雪地里了！"

俗语说："十个指头有长短，荷花出水有高低。"

每一个人或多或少都存在自负和自卑的不同面，但若自负或自卑表现的成分过多，就容易出现内心痛苦或人际关系不和谐。

第三节 自我觉醒——"我"的改变方向

觉醒就是复苏，觉醒就是改变方向的选择，觉醒就是改变的动力。自我认识、自我觉察的最终目的就是改善自己，让自己明明白白地活出自己。

心灵万花筒

动物学习会

有一天，一群动物聚在一起，彼此羡慕对方的优点，抱怨自己的缺点，于是决定成立一所学校，希望通过训练，使自己成为通才。他们设计了一套课程，包括奔跑、游泳、飞翔和攀登。所有的动物都注了册，选修了所有的科目。最后的结果是：小白兔在奔跑方面名列前茅，但是一上游泳课就发抖；小鸭子在游泳方面成绩优异，飞翔也还差强人意，但是奔跑与攀登的成绩却惨不忍睹；至于小松鼠，固然爬树的本领高人一等，奔跑的成绩也还不错，却在飞翔课中学会了翘课。大家越学越迷惑，越学越痛苦，终于决定：停止盲目学习他人，好好发挥自己的长处。他们不再抱怨自己、羡慕他人，因此又恢复了往日的活泼和快乐。

找回了自己的动物们终于觉醒，快乐地活出了自己的本质。

（赵丽琴：《大学生心理健康指南》，北京，高等教育出版社，2010）

以下的方法可以帮助个体从迷途中觉醒。

1. 用"比较法"认识自己在群体中的优势

这是一种通过将自己与他人比较的方式来认识自己的方法。与他人比较可以是比较外部生理特点，也可以是内在心理特征，如个性特征、处世方法、对人对事的态度、情感表达方式等，找出自己的特点，发挥优势，回避不足。全球畅销书作者马库斯·白金汉（Marcus Buckingham）在《现在，发现你的优势》关于书的说明中写道："不幸的是，我们大部分人对自己的才干和优点不甚了了，更不具备根据优势安排自己生活的能力。相反，在我们的父母、老师、经理和一心关注病态的变态心理学引导下，我们成为自身弱点的专家，为修补这些缺陷而一生追求，却对我们的优势不闻不问，

我们哪要花时间来好好认识自己。别人如何看待是一回事，自己如何看待自己又是另外一回事。

任其荒废。"这样的一种自我认识和自我对待的方式似乎已成为大多数人的习惯。如何建立自己的优势人生？也就是发挥优势和管理自己的弱点，《现在，发现你的优势》提出了三个革命工具。第一个革命工具是学会如何区别你的天生优势与你能够学会的东西。才干、知识和技能合在一起就构成你的优势。第二个革命工具是一个帮助你识别自身主导才干的系统。第三个革命工具是一种用来描述你自身才干的统一语言，准确甚至精确地用语言表达你和别人不同，描述个体之间的细微差别，就能够帮助自己梳理自己、解释自己的优势。

心灵万花筒

发现你的优势

小箬选修了《人际关系的真谛》通识课，在第三次课中，老师让同学们做了人格类型问卷，让四种不同个性的同学以小组为单位围圈而坐，并以头脑风暴

的形式让每个小组说说自己这一类人的优势和不足。小箬为 M（抑郁）型，这是一种具有内向、细心、追求完美特质的人格类型。课程结束之后，老师问同学们此次心理活动带给自己的启示？小箬起身声音微弱、低着头说："我想挑战自己，以后找一个营销的工作。"老师问："我想知道你现在具有的人格优势是什么？"小箬说："我没想过我的优势，从小学到高中，一直以来老师都让我克服胆小、内向的弱点。"

小箬就是典型要和自己弱势相处并想去除弱势的学生，在这个过程中，忘记了自己的优势。

每一个特质无论是生理的、心理的，都有其优势和限制，认知它们是觉醒的重要因素。

2. 用"自省法"来觉察自己

自省实质上是一种内省后的明白，是一种思考后的觉悟。一个不善于反省的人，就是已经过去的他不明曲直，不知正误；正在经历的，患得患失，处险而不察。人生中，最需要补习的功课，就是学习自省，最容易引导成功的智慧，当是时时进行自我反省。而在自我反省中，最重要的是要经常进行得失之省、利害之省与进退之省。

得失之省。得与失是生命追求过程中的两种形式和两种结果。反省人生中的得与失，目的是让人们感悟出人生的辩证法：福祸相依，得失互变。人生在世，不必过于为得所喜，也不必过于为失所忧。舍得起，放得下，才是真正的大聪明。

利害之省。趋利避害是人之本能，然而，诱惑常让人们视害为利，贪欲常让人们唯利是图。反省人生中的利与害，目的是让人们省悟出人生的义利观，切不可为贪利而陷入人生泥潭，亦不可为逐利而害人害己。生命之舟，承载不了过多的私欲和贪心，力戒贪心，与人共享，才能获得生命的大自在。

进退之省。自古以来，人们往往喜进厌退，以退为耻，然而在智者看来，退进自如者方能稳操胜券。反省人生中的进与退，目的是让我们参悟出运筹人生的生存之道和必胜之法，无退则无进，莫把一味的"进"当做勇敢有为，灵活的"退"也绝不是屈服与懦弱。知进知退，才称得上人生的大智慧。

无论我们正在经历着或将要迎来是怎样的人生，都要以自思、自省的态度理智面对。有了这样的人生智慧，你就会生活风光无限，生命精彩出色。

3. 用"评价法"认识自己

这里的评价是指别人对自己的评价。通过别人对自己的评价来认清自己就是评价法。前面提到的乔韩窗口理论认为，人有一部分自我是盲目的，还有一部分自我是未知的，这两部分都是自己不清楚的部分。对这部分的认识是需要借用他人的评价才能认识到的，这个时候他人就是"镜子"。对于这一部分虽然他人的评价比自己具有更大的客观性，但他人这一"镜子"是否客观，即反馈的信息是否准确，直接影响到个体用这种方法认识自己的可靠性。所以，对待他人的评价，也要有判断，也要看他人评价的态度和能力。

鹰的故事

曾经有一只鹰的蛋不知怎么到了鸡窝里，它在这里同其他鸡蛋一样快乐地躺着，直到有一天它们都开始孵化破壳，小鸡仔一个个从壳中探出脑袋，开始探索周围的环境。雏鹰也孵出了壳，虽然比鸡仔们要大一些也难看一点，鸡妈妈还是拿它与鸡仔们一样对待。雏鹰跟小鸡仔一样成长着，学会了怎样刨土、捉虫和找食。

慢慢地它们都长大了，有一天它们都在外面地里找食的时候，听到了一种奇怪的叫声。大家都抬起头望着天，看见了从未见过的美妙景象：一只鹰在空中滑翔。"要是我是那只鹰该有多好啊！"它们都这样想，可是它们相互之间却说："我们不可能飞得那样高，因为我们只不过是小鸡呀。"那只已经长大的雏鹰也继续低头啄虫找食，它从未意识到自己也可以高翔在天。

鹰之所以没有成为鹰就是它接收到同伴"鸡"的评价，才成为鸡。同伴"鸡"的评价就是鹰的自我"镜子"。

第三讲

提升自我——做回真实的自己

完善是一种境界，更是一种过程。

改变别人，不如先改变自己。

——慧律法语

与命运抗争的勇敢男孩

1919 年，在美国一个农场，一场凶猛的脊髓灰质炎（俗称小儿麻痹症）袭击了一个 17 岁少年，令他陷入全身瘫痪，除说话和眼动外不能做任何事情。

男孩的妈妈请来了三个医生，他们都对她说："没有指望了，你的儿子活不到明天了。"

他们这样对妈妈说，这太残忍了，这个男孩对自己说："我一定不能让医生们的断言实现。"

于是，第二天医生们到来时，他不仅活着，而且精神更好了。他们对此感到惊讶，但他们接着又对男孩的妈妈做了一个残忍的断言："你的儿子就算能活下来，也永远站不起来了，他会终生瘫痪。"

同样，这个男孩决心不让医生们的这个可怕断言实现，他又成功了。过了数年后，他不仅站了起来，还在一个夏天，靠一艘独木舟、简单的粮食和露营设备以及一点点钱，独自一人畅游了一次密西西比河。

这个男孩的名字叫米尔顿·埃里克森（Milton Erikson），他就是不断地给自己制定目标，努力奋斗，提升自己，逐步地实现一个又一个梦想。后来他成为享有全球声誉的策略派心理治疗大师，也是催眠治疗这一神秘领域的无可争议的 No.1。

（《米尔顿·埃里克森：疼痛铸就的催眠大师》. http://wenku. baidu. com/view/02540940be.）

英国最古老的建筑物威斯敏斯特教堂旁边，矗立着一块墓碑，上面刻着一段非常著名的话："当我年轻的时候，我梦想改变这个世界；当我成熟以后，我发现我不能够改变这个世界，我将目光缩短些，决定只改变我的国家；当我进入暮年以后，我发现我不能够改变我们的国家，我的最后愿望仅仅是改变一下我的家庭，但是，这也不可能。当我现在躺在床上，行将就木时，我突然意识到：如果一开始我仅仅去改变我自己，然后，我可能改变我的家庭；在家人的帮助和鼓励下，我可能为国家做一些事情；然后，谁知道呢？我甚至可能改变这个世界。"

自我完善，从自我出发进行提升，是大学生自我意识完善的重要组成部分，也是人一生都可以持续进行的功课。本章从提升自我认同、自我效能和自我价值三个方面与大学生探讨自我提升的内容。

第一节　自我认同——拥抱自己

一、自我认同的含义

自我：是指个体真实的本体。

认同：认同的英文是 identity，可翻译为同一性、一致。

自我认同通俗的理解就是，个体认识的自己与实际自己的一致程度。如果个体认识的自己与实际自己的一致程度高，个体就具有比较高的自我认同感，若个体认识的自己与实际自己的一致程度低，个体就具有比较低的自我认同感。

不同学者对自我认同也有不同的解释。英国社会学家安东尼·吉登斯（Anthony Giddens）在其《现代性与自我认同》一书认为："自我认同并不是个体所拥有的特质，或一种特质的组合，它是个人依据其个人经历所形成的，作为反思性理解的自我。"这一对自我认同的解释目前被广泛认同。

这一解释可以做如下的理解。

首先，自我认同是通过反思的方式来看待、评价自己的。

其次，对自己的评价是依据个人的经历，通常人们通过询问"我是谁""我来自哪里"，就是在不断地完成自我的认同。以这样的方式理解自我认同的内涵是：知道你是谁比知道你去哪里更重要。

最后，自我是由过去的我、现在的我、未来的我组成；自我也是由物质（生理）的我、社会的我、精神的我组成。因此，自我认同包含的内容相当广泛。比如，生理认同就是指诸如对自己长相、身高、胖瘦的认同等；社会认同就是对自己所处的社会角色的认同；精神认同就是自己的个性特征、心理品质的认同。比如，一个只有 1.55 米、44 千克的曾是留守儿童、家庭贫困的女生，在与她交往中没有感觉到她对自身生理状况不满、没有为自己在农村长大而自卑，也没有因贫困而隐瞒或责备家庭。因此，她有比较高的自我认同感。而以下"心灵万花筒"故事中的女生就表现出对自己的外貌和家庭经济状况的不认同。

心灵万花筒

我该怎么办

我在读大学，看着寝室里的同学都打扮得很时髦，我很美慕。考虑到家庭经济状况，我难以向妈妈开口，我就向以前的同学借钱。我买了些高档衣服，觉得自己不再寒酸了，寝室里的同学也对我另眼相看。我本来想多做几份家教，用赚来的钱把债还了，可这个时候，我的一个学生病了，另一个学生出国了，我的收入大减，无法及时还钱了。我以前的同学打电话到我家，我的妈妈知道这一情况后，冲到学校把我训了一顿。寝室里的同学好像有所察觉，都不怎么理我了。我感到很烦恼，我该怎么办？

二、自我认同的水平

在日常生活中，人们不断地日积月累，形成了对自己的评价，也就是自我的认同感。它是一种人们为自己建构的自我，代表自己认为的自我存在的状态，包括自己的驱力、能力、信念等。

自我认同感的形成要花一些时间，自我认同感的分类有以下四种。大约要等到青春晚期至大学期间，这些青少年才能从混乱或提前结束水平进入延缓偿付水平，然后才能达到认同感的获得。但这并不意味着自我认同感已完全形成，许多成年人仍然还在不断发展完善中。以下是四类认同水平[1]，大学生可以结合自己的情况，看看自己处于哪类水平。

(一)认同感混乱

这一类个体对认同问题不做思考或无法解决，对将来的生活方向未能澄清。例如，我对未来职业没有多少考虑，我想我并不知道自己喜欢什么。

(二)提前结束

这类个体获得了自我认同感，但是这种认同感并未经历，在寻求什么事最适合自己时所体验到的危机。例如，我父母是教师，我长大了也做教师，但事实上对教师职业我并没有太多了解和兴趣。

(三)延缓偿付

这类个体经历了认同危机，正在主动提出生活价值的问题并寻求答案。例如，我对自己的信念加以探索，希望能获得一种适合我的。

(四)认同感获得

认同感获得的个体通过为特定的目标、信念、价值确立个人的承诺来解决认同问题。例如，在对我的信仰和其他信仰多次的精神探索之后，我最终知道我该信仰什么和不信仰什么了。

自我认同的水平也可以通过自我认同测验得以了解。

---

① ［美］戴维·谢佛：《发展心理学——儿童和青少年》，6版，458～459页，北京，中国轻工业出版社，2004。

心灵瑜伽

自我认同感测试

奥克斯（Aux）和普拉格（Prager）编制了一个量表，用来测试 15 岁以后的人是否成功通过埃里克森提出的 8 个发展阶段。你可以用这一部分来测试一下自己，看一看这些问题是否适用于你，根据下列标准给自己打分：

完全不适用：1 分　偶尔适用或基本不适用：2 分　常常适用：3 分　非常适用：4 分

1. 我不知道自己是怎样的人。
2. 别人总是改变他们对我的看法。
3. 我知道自己应该怎样生活。
4. 我不能肯定某些东西在道义上是否正确。
5. 大多数人对我是哪类人的看法一致。
6. 我感到自己的生活方式很适合我。
7. 我的价值为他人所承认。
8. 当周围没有熟人时，我感到能更自由地成为真正的我自己。
9. 我感到自己生活中所做的事并不真正值得。
10. 我感到我对我生活的集体适应良好。
11. 我为自己成为这样的人感到骄傲。
12. 人们对我的看法与我对自己的看法差别很大。
13. 我感到被忽略。
14. 人们好像不接纳我。
15. 我改变了自己想要从生活中得到什么的想法。
16. 我不太清楚别人怎么看我。
17. 我对自己的感觉改变了。
18. 我感到自己是为了功利的考虑而行动或做事。
19. 我为自己是我生活于其中的社会一分子感到骄傲。

记分时，先把 1、2、4、8、9、12、13、14、15、16、17、18 题的回答结果转换一下，如选择的是 1，就打 4 分；选择 2，打 3 分；选择 3，打 2 分；选择 4，打 1 分。其他问题则保持不变。然后把 19 个问题回答的得分相加。

对 15～60 岁的人进行测试时，平均得分 57，标准差 7 左右。这表明大多数人的得分在 57±7 范围内。得分明显高于该数字的人，表明他的自我认同感发展良好；得分明显低于该数字者，表明他的自我认同还处于形成和发展阶段。

（侯玉波编著：《实用心理学》，北京，人民大学出版社，2005）

三、自我认同的表现

个体的自我认同感是一个动态的过程，自我认同感建构的内在元素会随时间的改变而不断汰旧换新，经历一段时间后，整个结构可能会存在改变。建构发展越好，越能体会自己的独特性和与别人的共同点，越清楚自己的优缺点，及自己如何走出自己的路；发展不好，越不清楚自己与他人的异同，越须依赖外在评价自己。

（一）高度自我认同的表现

第一，认为自己是独立，会为自己决定许多生活细节；

第二，承担责任，无论是工作单位还是家庭都会主动负担一些工作，甚至安慰他人；

第三，乐于接受各类挑战，并积极面对；

第四，能承受压力，接受失败和感受胜利等。

（二）低度自我认同的表现

第一，对自己的能力不信任，不够自信，常说我做不来；

第二，逃避任何可能产生焦虑的情况，比如回避面对有压力的事、不确定的工作等；

第三，强而有力的自我防御，不能接受批评或失败，不能面对问题；

第四，喜欢以责备他人或以诿过来隐藏自己的缺点等。

心灵万花筒

不认同自己腿的蜈蚣走得更慢了

据说上帝在创造蜈蚣时，并没有为它造脚，但是它仍可以爬得和蛇一样快。有一天，它看见羚羊、梅花鹿和其他动物都跑得比它还快，心里很不高兴，便嫉妒地说："哼，脚越多，当然跑得越快。"于是，它向上帝祷告说："上帝啊！我希望拥有比其他动物更多的脚。"上帝答应了蜈蚣的请求。他把好多好多的脚放在蜈蚣面前，任凭它自由取用，蜈蚣迫不及待地拿起这些脚，一只一只地往自己的身体上贴去，从头一直贴到尾，直到确实再也没有地方可贴了，它才依依不舍地停止。它心满意足地看着满身是脚的自己，心中暗暗窃喜："瞧吧！现在我可以像箭一样地飞出去了。"但是，等它开始跑时，才发现自己完全无法控制这些脚。这些脚噼里啪啦地各走各的，它非得全神贯注才能使一大堆脚不致互相绊倒而顺利地往前走。这样一来，它走得比以前更慢了。

四、大学生自我认同感的重建和提升

随着全球化、现代化的不断发展，人类的自我认同受到了巨大的挑战。比

如经济发展的不平衡，以经济认同为代表的物质自我认同，因为现实经济状况与理想经济状况的差距出现了分裂；再比如社会等级阶层的分化，使个体的身份被凸显出来，个体的角色和身份出现了多元式的分裂；通信和交通工具的发展，每个地方的生活呈现出全球化的状态，自我无法在时空保持一致，自我认同的危机也就不可避免；价值多元化的冲突，使自我失去了认同的连续性；消费文化所引领的标准化式生活，使自我在生活方式的选择中失去了独立意识。这些方面的表现使个体在心理的层面上，感到一种迷失，找不到人之为人活着的依据，也易在这纷繁的世界中失落自我。

埃里克森自我发展理论认为，青少年时期面临最主要的发展议题是获得自我认同。可以理解为社会与个人的统一，个体的主我与客我的统一，个体的历史性任务的认识与其主观愿望的统一；也可理解为对自己的过去、现在和将来，即在任何情况下都能够全面认识到意识与行动的主体是自己，或者说能抓住自己，亦即是"真正的自我"，也可称为"核心的自我"。

心灵万花筒

失落的一角

谢尔·希尔弗斯坦（Shel Silverstein）的《失落的一角》和《失落的一角遇见大满圆》这两本书已经出版几年了，两本都是图书画，简单的文字，言浅意深的寓言。第一本《失落的一角》讲的是一个缺了一角的图，不停寻觅失去的那一角，但是因为缺了一角，所以它滚不快，只能慢慢滚，因此它走走停停，虽然风吹日晒但也可以闻闻花香、和虫儿说话，路上遇到了几次角角，可惜有的太小，有的太大，有一次它遇见了很合的那一角，只可惜没抓牢角角又离去了；另一次却因为抓得太紧，角角碎了。就这样一路跌跌撞撞，终于遇到了完全契合的那一角，一开始它非常快乐，接着却发现补上了失去的那一角，它便快速滚动，快到不能停下来闻闻花香，也无法停下来和虫儿说说话。终于它明白了，放下了好不容易找到的那一角，继续自己的旅程。

第二本《失落的一角遇见大满圆》讲的是等待的一个角角，因为它太尖了，没办法自己滚动，只能停在原地等待合适它的缺了角的圆带它离开。有时遇到的很适合，可惜不能动弹；有时可以动弹，却不太适合；有的圆缺了太多角，有的圆只缺一个角却什么角角都要。终于，角角找到了合适的那个圆，自己却忽然开始长大，最后又分开了。直到有一天遇到一个圆，它告诉角角自己已经是一个大满圆，没有缺什么角，它告诉角角，不应该等待别人带它同行，应该试着自己走。于是这个尖尖的角开始试着自己走，但它无法用滚的方式，于是先用自己尖尖的那一角立起来，再倒向另一边，然后再立起、倒下、立起、倒下……渐渐的，尖尖的棱角磨掉了，于是可以弹跳，接着可以滚动，终于它自己成为了一个圆，不必等谁带它走。它跟上大满圆，两个圆并肩前行。有的时候，我们就是缺了一角的那个圆；有的时候，我们是等人带我们走的那个角角，我们都在寻找或等待失去的那一个，以为缺了便不圆满，但或许我们还是可以用自己的步伐继续前进，经过了不同的风景，尝试了不同的方式，终究圆不圆满在于我们自己，而不在于失落的那一角。

这两个故事都不同程度地启发人们：自我认同是一个不断发展变化的过程。

接纳自我从接受自己的存在开始.

埃里克森还用"认同危机"来形容青少年阶段的特征。因此，重建和提升自我认同也是大学生的心灵任务。当然，自我认同的重建有社会层面，如信任危机就是要通过政府的诚实、专业、廉政等建立有效制度；自我认同的塑造有文化层面，比如，如何使民族文化在全球化所导致的多元文化的交流和整合中得到整修。对于大学生个体来说，以下的心理途径可以帮助获得更好的自我认同。

1. 确定并接纳自己的身份与归属

确定并接纳自己的身份与归属是指，个体除了要知道自己是谁，来自哪里外，还要接纳自己，也就是要接纳自己的过去与现在。自我认同稳定的基础就是稳定的社会身份与角色。而当今社会个体具有多元分裂式的角色和身份，容易使个体出现认同危机。比如，出生于经济落后地域或家境不好的大学生，不愿意接受自己的状况，于是，伪造自己的身世或者虚伪地巴结有钱人。再比如，为了进入社交圈，不是提高自己内心的素质，而是一而再，再而三地瘦身、瘦脸、拉皮。事实上，在人际交往过程中，人们最看重的是真诚，是自然，是本体。

2. 保持自我的连续性、一致性

电视剧《爱情睡醒了》中的男主人公项天琪因为事故失忆了，女主人公桃李村的刘小贝救了他，并给他取名刘小鱼。他们相爱了，但刘小鱼一直困惑、解不开"我是谁"的秘密。又一次意外，刘小鱼变回了项天琪，项天琪又失去了自己是刘小鱼的记忆。他苦苦追寻之前的"我"到哪里去了？这就是自我出现了断裂，个体无法将其认同。

倘若一个人出其不意地表现出和他通常的不一致行为，别人就会觉得好奇怪，甚至说"好像不是他"；有的时候连自己都会觉得"不认识自己了"。比如，一贯学习努力、工作认真的同学突然考试前不复习，整天上网玩游戏。

因此，觉察自己并让自己的行为保持相对一致性也是自我认同的方法。

3.整合自己生活经验的片段

日子是一天一天度过，经验是一点一点积累。现实生活的经验通常是零碎的、片段的，有的时候还会出现相互矛盾。譬如，有的时候觉得我们自己是开朗的人，有的时候又觉得自己内心有些结解不开；有的时候我们愿意帮助别人，有的时候又觉得别人给自己带来不少困惑。如何把这些不太一致的经验构成一个整体，形成自己的生活态度就是对自己生活经验片段的整合。譬如孔子说："吾道一以贯之。"这句话表明，孔子的人生观有一个完整的中心思想，可以连贯所有的知识和经验。也即所有知识都汇入同一个系统中，其内在不能矛盾，对外也一致。这也是自我认同的表现。

❀ 第二节　自我效能——欣赏自己 ❀

一、自我效能的含义

自我效能是心理学家班杜拉(Bandura)于 1977 年提出的概念。他认为自我效能是指个体在执行某一行为活动之前对自己能在什么水平上完成该行为活动所具有的信念、判断或主体的自我感受。自我效能不是指所具备的技能有多少，而是指相信自己在各种不同情况下，自己能够做什么。

自我效能具有三个特点：一是预期性，自我效能是对自己即将进行的活动能否达到一定水平的自我预期，产生于活动发生之前，但是对活动的进程起着重要作用；二是主观性，自我效能是对自己能否达到某一水平的主观判断；三是中介性，经常会出现这样一种情况，一些人虽然很清楚应该做什么，但在行为表现上却并不理想。这是因为有一关键因素调节着认知和行为之间的关系，那就是人们如何判断其能力以及这种判断如何影响其动机和行为，这就是自我效能。

二、自我效能的形成和发展

婴儿出生是不具备自我效能感的，个体的自我效能感是个体在不断成长过程中获得的，而其中主要有四个因素起着重要的作用，影响着人的效能水平。

(一)先前的亲身经验

它是个体获得自我效能感的最基本、最重要的途径，它以某种确证的方式显现了个体驭御环境事件的能力。比如，曾经历过考试焦虑的学生，在以后面对重大考试时容易出现自我效能感低的状况；再譬如一个学生有处理同学冲突关系的消极经验，他们感受到自己处理先前的冲突不是很成功，所以在接下来处理人际冲突时会有较低的自我效能感。在长期贫困或终日争吵、身体被虐待等家庭中长大的孩子，他们从小不得不面对自己的不良生存环境，因而学会了独立或勇于面对生活困境，长大以后的他们有比较好处理未来生活困难的自我效能感。

(二)替代经验

替代经验是指学习用他人的成功经验来改变自己的经验。通常是通过示范学习获得。如来自电影、电视、书本或者是其他人的经验。通过成功学长的经验可以增加自己对未来职业能力的信心。癌症康复病人的现身说法，可以激励同类病人战胜疾病的勇气和信心。

发生在一个居民住宅楼里的故事

大家都把垃圾倒在巷口的那块空地上，日子长了，便弄得满地狼藉。后来，环卫部门根据居民的建议，在这里建了个垃圾箱。从此，这里的卫生状况就有了好转。可是时间一长，问题就来了，垃圾箱周围又散乱地堆起了脏物，到了夏天，就蚊蝇成群，臭气扑鼻，不堪入目。只因有人倒垃圾的时候少往前跨了几步，你离三步倒过去，随风飘飞；他离五步撒出去，天女散花。半天不到，脏物便延伸到了路中心，行人虽然牢骚满腹，也只好踮起脚尖屏住呼吸快步通过。

终于有一天，墙上出现了一行字：请上前几步倒垃圾！措词很和善。可是没用，乱倒垃圾的现象依旧。

一天，人们发现墙上的字改了：禁止乱倒垃圾！态度比较严肃了，语气是命令式的。可是十几天过去了，情况仍未有好转。

于是墙上的字换成了：乱倒垃圾者罚款100元！口气变得很威严，好像极具震慑力。可还是没人理睬，依然乱倒，依然狼藉。

后来出现了一行骂人的话：乱倒垃圾者是猪狗！到了这样的地步，我们似乎看到了书写者既忍无可忍又无可奈何的窘态。可是谁会买你的账呢？

反正你也没亲眼看见谁在乱倒，结果当然可想而知。

事情虽然不算大，却令人揪心。可又有什么办法呢？

谁也没想到，今年以来情况居然发生了奇迹般的转变，再没有人在这里乱倒垃圾了，周围也再找不到一点儿脏物，墙上那条改换了多次的标语也不见了。

这是怎么回事？这和一个人有关，他住进了这栋楼里。这是一个什么人，有这么大能耐？他不是政要，不是名人，不是劳模，也不是哪里派来的卫生监督员，他是一个年届花甲的普通老人，而且是个盲人。自从他和老伴儿住来之后，每天早晨他要做的第一件事，就是出门走 30 米去倒垃圾，奇怪的是，他总能准确地把垃圾倒进垃圾箱。

有人问他："大爷，您双目失明，怎么能把垃圾倒进箱里去的？"

他答道："开始也倒不准，时间长了，我心里就有数了。"

人们退而思之，叹服不已。好一个"我心里有数"！

其实心里都有数。盲人想得很简单，也很坚定：垃圾是应该入箱的，否则就会脏了环境。所以他每天默默地数着脚步，一步一步，开始由老伴儿挽着，后来独自摸向垃圾箱，准确无误地将垃圾倒进去。

　　［卢志容：《榜样的力量》，载《课堂内外创新作文》(高中版)，2007(05)］

人们的善心和良知被外在的善举激发出来，在潜移默化中慢慢改变着自己的行为。

(三)言语说服

言语说服是指接受别人认为自己具有执行某一任务的能力的语言鼓励而相信自己的效能。言语劝导信息的效能价值取决于它是否切合实际，现实化的言语劝导因能够激发个体的动机水平而使之易于成功，从而使他在这种信息基础上形成的自我效能感得到实现；但不切实际的言语劝导很难在活动中得到实现，从而不仅使劝导者失去威信，还会反过来挫败个体的自我效能感。言语说服的效果还要看说服者是谁？说服者对个人的意义？当个体心目中重要的人，如权威的专家、经验丰富的长者、学识渊博的学者，对个体的能力表示肯定和赞赏时能提升自我效能，尤其是在克服困难的时候。比如，医生或癌症康复病人对新病人树立康复信心的说服要比普通社会人士具有更好的效果。

(四)生理或情绪反应

人的身体是有记忆的、身体有唤起功能。人们在判断自我能力时，一定程度上依赖生理和情绪状态所传达的身体信息，比如情绪的生理唤起、焦虑和压力。研究表明高焦虑与低的自我效能联系在一起，消极的情绪状态被认为是直接影响自我效能，通过对生理唤起的消极的感知又间接影响行为的唤起作用。许多因素影响焦虑，包括先前提到的经验因素和社会支持因素。有些人的考试焦虑就表现在"拉肚子"上，一旦参加重要的考试，就要"拉肚子"；同样，有些人一旦参加重大的体育比赛，就全身充满着力量。

自我效能感影响人们的行为选择。日常生活中，人们时时处处都不得不做出决定，怎样行动以及持续多长时间。一个人对自我效能的判断，部分地决定其对活动和社会环境的选择。人们倾向于回避那些他们认为超过其能力所及的任务和情境，而承担并执行那些他们认为自己能够干的事。影响人们选择的任何因素都会对个人成长造成影响。在行动中，积极的自我效能感培养积极的承诺，并促进胜任能力的发展。效能判断决定着人们将付出多大的努力以及在遇到障碍或不愉快的经历时，将坚持多久。自我效能感越强，其努力越具有力度，越能够坚持下去。当被困难缠绕时，那些对其能力怀疑的人会放松努力，或完全放弃；而具有很强自我效能感的人则以更大的努力去迎接挑战。

三、自我效能的作用和水平

班杜拉还认为，自我效能感在两个水平上影响人类健康。在较为基础的水平上，人们对自己处理应激能力的信念会影响其心身调节系统。社会认知心理学的观点认为，应激反应是控制威胁或超负荷环境压力的自我效能感低下的结果。如果人们相信其能够有效地控制潜在的应激源，他们便不会为其所困；反之，便会受其困扰，并损害生理机能的水平。自我效能感影响健康的第二个水平表现在人们对个人健康习惯及生理老化的直接控制上。这种自我调节的效能感影响其动机和行为，从而决定着他们是否改变不良习惯，维持良好习惯，以及做到多好的程度，并决定他们是否能够尽快从挫折中恢复过来。另一些研究涉及对情绪及主观幸福感的影响。

我们对自己的信念决定着我们如何感觉自己。

自我效能和个体能够做什么的信心紧密相连，而人能不能做的事太多，比如，能不能处理好同学关系，能不能处理好师生关系，能不能学好理论课程，能不能学好操作课程，能不能在考试的时候发挥平时的水平，能不能做好社团工作等。因此，自我效能应该和具体的技能操作有关。但是，每一个人也存在着普适性的自我效能感，类同于人的能力存在一般能力和特殊能力之分一样。一般自我效能感就如同一般能力，特定技能的自我效能感就如同特殊能力。以下的测验是被国际上广泛使用，由德国心理学家施瓦泽（Schwarzer）等人编制的一般自我效能量表，通过自我测量可以了解自己的一般自我效能感。

心灵瑜伽

一般自我效能感量表

指导语：以下 10 个句子关于你平时对自己的一般看法，请根据你的实际情况（实际感受），在右面合适的□上打"√"。答案没有对错之分，对每一个句子无须多考虑。

| | 1 | 2 | 3 | 4 |

1. 如果我尽力去做的话，我总是能够解决问题的。

2. 即使别人反对我，我仍有办法取得我所要的。

3. 对我来说，坚持理想和达成目标是轻而易举的。

4. 我自信能有效地应付任何突如其来的事情。

5. 以我的才智，我定能应付意料之外的情况。

6. 如果我付出必要的努力，我一定能解决大多数的难题。

7. 我能冷静地面对困难，因为我信赖自己处理问题的能力。

8. 面对一个难题时，我通常能找到几个解决方法。

9. 有麻烦的时候，我通常能想到一些应付的方法。

10. 无论什么事在我身上发生，我都能应付自如。

计分方法：1 为"完全不正确"记 1 分；2 为"有点正确"记 2 分；3 为"多数正确"记 3 分；4 为"完全正确"记 4 分。

分数解释：

1. 将自己的 10 个题的得分相加。

2. 1～10 分：你的自信心很低，甚至有点自卑，建议经常鼓励自己，相信自己是行的，正确地对待自己的优点和缺点，学会欣赏自己。

3. 11～20 分：你的自信心偏低，有时候会感到信心不足，找出自己的优点，承认它们，欣赏自己。

4. 21～30 分：你的自信心较高。

5. 31～40 分：你的自信心非常高，但要注意正确看待自己的缺点。

（刘在花著：《儿童社会智力》，合肥，安徽人民出版社，2008）

四、自我效能感的提升与训练

(一)创建自己的经验体系

经验体系包括经验的获得、经验整理、经验的"心象表征"及经验启动几方面。经验体系的每一个过程都为个体评判自我效能感提供着内在依据与基础。

1. 经验的获得

如果个体能不断体验成功，会逐步建立起获得积极、正面经验的反应模式。稳定的反应模式保证了成功经验的持续获得与积累，从而为自我效能感的保持与提升提供内在的力量来源。所以大学生个体在现实中发掘个体的成功经验，给自己定具体可以实现的小目标。尽量避免直接的失败挫伤自信心，将有助于自我效能感的提高。

2. 经验的整理

除了获得成功的经验，还要关注经验获得之后的整理。无论是直接或间接获得的经验，如果只是机械地输入，那么个体只会变成承载万千信息的数据库。对经验情境解析、内容释义以及新旧经验间的分析、比较、选择、排斥，相似经验的抽象与概括，不同经验的推理与演绎等意义赋予，使得经验知识逐渐系统化、科学化。经验意义要不断地扩充和发展，才能为个体提供适应新局面、新环境要求的自我效能感内在的不竭源泉。

3. 经验的"心象表征"

很多大学生都报告自己在做类似的事时并不是没有经验，相反很多人都有足够的成败经验，但是依然不能确定自己有更好的表现，是由于缺乏经验"心象表征"的原因。当个体能充分运用有益的经验来想象成功的活动场面，并体验与活动有关的身体状态的微妙变化，从而为活动的顺利执行提供了支持和指导。

4. 经验的启动

它紧随经验的"心象表征"之后。启动指先前呈现刺激的信息加工对后续呈现刺激的信息加工产生的有利影响。自我效能感是一种弥散型的内在知觉、感受，因此每次在任务中的唤起并不都在同一个水平。这就要求经验能够立即启动，随时为效能感的运用提供内在的信息参考。

(二)创建评价体系

评价无疑将影响个体的自我效能感的高低。但是，评价并不局限于自我评价，而是一个系统、全面、整体的认识体系。

1. 社会比较

社会比较是基于经验基础上的认知加工、自我评价，这种比较、评价将在认知层面上影响个体的自我效能感。个体选择与自己相似的人进行比较时，往往会形成对自己相对准确的认识评价，进而影响自我效能的评价。当要求自我进步或自我提升是社会比较的主要动机时，不相似比较就发生了。一种自我进步的动机促使他们选择向上的比较方式。而向下比较，是自我提升和积极情感的源泉。无论是向上还是向下比较，都影响个体对自己的主观评价、认识，也改变着个体对自我能力的信念和体验。因此，建立起向上、向下、相似的多层次的比较结构，正确运用社会比较，将为自我效能感的提升，提供更充分的现实依据。

2. 社会支持

恰当、充分的社会支持使个体对自己有积极、全面的评价，且在经历失败、应激事件时也有更多的心理资源来应对。而过度或不足的社会支持则促使个体降低对自己的评价，自尊水平下降，情绪波动较大，也不会有较高的自我效能感。大学生更多依靠朋友的支持、理解，形成对自己的认识。因此，保持与朋友良好的情感关系有助于个体拥有积极的心态，有更多的认同体验、信念实现。

(三)创建训练体系

1. 归因训练

首先，归因可分为能力、努力、任务难度和运气四个因素，这些因素又可从三个维度区分，即内部—外部、稳定—不稳定、可控—不可控，归因影响着对下次成功的期望值、动机和情感。其次，确立归因倾向，养成积极的归因倾向，加强自我训练。积极归因中把失败归于努力不足这种内在、可控制的因素，不会产生对自己能力的怀疑，会作进一步努力去争取成功，有助于自我效能感的不断提高。最后，掌握平衡的归因结构。内控型归因倾向把一切原因都归自我内部。这种归因，不论成功与否，都能使个体产生较高的期待，继续努力采取行动，维持或提高自我效能感。但将一切原因都归于内部主观也是不现实的，容易在失败之后产生自责心理。外控型的表现则相反。所以，应注意结合使用内控和外控的归因模式，逐渐形成平衡化的归因结构，对成败原因有科学的认识。

2. 目标设立训练

首先，确立目标。目标设置难度适中，有一定的挑战性，且规范具体、明确，更容易激发起个体采取行动。其次，调动目标的动态反馈。目标与反馈结合更能提升个体的自我效能感。目标为个体提供预期的结果，规定行为方向，激起并维持行为投入，目标反馈则为个体行为的调整、改进提供依据，自我效能感可依据目标反馈修正改善实现目标的行为。最后，形成目标的自我调整机制，完善目标的层次体系。目标的设立是个不断调整的过程。可以包含远期目标、中期目标和近期目标。近期目标达到时，就能增强自我效能感。

3. 情绪调节训练

研究表明，大学生通常采取多种情绪调节方式，如发泄或表达情绪、认知管理、接受与重构、消极分心、暂时解脱。大学生的情绪丰富多变，带有明显的波动性、两极性，情绪管理的难度加大，变动也更多。而情绪的改变也将影响自我效能感，尤其是焦虑、抑郁的情绪状态下，个体效能感明显降低。大学生要尝试自我的情绪调节训练，让情绪处于一种恰当的状态。大学生应尽量采取表达情绪、积极分心等调节方式。情绪的调节具有个性化、情境性等特点，所以进行情绪调节时要根据自身特点，考虑具体的情境，灵活地采用适合自己的调节方式。

第三节 自我尊重——提升自我存在的尊严与意义

一、自尊的含义

自尊是自我体验的核心，指个体在社会化过程中所获得的有关自我价值的积极评价与体验，是一种与自信心、进取心以及责任感、荣誉感密切联系的积极的个性品质。

自尊是对自己的一种情感体验，比如当一个学生刚被选为学生会干部，其自尊会高入云端；另一位学生刚知道一门课"挂了"，自尊就很低落。自尊也是个体对自己的一种评价和判断，高自尊的人比低自尊的人认为自己具有更多的积极品质。

描述"自我"内容的许多名词，包括了自我概念、自我评价、自我认同、自我效能、自我价值、自尊等，对其进行明晰的区别界定是不容易的。如同自尊，其内涵到底有哪些？有的时候甚至心理学家还在不断思考的问题。本节所涉及的自尊主要是与自我价值感相关的内容。

二、自尊的三个发展阶段

风靡全球的哈佛《幸福课》在全世界受到大学生以及对幸福关注的人们的青睐。主讲教师哈沙尔（Hasar）认为，每个人的自尊都会经历三个阶段，即依赖性自尊、独立性自尊和无条件自尊。

（一）依赖性自尊

依赖性自尊是指依赖他人肯定和表扬而产生的自尊。依赖性自尊中包含两个元素，第一是"依赖性"，个体的自我价值来源于外部环境，而不是自己认定的；第二是"比较性"，即个体通过与他人比较的过程，获得自我肯定。依赖性自尊让人渴望得到别人的认可与赞美。比如，有的大学生很在意家长、老师对自己成绩的评价，如果老师、家长都表扬他，他会很高兴；如果有人对他的成绩表示怀疑或者不屑一顾，他就会很难受，觉得自己受了莫大的委屈。依赖性自尊让人把生活的动力归结于别人的看法。依赖性自尊使人把对自己的判断建立在与他人的比较上。对大学生来说，"我全身心地投入学习中去，如果有人比我学得好，我会感觉到压抑和羞愧"，这是大学生依赖性自尊的典型想法。

几乎没有人不具备依赖性和比较性的自尊。因为每个人都是平凡的人，不可能无视他人的看法，不与他人比较，这是人性使然。

（二）独立性自尊

独立性自尊即不依靠他人的看法，自我产生的自尊。拥有独立性自尊的人对自我的评价是根据自我的标准。比如，有的大学生很清楚自己的学习是否努力，尽管别人对此有一些看法，但最终内心的尺度还是由自己来衡量。这样的人在思考自己的能力大小时，不会和他人比较，而是和过去的自己比较。独立性自尊水平较高的人，乐于接受批评，乐于结交挑战他们、帮助他们寻找"真理"的对手。独立性自尊水平较高的人，生活的动力主要来源于寻找"我对什么感兴趣""我关心什么""我到底想要怎样的生活"这些问题的答案。独立性自尊较强的人，喜欢跳出固定的模式，选择别人未走过的路，这当然不是说他们从来不选择别人已经走过的路，前提是如果他们真的喜欢。

表 3-1 依赖性自尊与独立性自尊的比较

个 体	价值观	个人能力	目 的
依赖性自尊	取决于他人	与他人比较	得到表扬和肯定
独立性自尊	取决于自己	与自己比较	帮助自己进步

(三)无条件自尊

无条件自尊使个体处于很稳定的状态，既不依靠他人的看法，也不来源于自我的评判，根本不需要对自尊进行评价。无条件自尊水平较高的人在评价自己的能力时，既不需要和别人比较，也不需要和自己比较，它是一种自然而然存在的状态。可以把看电影和无条件自尊进行类比。看电影的时候，个体会和电影角色感同身受，看到他们生离死别，你也会感觉压抑；看到他们花好月圆，你也感觉高兴，你会不由自主地成为他们的一分子。为什么？因为你的自尊没有受到威胁，不管是他们取得的成就或者英俊的外表。这都只是虚幻的电影世界。如果在现实生活中，大学生也能和他人感同身受，不去针对他们，自我会变得越来越强大，这也是无条件自尊的魅力所在。

依赖性自尊、独立性自尊和无条件自尊是自尊发展的三个阶段。依赖性自尊是最初的阶段，独立性自尊属于第二个阶段，个体可以比较客观地认识自己，而无条件自尊有点近乎"圣人"，也是自尊的最高境界。

三、自尊与心理健康

自尊的人是自我价值感好的人。真正自我价值感良好的人，会被周围的人认可与赞赏。这些人的自我认识显得既不过分依赖他人，也不过分我行我素。他们能够接纳外界的提议，灵活性很大，但从根本上而言又不失稳定性；他们喜欢得到认可，但不刻意追求；他们认真对待批评，但不会因此失去把握；他们既不特立独行也不受他人左右。自我价值感较差的人，他们会对自己苛求，或许外界对他的批评多于肯定，而他又将这些批评不假思索地照单全收；或者他们会处于对此进行抵偿的目的而展示出一种不容置疑、以自我为中心、自我

遇见未知的自己

心灵瑜伽

美化的自我价值感。

大量研究表明，自尊是影响心理健康的重要因素。自尊水平较高的个体表现出较少的焦虑水平、更高的生活满意度和主观幸福感。自尊水平较低的个体表现出较高的焦虑水平、主观幸福感也较低。也有研究发现，青少年有较高的自尊有助于他们更好地调整自己的行为与心境，减少挫折后的躯体化表现，减少神经症和精神病的发生。

以下是由罗森伯格（Rosenberg）编制的自尊量表，可以通过测评了解自己的自尊水平。

自 尊 量 表

每一个人对以下问题都会有不同的看法，回答也是不同的，所以答案没有"对"与"不对"之分，只表明你的态度。请根据自己的实际情况选择最适合的选项。

	4	3	2	1
1. 我感到我是一个有价值的人，至少与其他人在同一水平上。	□	□	□	□
2. 我感到我有许多好品质。	□	□	□	□
3. 归根结底，我倾向于觉得自己是一个失败者。	□	□	□	□
4. 我能像大多数人一样把事情做好。	□	□	□	□
5. 我感到自己值得自豪的地方不多。	□	□	□	□
6. 我对自己持肯定态度。	□	□	□	□
7. 总的来说，我对自己是满意的。	□	□	□	□
8. 我希望我能为自己赢得更多的尊重。	□	□	□	□
9. 我确实时常感到毫无用处。	□	□	□	□
10. 我时常认为自己一无是处。	□	□	□	□

计分方法：

1. 1、2、4、6、7为正向计分条目。4表示非常符合，计4分；3表示符合，计3分；2表示不符合，计2分；1表示很不符合，计1分。

2. 3、5、8、9、10为反向计分条目，回答结果转换一下，如选择的是4，就计 1 分；选择 3，计 2 分；选择 2，计 3 分；选择 1，计 4 分。

评分标准：总分范围 10～40 分，分值越高，自尊越高。

（罗森佐格：《自尊量表》，1962 年编制，杨家正翻译）

四、自尊的保护与催生

以下这些策略对大学生的自尊的保护与催生有启发作用。

（一）以自己的能力、价值取向等尺度为准绳

只要满足了自己设定的标准，或者能够将标准在不同的情形中做出相应调整，自尊就不会出现问题。当标准设置得太高，或者自尊是建立在极高的成就之上，问题就出现了。

（二）取得社会支持

他人支持是保护自尊的有效资源。他人评价是自我评价的"镜子"，人对自己的评价很大一部分来自对他人对自己评价的认同。故如何获取他人支持是重要的保护自尊的策略。

（三）接受自己的弱点和错误

"金无足赤，人无完人"，有缺点和错误的人，也可以是有价值、有自尊的人，这个观点能为自尊提供特别稳定的保护。不必过分地迎合外界，也不必屡次达到自己的理想标准。另外，应对外界中肯的反馈保持开放的心态。记住，每一个人都是独特的。

（四）建构掌控感

莱尔施（Lersch）认为掌控感与自尊联系在一起。相信自己能够改变生活，相信生活掌握在自己手中，有能力应对生活中无常的人有比较高的自尊。而若人完全被他人所控，掌控感就消减，自尊也就极为低下。

（五）保持情感、内在心态和行为之间的和谐一致

当个体在情感、内在心态和行为之间保持和谐一致的时候人就获得自我认同，也拥有了比较高的自尊。相反，两者都将消失。要能够向他人传递自己的真实情感和意图、为自己辩解，也是拥有一致性的表现。

第四讲

人格魅力——人心不同，各如其面

不必羡慕他人的才能，也不必悲叹自己的平庸，各人都有他的个性魅力。最重要的，就是认识自己的个性，然后加以发展。

——松下幸之助

不必羡慕他人的才能，也不必悲叹自己的平庸；各人都有他的个性魅力。最重要的，就是认识自己的个性，而加以发展。

——松下幸之助

你我大不同

下面是 312 寝室关于要去哪个 KTV 唱歌的讨论。

小 S 说："我们去 A 店吧，今晚那里还有抽奖活动呢！"

小 M 说："可是那里的音响效果不好。"并转过头问小 P："你觉得呢？"

小 P 回答说："我听你们的。"

于是小 S 又说："那我们去 B 店吧，那里音响效果是全市最好的！"

小 P 说："我没所谓，都可以。"

"嗯，那个地方比较贵，而且人多。"小 M 继续提出自己的质疑。

小 S 毫不气馁地继续建议："那就去 C 店吧，听说那里的自助餐最好，而且价格也不贵。"

"可是，那里离学校也太远了吧！"小 M 永不满足。

而小 P 则总是那句话"我觉得都可以，你们拿主意就好了。"

最后还是小 C 给大家做出了决定，大手一挥，说："好啦，大家不要讨论了，一点效率也没有！我看就去 B 店好啦，费用 AA 后也不会太高。好了，我们继续讨论一下应该怎么过去吧？"

……

从这个讨论会里面，我们可以明显地看到四个人有着不一样的特点：小 S 最活泼开朗、喜欢与人交往、快人快语；而小 M 不太善于言辞，但她细心，内心体验很深刻，常常能觉察到大家觉察不到的细节；小 C 直率热情、风风火火的干练性格让大家觉得充满活力，但是她也很容易发脾气；小 P 则温和的像个大姐姐，做事情不紧不慢，很稳重。

为什么同龄人之间却存在着这么大的不同之处呢？为什么小 S 总是可以乐观的好像没有任何烦恼，而对同一件事情，小 M 则很久都不能释怀？而同时，即便是火烧眉毛了，小 P 还是用她不紧不慢的步伐慢慢行动？这就是本章的重点——人格。

自从有了心理学，人类所表现出的这些不同的个性特点便一直是心理学家们感兴趣的内容。如何准确地描述人与人之间这种心理上的差异？这些差异是如何形成和发展的？哪些人格特点对人的成长会更有帮助？这就是人格心理学所研究的内容。

❀ 第一节 人格概述——人格面面观 ❀

一、人格及其结构

心理学中的"人格"是指一个人在日常生活中所表现出来的相对稳定的个性心理倾向性和个性心理特点的总和。前者是指推动人从事各种活动的动力系统，包括需要、动机、兴趣、信念和价值观等；后者是指一个人在进行各种心理活动时，所表现出来的个人特征，包括气质、性格、能力等。

"人格"（personality）一词，最早来源于拉丁语中的"面具"（persona）一词，原意是戏剧表演中演员所佩戴的面具，表示戏剧中人物的身份和心理的某些典型特征。就像中国戏剧中的脸谱一样，"白脸奸臣，红脸忠臣"，观众一看脸谱就知道这个人大概是一个怎样的人。这是人格最初的含义，用来指一个人在生活中所戴的"面具"。现代心理学中的定义除了这一层含义之外，还包括了一个人向社会所展示的自我形象，其中包括了一个人内在的、稳定的、个人固有的心理特点（气质、性格等）。

人格是一个结构系统，这其中既有与个体神经系统兴奋性有关的先天部分，如气质；又有与社会环境、教育等有关的后天部分，如能力、性格。气质主要体现的是个体在高级神经活动类型上的差异，性格是反映个体在社会道德评价方面的差异，能力则是个体在完成活动过程中所表现出的差异。

二、人格中的先天成分——气质

"江山易改，禀性难移"这句话中所谓的"秉性"即心理学上所谓的"气质"。此处所谓的"气质"和生活中所常说的一个人"气质非常好"中所谓的"气质"是不同的。心理学上的气质是指一个人生来就具有的心理活动的动力特征，直接影响一个人心理活动发生的速度、强度、稳定性、灵活性和指向性等，是高级神经活动类型在后天行为或活动中的表现。

中国有句话叫"三岁看老"，是说不同的人在孩提时代就已经表现出了彼此不同的气质特征。例如，有些小孩从一出生就灵活爱动，爱哭爱笑；而另外一些则一生下来就是"很严肃"的小孩，不怎么爱热闹；还有一些小孩则是心态非常平和，不哭不闹。

这就是每个人先天带来的气质特征。气质所反映的是一个人先天的高级神经类型，有的人天生神经类型较强，有的人则相对较弱一些，有的灵活，有的不灵活。也正是因为如此，所以气质在环境条件、教育等的影响下虽然也可以有所改变，但其变化程度要小得多，其特点基本保持在较稳定的状态。例如，小 P 这一类慢性子的人在遇到火烧眉毛事情的时候也会很着急、也会用最快的速度来处理事件；但他们"最快"的反应速度和小 C 一比，还是要慢很多。

（一）气质类型学说

虽然每个人的气质类型都不尽相同，但是否也可以将之进行分类？那么又该如何准确描述人与人在气质上的各种差异？一直以来，研究者们都试图从不同的角度将气质划分为不同的类型。每一种划分都有不同的理论依据和视角，但他们都拥有一个共同的目标，就是让人类更清晰地了解自己，包括自己的长处和弱点。

古希腊医生希波克拉底（Hippokrates of Kos）在公元前 400 年就提出了四种体液说。他认为每个人的身体里都有四种体液，即血液、黏液、黄胆汁和黑胆汁，不同的人体内占优势的体液不同，当某一种体液占优势，就会表现出相应的生理和心理特点。大约在 500 年之后，古罗马医生盖伦对希波克拉底的学说进行了发展，提出了"气质"的概念。

表 4-1　希波克拉底体液说

体液类型	生理特点	心理特点
血液占优势（多血质）	热与湿的配合	好似春天般的湿而润
黏液占优势（黏液质）	冷与湿的配合	好似冬天般的冷而润
黄胆汁占优势（胆汁质）	热与干的配合	好似夏天般的热而燥
黑胆汁占优势（抑郁质）	冷与干的配合	好似秋天般的冷而燥

虽然用体液解释气质的方法缺乏科学依据，但后来的心理学者发现，在日常生活中确实能观察到这四种类型的典型代表。所以，这四种气质类型的分类方法被一直沿用下来。

（二）不同气质类型的特点和表现

心灵万花筒

气质的四种类型

苏联心理学家达维多娃曾进行过一次实验：被试 4 人，分别是 4 种气质类型的典型代表。实验的前提条件是看戏迟到了。结果，被试表现出了不同的处理方式。

胆汁质的人：一到剧场就与剧场守门人吵了起来，并分辩说自己的表是不会错的，分明是剧院的表走快了，并试图推门而入。

多血质的人：一看情形立刻明白，争辩也是白费口舌，守门人根本不会放他进去，于是转而想办法溜进去。

黏液质的人：看看没有希望，就自我安慰了一下，"反正第一场不会太精彩，我先到小卖部转转，待到幕间休息的时候再进去吧"。

抑郁质的人：看看不让进去，很失落地说，"我总是不走运，偶尔来看一次戏，竟然还如此倒霉"，于是悻悻离开剧场回家去了。

（董安君等编著：《大众心理趣谈》，159～161页，郑州，河南教育出版社，1987）

这个实验中，四种气质类型的人对同一个问题情境表现出了迥然相异的处理方式。并且其反应方式也具有该气质类型人的普遍特征。

多血质：多血质类型属于外向、多言、乐观的群体。敏捷好动、开朗活泼，善于应变与交际，有生气，有活力。这一类人情感外露，热情奔放，乐于与人交往，懂得把工作变成乐趣，并且能从任何事情中发掘兴奋点。他们总是笑声朗朗，周围总是充满着欢乐，有他们在的场合，气氛总会显得比较轻松且活跃，所以很容易成为晚会的灵魂。他们天性中对人际交往"三宝"（"点头""微笑"和"赞美"）的注重也让他们特别容易交到朋友，对认识3分钟的朋友他们表现的热情会像认识了3年一样。多血质的人很容易在人群中被认出来，因为他们常常是人群中说话最多的人，别人越爱听，他们越讲得眉飞色舞。但多血质的人说话做事常常不太顾及别人的感受，容易不经意间伤害别人，同时常常表现的马虎大意缺乏条理。

胆汁质：胆汁质类型的人自信有为、充满斗志，充满理想和动力，并且勇于攀登高不可攀的顶峰，因为他们一向瞄准目标进发直至成功，他们常常是"事情的实现者"。他们做事主动，工作刻苦，且不畏困难，有勇气，有很强的能力，他们是天生的领导，总喜欢讲出自己的想法。他们很会设计出多样性的项目，可信而有责任感，从不拖延，表现出力量和恒心，特别吃苦耐劳。同时，因为他们处理事情喜欢按照原则，不太讲情面；且脾气急躁容易生气发火，会给人挑剔和霸道、喜欢操控一切的感觉。

黏液质：黏液质类型的人踏实稳重、沉着冷静，有耐心，做事情比较慢。这一类人通常很乐天知命，对生活没有特别大的期望和要求，因此也很容易满足；做事低调、慢热、冷静，从不说过激的话做过激的事；同时，因为不愿意给别人制造麻烦，所以，他们常挂在嘴边的话是"随便""我都可以""由你们决定吧"，宁愿平静地接受现状而不要求改变。同时，因为其行动迟缓，对事情缺乏热情而很容易让人感觉刻板机械、生气不足。

抑郁质：抑郁质的人就像是大海一样，冷静、深邃却又细致入微。他们会很重视精神世界，会有深刻的思考，会有敏锐的目光。这一类人因为追求完美，处理事物或与人交往当中总是抱着审慎的态度以及挑剔的眼光，通常表情都会相对严肃或者冷漠，不会像多血质的人那样容易让人接近。深思熟虑，善于分析并且往往剖析得非常深刻，有很强的解决问题的能力。因为他们对完美的不懈追求，所以他们通常都可以把事情做到最好，但也正因为如此，他们通常都会比较辛苦。

看完四种气质类型的特点，会发现每种个性的人都是既有自己的优势又有自己的缺点。人的气质本身是没有好坏之分。人和人在人格上所表现出的不同，就像有的人是右利手、有的人是左利手一样，每个人都会沿着自己所属的类型发展出个人行为、技巧和态度。而每一种都在具有自己潜能的同时也存在着盲点。当一个人可以接受这些不同，发现这些不同之中的美丽，并学着用接纳的眼光去看人和人之间的不同的时候，他会发现，校园中的每一位同学都是一道独特的风景。

心灵瑜伽

气质类型测试

下面是有关气质的 60 道问答题，没有对错之分，请根据你的实际情况与真实想法作答。每题设有五个选项：A 很符合、B 比较符合、C 介于中间、D 不太符合、E 很不符合。

1. 做事力求稳妥，一般不做无把握的事。

2. 遇到可气的事就怒不可遏，只有把心里话全说出来才痛快。

3. 宁可一人做事，不愿很多人在一起。

4. 很快就能适应一个新环境。

5. 厌恶那些强烈的刺激，如尖叫、噪声、危险镜头等。

6. 和人争吵时，总是先发制人，喜欢挑衅。

7. 喜欢安静的环境。

8. 善于和人交往。

9. 羡慕那种善于克制自己感情的人。

10. 生活有规律，很少违反作息制度。

11. 在多数情况下，情绪是乐观的。

12. 碰到陌生人会觉得很拘束。

13. 遇到令人气愤的事，能很好地自我管理。

14. 做事总是有旺盛的精力。

15. 遇到问题时常常举棋不定，优柔寡断。

16. 在人群中从不觉得过分拘束。

17. 情绪高昂时觉得干什么都有趣，情绪低落时觉得干什么都没意思。

18. 当注意力集中于某一事物时，别的事物很难让自己分心。

19. 理解问题总比别人快。

20. 碰到危险情况时，常有一种极度恐惧感。

21. 对学习、工作、事业抱有极大的热情。

22. 能够长时间做枯燥、单调的工作。

23. 符合兴趣的事，干起来劲头十足，否则就不想干。

24. 一点小事就会引起情绪波动。

25. 讨厌做那种需要耐心、细心的工作。

26. 与人交往不卑不亢。

27. 喜欢参加热烈的活动。

28. 爱看感情细腻、描写人物内心活动的文学作品。

29. 工作学习时间长时，常感到厌倦。

30. 不喜欢长时间讨论一个问题，愿意实际动手干。

31. 宁愿侃侃而谈，不愿窃窃私语。

32. 别人说我总是闷闷不乐。

33. 理解问题常比别人慢一些。

34. 疲倦时只要经过短暂的休息就能精神抖擞，重新投入工作。

35. 心里有话时，宁愿自己想，不愿说出来。

36. 认准一个目标就希望尽快实现，不达目的，誓不罢休。

37. 同样和别人学习、工作一段时间后，常比别人更疲倦。

38. 做事有些莽撞，常常不考虑后果。

39. 老师和师傅讲授新知识、新技术时，总希望他讲慢些，多重复几遍。

40. 能够很快忘记不愉快的事情。

41. 做作业或完成一件工作总比别人花的时间多。

42. 喜欢运动量大的剧烈活动，或参加各种娱乐活动。

43. 不能很快地把注意力从一件事上转移到另一件事上去。

44. 接受一个任务后，就希望迅速完成。

45. 认为墨守成规比冒风险好一些。

46. 能够同时注意几件事。

47. 当我烦闷的时候，别人很难让我高兴。

48. 爱看情节起伏跌宕、激动人心的小说。

49. 对工作认真严谨，具有始终如一的态度。

50. 和周围人的关系总是处不好。

51. 喜欢复习学过的知识，重复检查已经完成的工作。

52. 希望做变化大、花样多的工作。

53. 小时候会背许多首诗歌，我似乎比别人记得清楚。

54. 别人说我"出语伤人"，可我并不觉得这样。

55. 在体育活动中，常因反应慢而落后。

56. 反应敏捷，头脑机智灵活。

57. 喜欢有条理而不麻烦的工作。

58. 兴奋的事常常使我失眠。

59. 老师讲新的概念，常常听不懂，但是弄懂以后就很难忘记。

60. 如果工作枯燥无味，马上情绪就会低落。

计分标准

选 A 得 2 分，选 B 得 1 分，选 C 得 0 分，选 D 得 −1 分，选 E 得 −2 分。然后计算总分。

胆汁质题号 2、6、9、14、17、21、27、31、36、38、42、48、50、54、58；

多血质题号 4、8、11、16、19、23、25、29、34、40、44、46、52、56、60；

黏液质题号 1、7、10、13、18、22、26、30、33、39、43、45、49、55、57；

抑郁质题号 3、5、12、15、20、24、28、32、35、37、41、47、51、53、59。

测试结果

1. 将每题得分填入相应的"得分"栏内。

2. 计算每种气质类型的总分数。

3. 气质类型的确定：如果某类气质得分明显高出其他三种，且均高出 4 分以上，则可定为该类气质。此外，如果某类气质得分超过 20 分，则为典型型；如果某类得分在 10～20 分，则为一般型。

如果两种气质类型得分接近，且其差异低于 3 分，而且又明显高于其他两种，且高出 4 分以上，则可定为两种气质的混合型。

如果三种气质得分均高于第四种，而且相互接近，则为三种气质的混合型。

三、人格中的后天成分——性格

性格是个体对现实比较稳定的态度和习惯化了的行为方式。这里所谓的"现实"是指社会现实，这其中也包括自己、他人、集体、社会、工作、生活、学习等生活的方方面面。而习惯性了的行为方式是和这种对现实的态度相匹配的。而性格也是一个人区别于其他人的独特心理特征。

与气质的先天特点不同，一个人的性格更多是在社会环境、教育以及

性格是在一定的社会文化环境下形成和发展起来的。

个人经历等后天因素的共同影响下形成的。同样气质类型的人，会因为其成长过程中所处的社会环境、所接受的教育以及个人的生活经历的不同，会形成对自己、对他人、对待世界独特的态度和反应。这种态度和反应又经过生活中的强化而固定下来，从而成为一个人特有的性格特点。所以，性格具有独特和稳定的特征。

如何对性格准确地进行分类和描述，不同的心理学流派提出了不同的看法和分类。

(一)外倾——内倾型

根据个体力比多倾向于内部或者外部，荣格(Jung)把人分为外倾型和内倾型。外倾型人心理活动倾向于外部，其活动主要由所面临的外界事物引发、影响和支配，心境也随外界环境的变化而变化。内倾型的人心理活动倾向于自己内部的心理世界，比较注重内部感受，容易按照自己内心的解释来对待外界事物。

性格特点方面，外倾型人活泼外向，开朗、善于交际，情感外露，不拘小节，灵活、环境适应能力强，同时，自制力和坚持性稍差，比较容易浅尝辄止，有时会显得粗心、不够谨慎。内倾型的人感情细腻内敛、好静，善于沉思，处事谨慎，做事情深思熟虑，自制力强，反应相对较慢，不善交际，应变能力较弱。

(二)A—B型性格

福利曼(Freeman)和罗斯曼(Rothman)按照人们对时间感及竞争性的差异性，提出了A型性格与B型性格的分类。

A型性格的人时间紧迫感强、性子急，有上进心、竞争意识强烈、成功欲望强烈，做事认真投入、外向、办事说话都风风火火，生活常处于忙碌紧张的状态。赖特(Wright)认为，A型性格行为模式的基本成分是：①时间紧迫性——做事快、感到时间不够；②长期亢奋状态——每天大部分时间处于紧张状态；③多面出击——总想同时做一件以上的事。

B型性格的人则与A型性格的人正好相反，他们性情不愠不火，喜欢慢条斯理的慢节奏生活，不爱紧张，一般没有时间紧迫性，随遇而安、生活满足感强，做事情谨慎认真、富有耐心。

除了A型性格和B型性格，近年来心理学家还提出了第三种性格——C型性格。C型性格的人和B型性格的人都属于"好脾气"的范围，但与B型性格的真正想得开、拿得起放得下相比，C型性格的好脾气多是委屈自己、被动地服从别人，即使有不满也不表现出来的压抑状态。

典型的C型性格克制压抑，不表现负面情绪，特别是常常压抑自己的愤怒情绪，容易生闷气，尽量回避各种冲突；过分与别人合作，原谅一些不该原谅的行为，对别人过分耐心，容易屈从权威；生活和工作中没有主意和目标，不确定性多，有孤独感或无助感。

四、人格中的认知成分——能力

能力一词，在日常生活中常常会被听到。例如，一个大学生在组织策划活动的时候把活动办得有声有色，参与的人也各自发挥了优势和特长，大家会说，这个同学有非常好的组织协调能力；有的同学在接触到一个新东西之后，很快就能学会，大家会说这个同学有非常好的学习能力等。这些都是一个人在具体的活动中所表现出来的能力。

在心理学中，能力是指个人能胜任某种工作或完成某项任务所必须具有的人格特征。这种人格特征也是同时由先天因素和后天因素共同决定的。先天因素比如遗传素质、反应的灵活性等；后天因素比如对某个专业领域能力知识技能的学习、接受某种技能训练等。

能力的种类按照不同的标准有不同的划分，常见的有以下几种：

(一)模仿能力和创造能力

模仿能力就是仿照他人或其他事物使自己的行为举止与被模仿者相同的能力。就如电视上常见的"模仿秀"达人，其展示的就是超强的模仿能力。

创造力是指根据一定目的，运用一切已有信息，产生出某种新颖、独特、有社会或是个人价值的产品的能力。所谓产品可以是一种新概念、新设想、新理论，也可以是一项新技术、新工艺、新产品。产品的新颖性、独特性和价值性是判断其创造力的标准。有了创造才有了超越。

关于创造力，美国心理学家斯腾伯格(Sternberg)曾从智力、认知风格和人格动机三个层面探讨了创造力的本质。他认为创造力的产生与三个方面息息相关。首先是智力水平，它是创造力的必要基础；其次是认知风格，也就是一个人如何运用其智力。斯腾伯格认为，一个人使用智力的风格和其智力水平同等重要，"智力风格"是联结智力和人格这两个方面的桥梁。最后是人格侧面，斯腾伯格认为某些人格特征比其他人格特征更有助于创造力的产生。例如，可以容忍模棱两可的情境、克服困难的进取心、强烈的内在动力、冒险精神、独立思考精神、渴望被认可等。这些人格特征有助于更好产生创造力。

(二)液态能力和晶态能力

在卡特尔(Cartel)的理论中，其将能力划分为液态能力(也称为流动智力)和晶态能力(也称为固定智力)。液态能力是指在遇到新异情境且没有固定答案的情况下，个人随机应变、运用思考加以解决问题的能力，更多依赖于先天禀赋。晶态能力是指个人在以事实性资料的记忆、辨认和理解来解决问题的能力，更多依赖于个体知识经验的多少，受教育与文化环境的影响。

心灵万花筒

勤能补拙

曾国藩，是晚清叱咤风云的军事家、政治家、"中兴名臣"之一，他也是卓有成就的理学家、文学家，晚清散文"湘乡派"创立人。他是一位后来许多伟人都非常敬佩的人。

曾国藩小时候读书十分刻苦，为了把文章背下来，他常常熬夜。

一天夜里，一位盗贼到曾家行窃，等了好久曾国藩还在反反复复地背诵一篇文章。他不入睡，盗贼就无法行窃。最后盗贼等不及了，就隔窗破口大骂，说："你还有完没完？就这么一篇短文章，还背不下来！我听你背书耳朵都磨出硬茧子了！你小子听着，看大字不识的我给你背一遍！"说罢，便一口气把那篇文章背完，然后扬长而去。

曾国藩后来成了大器，但始终忘不掉这码子事。他得出的结论是：自己并不聪明，而自己的成功靠的是自己所经历的坎坷、磨炼，还有自己的努力。

由这个小故事不难看出，曾国藩的液态能力其实并不是非常好，所以才会有小偷都比他背得快的一幕出现。但是，他却通过自己的努力不断增加自己的晶态能力，直到后来成为一代大家。由此可见，一个人成功与否、能力高低并不完全由其先天的智力因素所决定的，自身可以通过知识和经验的不断积累来提高自我的晶态能力。也可以说，一个人可以终生都在不断提高自己的晶态能力。

❀ 第二节　人格与健康——人格对心身健康的影响 ❀

由人格的定义可以知道，一个人的人格在很大程度上决定了其对自己、他人以及社会的态度和反应方式。同样的外界刺激，不同人格的人有不同的反应强度和反应方式。因此，心理学家指出，人格会直接影响人的心身健康、活动效果、潜能开发以及社会适应情况。

一、气质与心身健康

由于气质直接反映一个人神经活动的速度、强度、灵活性、稳定性等，因此，同样的事情发生在不同气质类型的人身上他们会有不同的反应方式。所以，虽然气质类型本身并没有好坏之分，但是由于不同气质类型的人处理和宣泄自己情绪情感的方式的不同，不同气质类型的人出现心理问题的类型和比例也是很不同的。例如，抑郁质的人神经类型属于弱型，心理承受能力也比较弱，再加上比较内向、看世界的态度比较消极，所以在遇到事情的时候心理压力会比较大，也更容易感受到抑郁和焦虑情绪。胆汁质的人神经类型属于不稳定型，情绪起伏也会比较大，可以是极度兴奋也可以是极度抑郁，所以如果出现情绪问题，常常会是躁狂抑郁双向交替的。而且，因为胆汁质的人敢作敢为，所以一旦陷入重度抑郁，其实施自杀的风险要比其他气质类型的人更大一些。

表 4-2　四种气质的神经类型特征及心理健康预防重点与措施

气质	主要特征	高级神经类型特征	预防重点	措施
多血质	敏捷好动，活泼开朗，善于应变与交际。富有生气活力，表情丰富，但喜怒无常，体验不一定深刻。兴趣广泛，容易转移	强、平衡、灵活		
胆汁质	精力旺盛，反应迅速，但容易粗心；热情奔放，直率坦诚，行为果断，但容易急躁冲动，感情用事	强、不平衡、兴奋强于抑制	躁郁症、冲动性自杀	劳逸结合、放松练习
黏液质	踏实稳重，沉着冷静，富于耐心，自制力强；行动迟缓，容易刻板机械，生气不足	强、平衡、不灵活	易有强迫倾向	森田疗法
抑郁质	观察仔细，感情细腻，体验深刻，多愁善感，过于敏感。谨慎稳重，容易迟疑怯懦，外表温柔，容易孤僻	弱、兴奋和抑制都较弱	易抑郁、焦虑	外向训练，社会交往

（张玲：《当代学校心理健康指导》，北京，教育科学出版社，2010）

可见，不同气质类型的人会需要应对不同类型的心理健康问题，因此在日常生活和交往中，针对不同的气质类型应该有不同的心理健康预防措施。比如，对于抑郁质的人，在交往中要多注意保护其敏感的自尊心，尽量避免肆无忌惮的开玩笑等，以减少对抑郁质人有意无意的"伤害"。

二、性格与心身健康

性格更多是在社会环境、教育以及个人经历等后天因素的共同影响下形成的。性格对一个人的影响首先表现在人际交往当中。例如，在家庭当中，很多大学生是家里的"宝贝"，整个家庭都是围着他一个人转，因此，刚刚开始过

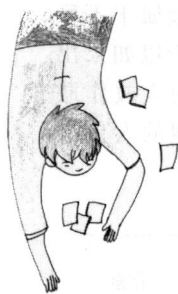

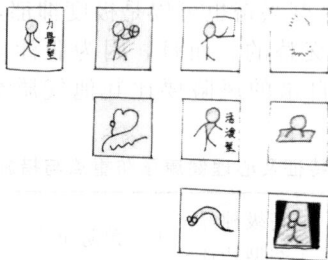

性格是个体对现实比较稳定的态度和习惯化了的行为方式。

集体生活的时候，很多人都习惯按照自己喜欢的方式生活，一旦别人和自己不同并且不为自己退让的时候，很容易就体会到挫败和委屈，甚至是愤怒情绪。因此，大学新生更容易出现寝室问题。

同时，性格与人的身体健康也息息相关。美国著名心脏病专家弗里德曼（Friedman）等人经过长达 20 年的观察研究发现，A 型人格的人患冠心病是 B 型性格的 1.7～4.5 倍，而且发病率与饮食、有无高血压等无关，原因是因为这种人格的人常常处于紧张和应激的状态中，这种心理状态会通过神经内分泌机制引起生理的一系列变化。另外，艾森克等人通过研究发现，C 型性格的人由于过多压抑自己的愤怒等负性情绪，从而使这种性格类型的人群癌症发病率要远高于其他两种性格类型人群，因此，C 型性格又被称为癌症倾向性格。

另外，人格中的一些不良品质，比如自我中心、偏激、自卑、孤僻等都会在一定程度上影响人的心理健康，严重的甚至会导致人格障碍。

心理小贴士

人格障碍

人格障碍是一种人格异常，人格的异常不但会妨碍人格障碍者的人际关系，有时甚至会给社会造成危害，或者给本人带来痛苦。人格障碍的人格表现通常都比较极端，如最早的人格障碍记录是一个性情极其暴躁的男性，他会因为一个人不慎用言语触怒了他而将这个人投入井中淹死，连他们家的狗也因为稍不遂其愿而被活活踢死。人格障碍的表现十分复杂，很难对其进行概括和总结。一般来说，人格障碍有如下几个共同特征。

第一，紊乱不定的心理特点和难以相处的人际关系。这是各类人格障碍最主要的行为特点。

第二，怨天尤人。将自己遇到的任何困难都归咎于命运或别人的错处，因而他们不能感受到自己有缺点和需要改正。他们经常把社会或外界的一切看做是荒谬的，不应该如此。

第三，自我中心，没有责任感。如对不道德的行为没有罪恶感，伤害别人而不觉得后悔，并对自己所作所为都能做出自以为是的辩护。他们总是把自己的想法放在首位，以自己的利益压倒一切，而不能设身处地地体谅他人。

第四，难以改变的病态观念。他们总是走到哪里便把自己的猜疑、仇视和固有的看法带到哪里，任何新环境的气氛无不受其行为特点的影响。

第五，缺乏自知力。他们的行为后果伤害他人，使左邻右舍鸡犬不宁，而自己却坦然自若。总是通过别人的告发或埋怨显露他们的怪癖或不良行为，而不是他们自己把感到的疾痛、心情不安或想不通的地方表现出来。

第六，幼年开始，一旦形成就比较稳定且不易改变。

第七，一般来说，意识是清醒的，无智力障碍。

常见的人格障碍类型有：强迫型人格障碍、自恋型人格障碍、反社会型人格障碍、癔症型人格障碍。

（佐斌：《大学生心理发展》，北京，高等教育出版社，2004）

三、健康人格

一个人的人格是否健康会直接影响其自身的认知和行为。不健康的人格很容易让一个人出现行为或者认知的偏差，并直接影响一个人的心身健康。

什么是健康的人格？对这个问题的回答，不同心理学派因为其人性观、价值取向等的不同而有不同的回答。健康的人格并不等于完美的人格，而是各种良好人格特征在个体身上的集中体现。这些良好的人格特征能够让一个人更客观和成熟地看待现实，更积极乐观地对待未来，同时也让一个人打开并释放自身的潜能，实现和完善个人的能力。综合而言，健康人格是指心理与行为和谐统一的人格，是与社会环境相适应，为其他社会成员所接受且又充分表现个人特征的人格模式。

关于健康人格，不同学者从不同的角度提出不同的观点，比较具有代表性的观点如下。

（一）"成熟者"模型

美国心理学家奥尔波特（Allport）根据自己的人格特质理论把心理健康水平较高的人称为"成熟者"，认为这些人是在理性和意识的水平上进行活动的，其视野是指向当前和未来的。通过研究，奥尔波特归纳出"成熟者"具有的7个特质。

①自我扩展能力；

②与人热情交往，人际关系融洽；

③情绪上有安全感、自我接纳；

④具有现实性直觉；

⑤专注于自己的事业，有多种技能；

⑥客观看待自己；

⑦行为具有一致性。

(二)"立足现实者"模型

完型心理学派创始人皮尔斯(Pierce)认为一个心理健康的人是充分理解并坚定立足于自己现实情境的人。所谓的"立足现实者"是指立足于"此时此地"的人。据此，皮尔斯提出了10项人格特征。

①对事物的认识和理解建立在此时此地存在的基础之上；

②对自己有充分的认识和认可；

③对自己的生活负责，同时摆脱对任何人所负的责任；

④完全处在与自我和世界的联系状态中；

⑤能进行自我调节；

⑥能认清、承认并表达自己的冲动和渴望；

⑦能够坦率表达自己的负性情绪；

⑧反映当前并按照当前情境引导前进；

⑨开放自我界限；

⑩不追求幸福。

(三)"功能充分发挥者"模型

人本主义心理学家罗杰斯(Rogers)认为健康的人格不是一种状态，而是一个过程和趋势。并提出幸福的真谛在于积极参与和奋斗的过程，而不是结果。"功能充分发挥者"的人格特征包括以下5项。

①他们的社会经验都能进入意识领域，具有经验开放性；

②协调的自我；

③以自我内部评价机制来评价经验；

④自我关注；

⑤乐意给他人以无条件的关怀，能与他人高度协调。

综上所述，健康人格的各种特征是心理学家在长期的研究和经验中总结出来的。这些人格品质对于一个人保持心理和行为的和谐统一、保持心身的健康都有着重要的意义。因此，当代大学生可以以这些健康人格特征为指导，不断塑造和培养自我健康的人格。

第三节　人格完善——健康人格的培养和塑造

一、人格可以被塑造

关于人格是稳定的还是可变、可塑造的辩论，心理学界一直没有停息过。在学界一直存在着两个经久不息的争议：一方认为，人的性格特征在 20 岁左右时就已经定型，以后也很难改变，所以人要学会接纳和适应自己的性格特征；另一方认为，人的性格特征是可以重塑的，即便不是全部重塑，至少可以做到不自我重蹈覆辙。

在狄更斯（Dickens）的旧作《圣诞颂歌》中，圣诞之灵在一个圣诞夜探访了脾气暴躁、粗鲁、无情的吝啬鬼。这个圣诞夜彻底改变了这个孤独而冷漠的老人。第二天他变成一个心地善良、精力充沛并充满爱心的慷慨老人。狄更斯这个故事似乎是要告诉人们说，人格并不是命中注定、一成不变的，甚至是可以改变的。这也似乎是在告诉每一个人，完善和改变自己的人格，每一个人都是有主动权的。

在人格结构中，既有如气质这类由先天因素决定的部分，也有如性格和能力这类在与后天环境相互作用中逐渐形成的部分。因此，从这个角度出发，可以发现，人格其实并不是完全一成不变的，个人对于自己人格的形成还是具有一定的主观能动性。一个人的人格是可以被主动地塑造和完善的。

二、培养和塑造健康人格——人格修炼计划

发展和完善自己的人格，要做的是改变那些能改变的，接受那些不能改变的，学着让自己处于一个相对平衡和谐的状态。

其实每一种人格特点都有其自己的优势和价值所在，也有其存在的意义，同时，每个人所拥有的人格特点又都如此不完美，所谓"千人千面"，每个人的人格都有属于自己的特点。完善自己的人格，并不是因为存在一个"完美人格"，也不是要让一个人放弃自身的某些人格特点去"变"成另外一个样子。而是让一个人在看到和了解自己的人格特点之后，审视一下自己的人格特征，学会调适自己的人格特点。针对不同的人、不同的情境展现出自己最恰当的那部分。

（一）气质修炼计划

气质反映的是一个人先天的高级神经类型，是由遗传因素决定的人格部分。因此，对于气质部分，最重要的不是要去改变，而是要去了解和接纳自己的气质类型，并充分发挥自己气质类型所蕴藏的巨大潜能。

其实，每一种气质类型都有着巨大的潜能和优势。

多血质的潜能和优势：遇到麻烦时带来微笑，心身疲惫时让你轻松，聪明的主意令你卸下重负，幽默的话语使你心情舒畅，希望之星驱散愁云，热情和精力无穷无尽，创意和魅力为平凡涂上色彩，童真帮你摆脱困境，这就是多血质类型的人带给这个世界的欢乐和色彩。如果缺少了多血质的人，那么生活一定会变得枯燥乏味很多。

胆汁质潜能和优势：当别人失去控制时，他有着坚定的控制力；当别人正在迷惘时，他有着决断力，他的领导才能会带领我们走向美好；在充满疑惑的前景下，他愿意去把握每一个机会，面对嘲笑，他还满怀信心地坚持真理，面对批评，他会仍然坚定自己的立场；当我们误入歧途时，他会指明生活的航向，面对困难，他必定顽强对抗，不胜不休。胆汁质的人给这个世界带来力量和方向，如果没有了胆汁质类型的人，这个世界也许真的会失去它的方向。

抑郁质潜能和优势：洞悉人类心灵的敏锐目光，欣赏世界之美善的艺术品位，创作前无古人之惊世之作的才华；工作忙乱时细微的观察，思维缜密，始终如一的处世目标，只要事情值得做，必然有做好的决心，任何事情都做得有条不紊，有获得圆满成功的理想。这就是抑郁质类型的人，如果没有他们，也许我们就不能看到如梵蒂冈西斯廷教堂天顶画这样的旷世杰作，也会少掉很多双欣赏世间真、善、美的眼睛。若这样，这个世界一定会因为没有知音而觉得落寞。

黏液质潜能和优势：稳定地保持原则，耐心地忍受惹事者，平静地聆听别人说话，天赋的协调能力，把相反的力量融合，为达到和平而不惜任何代价，有安慰受伤者的同情心，在周围所有人都惶恐不安时，仍保持头脑冷静，充满决心地去生活，甚至敌人都找不着他们的把柄。"我们用持久的忍耐征服一切"，这就是黏液质类型的人。在他们身上我们可以看到"铁杵磨成针"的决心和耐心。所以，对于黏液质的人，千万别忽视他们的这些看似很微小的力量，因为有一天他们会让其他人刮目相看的。

（二）性格修炼计划

虽然家庭和社会因素等对一个人的性格发展有着非常大的影响，但是，在现实中你会发现，即便是在相同的家庭和社会环境因素的影响下，也并不是每一个人都发展出了相同的人格特点。这其中起作用的就是另外一个非常重要的内部因素——个人因素。

有这样一个故事，讲兄弟两个人在青春期时都因为忍受不了酗酒的父亲而离家出走。若干年后，哥哥大学毕业，不仅组成了自己幸福的家庭，开了自己的公司，而且还凭借着自己的诚实和能力获得广泛的尊敬；而弟弟过的生活和当年的父亲一模一样：酗酒、打架、到处流浪。当问及两人原因时，答案惊人的相似：谁让我有这样一个酗酒的父亲呢！

这个故事中，两个兄弟有着相似的遗传素质、家庭教养和社会环境，不同的个人因素让他们走向了不同的方向。因此，在良好性格的培养和塑造上，人是具有一定主动权的。在修炼和优化自我的性格上，大学生可以从以下方面进行调整。

首先，了解自己的性格。在现实生活中，一些人因为生活评价等因素的影响，会自觉不自觉地觉得："我应该更外向一些""我应该要表现自己""我应该活泼一些"……当内心这样想的时候，一个人就会不自觉地否定自己，总想着变成另外某一种"完美"的样子。其实正如松下幸之助所说："不必羡慕他人的才能，也不必悲叹自己的平庸；各人都有他的个性魅力。最重要的就是认识自己的个性，而加以发展。"所以，了解自己的性格特点，并充分发挥自身性格特点的优势，是释放一个人性格潜能的第一步。例如，当一个大学生了解了自己其实是比较深思熟虑、谨慎细心的，且不是特别喜欢和别人打成一片的时候，那么他就能知道，在竞选社团干部的时候，他更有竞争组织部的优势，而不是外联部。

其次，每天进步一点点。了解了自己的性格特点之后，一个人还会发现，自己的性格并不是完美无缺的，甚至还有一些不够健康良好的性格部分，如懒惰、拖延、固执等。这些不良的性格特点其实也是来自于日常生活中的点滴积累，是一些不良的习惯性的行为方式。改变这些不良的性格特点，也和形成它们的过程一样，需要从点滴小事的改变做起，让自己每天进步一点点。通过这种方式，新的健康良好的行为习惯会代替旧有的习惯成为新的性格特点。

最后，培养自身的公民精神。性格是在一定的社会文化环境下形成和发展起来的，因此性格还带有社会评价的因素在里面，良好健康的性格特点中还有诸如道德、诚信、友爱、奉献、自觉、团队意识、合作精神等社会要求，也被称为公民精神。因此，公民精神的培养是性格塑造很重要的一部分。具有公民精神的大学生通常是集体中的优秀分子，他们很忠心，有团队精神，他们努力做好本职工作，努力使团队成功。当集体目标与个体目标不同时，具有公民精神的个体通常会遵从集体目标，尊重那些权威人物，乐于将自身融入团队当中。这个优势并不是指盲从，而是对权威的尊重。大学生培养和塑造自身的公民精神，可以从培养自身的主体意识、民主法制意识和公共的主动参与精神等方面入手。

人格并不是一成不变的，个人自身对于自己人格的形成具有一定的主观能动性。

(三)能力修炼计划

能力也是人格的重要组成部分。而创造和创新能力是一个人、一个社会不断进步的原动力，所以，不断提升自身的创造能力对个人和社会来讲都有着重要的意义。从斯腾伯格对创造力的描述，可以看到，创造力的培养可以从以下几个方面入手。

首先，必要的知识储备。学习和掌握必要的专业知识和技能，积累实践经验，并尝试运用所学知识对问题进行分析和思考，提出更具有可行性的创造性设想，这是创造力的基础。因此，在大学期间，努力学习专业知识的同时，广泛涉猎各种知识，参与各色实践，对于大学生能力的提高具有非常重要的意义。

其次，创造性思维训练。思维能力直接影响一个人运用已有的知识进行相关的活动方式。创造性思维的训练可以从以下四个方面入手。

第一，突破旧有的思维障碍。曾有一头毛驴掉进一口井里，毛驴的主人看救不出它来，只好伤心难过地往井里填土准备把毛驴埋掉。结果，毛驴不断将投下来的土抖落到井底，最后踩着土爬出了井口。在旧有的思维模式里，好像土丢下来就只能是杀死毛驴的，但其实转一个方向思考就会把这种不利变成助力。旧有的生活习惯、阅历和经验会带给人很多的益处，但同时，也很容易将一个人套进一个个条条框框中去，好像必须要按照这个框才能行得通。而那些创造性的新观点、新创意其实常常都是从一些看似平常的事物中来的，不同的只是他们跳出了这个框。

第二，培养发散思维。发散思维能力是影响创造力的重要因素。所谓发散思维，是指无定向、无约束地由已知探索未知的思维方式。美国心理学家吉尔福特(Guilford)认为，当发散思维表现为外部行为时，就代表了个人的创造能力。发散性思维的特点就是，思维焦点变换很快，甚至看起来完全没有关系的两个东西都可以联系到一起，比如曹冲在称象时，可以把大象和石头联系到一起。

心灵瑜伽

发散思维训练

头脑风暴法

"给你一张 A4 的白纸，你可以用它来做些什么?""一张报纸可以有哪些用途?"这些看似很不起眼的提问，其实是很好的训练发散性思维的方法，试一试，你会想出多少种答案。想到的越多，说明你的发散性思维越好。

635 法

又称默写式智力激励法、默写式头脑风暴法，与头脑风暴法原则上相同，其不同点是把设想记在卡上。具体做法如下：每次会议有 6 人参加，坐成一圈，要求每人 5 分钟内在各自的卡片上写出 3 个设想（故名"635"法），然后由左向右传递给相邻的人。每个人接到卡片后，在第二个 5 分钟再写 3 个设想，然后再传递出去。如此传递 6 次，半小时即可进行完毕，可产生 108 个设想。

第三，培养想象力。爱因斯坦（Einstein）说，想象比知识更重要。因为知识是有限的，而想象是无限的。其实培养想象力的方法非常简单：像一个孩子那样思考就可以了。在孩子的世界里，一块墙角的污渍也能变成一只小兔子，而这只小兔子就会活起来和墙壁上的其他"生命"发生很多有趣的故事。当有这些天马行空的想象力的时候，一个人的思维便很难再被固有的思维框架所囚囿，从而表现出更高的创造能力。

第四，创造人格培养。马云在母校的开学典礼上曾特别和自己的学弟学妹们分享了"永远用自己的脑袋独立思考，用自己的独立眼光去看待任何问题，并时刻保持好奇心"的重要性。好奇心、强烈的求知欲、坚韧顽强的意志、积极主动的独立思考精神等这些对于大学生创造性人格的培养具有重要的意义。

心理小贴士

如何培养独立思考能力

1. 有疑问就发问。不要害怕问问题，即便是别人都没问过的问题。

2. 经验比权威更重要。如果有专家、权威人士要让你相信什么和你的实际经验相抵触的东西，不要被他们吓倒。

3. 理解对方的意图。别人找你谈话的意图是什么？他们对你所说的话有没有什么背后的原因？

4. 不要觉得你必须随大流。

5. 相信自己的感觉。如果你觉得不对头，很可能真的有什么不对的地方。

6. 保持冷静。保持冷静和客观可以让你头脑更清醒。

7. 积累事实。事实是验证真理的唯一标准。

8. 从不同的角度看问题。每个事物都有其多面性，尝试从不同的角度去认识问题解决问题。

9. 设身处地。了解对方的处境才能更好地了解对方的想法。

10. 勇敢。鼓励自己站起来说"我不同意"。不要害怕，经过磨炼才能成长。

（摘自：http://www.sxue.com/magazine/magazine 201004/.）

第五讲

情绪管理——给情绪安个家

给情绪安个家

不是不要有负性情绪，而是要有适当、合理的负性情绪；不是要压抑负性情绪，而是要用适当方式表达负性情绪。

——吴丽娟

心灵万花筒

大学生小燕的心情日记

深冬的早上，刚从温暖的被窝里坐起来，发现寒气袭人，双手马上变凉了。这么寒冷的天气真想赖在床上不起来。可是想想因为各种各样的事情已落下了一大堆作业，眼看还有一周就要期末考试了，焦虑啊。思想上斗争了半天，还是很不情愿地强迫自己起床了。走出寝室大楼，发现天空阴沉沉的，北风吹过，不禁打了个寒战。

路过学院的公示栏，惊讶地看到，小茜被评为"××市优秀团员"了。我和她是志同道合、无话不说的闺密。按道理，她获得这么高的荣誉，应该为她感到高兴，在第一时间打电话祝贺她的。可不知道为什么，我愣在那里，心里有些小小的失落，甚至还有些小嫉妒。

不是不要有负向情绪，而是要有适当、合理的负向情绪；不是要压抑负向情绪，而是要用适当方式表达负向情绪。

在图书馆，发现复习的人越来越多了。环顾四周，突然发现喜欢的小亮也在图书馆。不知怎地，心开始怦怦跳得厉害，好想上去和他打个招呼，又怕他发现我的异样，还是按捺住了内心的激动，选择在一个角落看起书来。

复习渐入佳境，电话铃声突然响起。慌忙跑到外面接了电话。是团委老师

打来的，说是为迎接评估，需要赶做一个海报。心里不禁烦躁起来，都什么时候了，还要做海报？电话那边老师一直在说不好意思打扰复习之类的话，虽然有十万个不愿意，我还是忍住了，答应尽快赶好。心情低落至极点。

忙碌了一天回到寝室，接到新生班班长的一个电话，他说有事找我，让我到操场上去一趟。虽然很累了，但是作为学长，还是满口答应了他的要求。到了操场，发现没人，正要离开，只听到"祝你生日快乐"的歌声飘来，寻声望去，只见全体新生班的学弟学妹们捧着插满蜡烛的生日蛋糕向我走来。我愣住了，感动的眼泪情不自禁就流了下来。那一刻，觉得自己是天底下最幸福的人了！

"人非草木，孰能无情。"生活中总会有各种情绪伴随着大学生的左右，有时焦虑不安、有时开心和喜悦、有时孤独和恐惧、有时悲伤难过、有时气愤、有时憎恶、有时又羡慕甚至嫉妒……就像小燕的一天，情绪像空气一样围绕着她，成为她行动、思考的心理背景。

认识情绪、了解情绪、合理地调节和管理自己的情绪对一个人有重要的作用。本章内容着重讲述大学生的情绪及其管理。

❀ 第一节　情绪概述——掀起你的盖头来 ❀

一、什么是情绪

情绪是一种人人都体验过并体验着的心理活动。从小燕的心情变化，可以看到情绪体验是如何产生的：当客观事物符合人的主观需要的时候（新生班的学弟学妹为小燕过生日），人就会对该事物采取肯定的态度，如满意、愉快等内心体验（感动、幸福）；反之，如果客观事物没有符合人的主观需要的时候（忙于期末复习时却被告知还要做海报），人们对之则持否定的态度，会产生不满、愤怒甚至憎恶等内心体验（烦躁、心情低落至极点）。由此可见，情绪是人对客观事物是否符合自身需要而产生的态度体验，反映的是一种主客体的关系，是作为主体的人的需要和客观事物之间的关系。

从情绪的内涵可以看到，情绪以主观体验的方式来反映客观对象，并伴随有身体的行为表现和生理变化。美国心理学家伊扎德（C. E. Izard）认为，情绪包括生理层面上的生理唤醒、认知层面上的主观体验、表达层面上的外部行为。当情绪产生时，这三种层面共同活动，构成一个完整的情绪过程。

（一）生理唤醒

当个体产生情绪体验的时候，身体内部也会发生相应的生理反应，这就是情绪的生理唤醒。任何一种情绪都伴随着一定程度的生理唤醒。例如，激动时血压升高，愤怒时浑身发抖，紧张时心跳加快，害羞时满脸通红……中医中的

"怒伤肝、喜伤心、思伤脾、忧伤肺、恐伤肾"之说，也正说明了这一点。因此，强烈的不良情绪反应会影响个体的身体健康。

（二）主观体验

在小燕的一天中，她体验到了从焦虑、嫉妒、喜悦、烦躁到感动这样的一个情绪变化过程。可见，当不同情绪产生的时候，个体内心会产生不同的心理体验，这就是人的主观感受。人有许多主观感受，比如常说的喜、怒、哀、乐、爱、恶、惧这些基本的情绪体验。

通过情绪的定义可以看到，当客观事物满足了人的需要，人就会产生开心、喜悦等积极体验，反之则会产生烦恼、厌恶等消极体验，如小燕的感动和幸福的心情都来自自己需要被满足的感受，而烦躁、低落的感受则来自需要没有被满足。对同样的事物，不同的人因为需要不同，也会产生不同的主观体验。同样看到在图书馆里看书的小亮，小燕会感觉紧张，甚至怦怦心跳；而对于其他不认识小亮的人来讲，可能根本就不会有情绪反应。情绪的主观体验反映的是个体内心世界的丰富多彩。

（三）外部表现

小燕在看到学弟学妹们送上的生日蛋糕之后，感动得留下了幸福的眼泪。通过这种行为了解到小燕幸福的心情，这是情绪的外在表达过程。情绪总是伴随着相应的外部表现一起出现，如开心的时候会眉开眼笑，甚至手舞足蹈；愤怒时会握紧拳头，甚至目眦尽裂。

有研究显示，人在传递信息的时候，借助言语内容传递的信息只占7％，其他38％依赖语调表情（言语表情），55％靠非言语表情（如面部表情、肢体语言等）。可见，想要获得良好的沟通，仅仅听懂别人的话语（言语内容）或用语言表达是远远不够的，学会通过语调表情、面部表情、肢体言语来推测和判断他人的情绪状态，用自己的全身心表达自己，在人际沟通和交往中是非常重要的。

一个完整的情绪体验过程包括生理唤醒、主观体验和外部表现三个部分，这三者是同时活动、同时存在的。一个假装愤怒的人，只有愤怒的外在行为，却没有真正的内在主观体验和生理唤醒，就不能构成真正的情绪过程。不仅如此，情绪三个部分还是一一对应的，也就是说，某一种情绪，比如愤怒，其生理唤醒、主观体验和外在表现都有其一致性的表现，如愤怒的面部表情不分地域、种族、男女，都表现为眉毛朝下紧皱、上眼睑扬起、嘴唇绷紧。当三者表现不一致的时候，说明该情绪并不是真正的情绪过程，可能是假装的。

心理小贴士

情绪是一种能量

情绪，本质上是一股一股的能量波动，用科学的术语描述，它们是频率和波长不同的振动，有些快，有些慢，有些强，有些弱，有些完全不规则，有些在两个极端波动，每个人可能有上百甚至更多种的能量波动。简单举例，当你生气的时候，血液流动就会特别快，你的体内有一种快速强烈的能量使身体的各个循环系统加快；当你悲观失望的时候，你感到全身无力，各个循环系统的速度遭到拖延；当你快乐的时候，你感到全身轻松自在，身体的循环系统得到了恰当的疏通和推动。有情绪不是坏事情，它可以帮助我们了解自己的状况。比如当你发现有问题了，马上去改变它，不断训练自己，你就能做到健康快乐。

（摘自：http://www.bamaol.com/htm/.）

二、情绪的功能

心灵瑜伽

情绪问答题

在陈述情绪的功能之前，先做一个小练习。

在快乐、满足、平和、无畏、振奋这些正性情绪和痛苦、忧伤、紧张、恐惧和沮丧这些负性情绪中做出选择，你会选择哪些？

现在再问大家几个问题：

如果你在野外迷了路，面对一头野猪，你认为恐惧更能够救你的命还是无畏更能够救你的命？

情绪如同气象，有晴有阴，甚至风雨交加，就像每一种气象对于植物都有意义一样，每一种情绪对个人也都有存在价值。

如果你的亲友在车祸中失去了他最爱的人，他却表现得很快乐，你觉得应该为他高兴还是担心？

对于第一个问答题的答案，以往的结果表明，绝大部分人都会选择全部正性情绪。因为在人们的眼里，正性情绪都是好的，而负性情绪都是不好的。其实，这是对情绪的一种误解。任何一种情绪都有其自身的功能，对生命都有意义。

一种情绪是"好"还是"不好"，不在情绪本身，而取决于它与环境的匹配。

情绪如同气象，有晴有阴，甚至风雨交加，就像每一种气象对于植物都有意义一样，每一种情绪对个人也都有存在的价值。但是，也如同暴雨连天会出现洪涝灾害，百日无云会出现河床干涸一样，如果人们的情绪总处于低落或兴奋中，属于每个人的生命体验也会遭到破坏。

(一)正常情绪反应有助于个体行为适应

有人从情绪的功效角度，将愉快、欢乐、舒畅、喜欢等视为正性情绪，而将痛苦、烦恼、气愤、悲伤等视为负性情绪。在谈到心理健康时，似乎只有正性情绪才是健康的。其实，正性情绪与负性情绪之分，绝不等于正常情绪反应与不良情绪反应之分。

正常情绪并不是指那些愉快的情绪，也同样包括那些让我们痛苦和不愿提起的体验：葬礼上的悲哀、考场上的轻度焦虑、战场上的恐惧……

正常的情绪反应，不论是正性的(愉快的)还是负性的(不愉快的)，都有助于个体的行为适应。愉快的情绪能使人精神振奋，提高效率，而且对身体的健康发展有积极的促进作用。同样，负性的、不愉快的情绪，只要适当，也是正常而有益的。如面临期末考试时，小燕感觉到了焦虑。在适度的焦虑情绪之下，大脑和神经系统的张力增加，思考能力亢进，反应速度加快，反而能提高复习的效果。小燕在看到好友获奖的消息后，感到了失落。适度的失落可以激发小燕进一步努力的斗志。此外，适度的惧怕，可使人们小心警觉，避免危险，预防失败。愤怒的情绪可以使人在被伤害时奋起反抗，自我保护。适度的抑郁情绪可以让我们暂时放下脚步，自我审视，有助于更好地应对生活中的难题。

(二)不良情绪反应不利于心身健康

不良情绪主要包括两种情绪体验形式。一种是过于强烈的情绪反应，如狂喜、暴怒等；另一种是持久性的消极情绪体验，它是指在引起悲伤、恐惧等负性情绪的因素消失之后，个体仍数周甚至数月沉浸在负性情绪状态中不能自拔。例如，在一次期末考试中失利，你会为之难过好几天，这是正常的；但是如果你因此而陷入抑郁好几个月，那就属于持久性的消极情绪体验了。

不良情绪不仅会影响人的心理健康，也可能对身体造成伤害。假如小燕面临考试过度焦虑，则会表现为烦躁不堪、坐立不安、复习效率下降、吃不好、睡不香等症状，严重时还会成为考试焦虑症，影响正常水平的发挥。假如小燕看到好友获得优秀的荣誉后，长期沉浸于失落、嫉妒的情绪中，则不但会影响他们之间的友谊，甚至还可能会患上抑郁等心理疾病。

三、情绪的分类

情绪的种类丰富多彩，能通过语言描绘和区分的情绪已有上百种。但恐怕任何一种分类都很难穷尽所有的情绪状态。通过对情绪分类的了解，大学生对情绪的体察可以更加深入，从而在觉察、识别和表达情绪时能做到敏感而准确。

心理学上把快乐、愤怒、恐惧和悲伤定义为人类具有的四种基本情绪。在这四种情绪的基础上，可以派生出众多的复杂情绪。比如，羡慕、嫉妒、羞愧、沮丧、失望、得意等。

根据情绪的强度、持续时间和紧张度，可以把情绪分为心境、激情和应激三种状态。

（一）心境

牵挂的心境

中秋之夜，小齐和知心好友在校园的桂花树下赏月，分享她进入大学一年多来的感受："远离家乡来这里求学，我心里一直有种绵绵的牵挂，尤其在这中秋团圆之时。我总担心妈妈一个人在家会不会孤单?"小齐说，每个礼拜，有事没事她总会主动打两三个电话给妈妈。牵挂，是爱的一种表现形式，也是一种心境。

心境是一种微弱、平静而持久的带有渲染性的情绪状态，具有弥散性和长期性的特点。古语中说人们对同一种事物，"忧者见之则忧，喜者见之则喜"，就是心境弥散性的表现。心境的长期性是指心境产生后要在相当长的时间内主导人的情绪表现。如有的人一生历尽坎坷，却总是豁达、开朗，以乐观的心境去面对生活；有的人总觉得命运对自己不公平，或觉得别人都对自己不友好，结果总是保持着抑郁愁闷的心境。

（二）激情

奋斗的激情

2011级新生小芸自从在学校开学典礼上听了成功学长的寄语之后，心潮澎湃了好久。小芸说："我觉得应该从现在开始好好规划自己的人生，规划大学四年，我的目标是考中国人民大学的研究生。"自从做了这个决定以后，用小芸自己的话来说，整个人像是大力水手吃了菠菜一样，浑身充满了激情，每天的学习很有动力。

激情是一种短暂的、强烈的、爆发式的情绪状态，它的发生常常具有明显的原因和指向性。例如，刚刚坠入爱河的男女，确定了奋斗目标的学生，处于盛怒下的父母等都能在这些时刻体会到应激的状态。

激情有积极和消极之分。总体来说处于激情状态时，个体的注意力比较集中，认识活动的范围会缩小。积极激情所激发的能量有确定的去向并持续发展，可以提高人的认识和活动的效能，成功动员个体积极投入行动的巨大动力。在负性激情下，个体往往意识不到自己正在做什么，因此也很难评估自己的行为及其意义，常常做出比较冲动的行为。因此，大学生需要积极主动克服不良的激情状态，设法转移负性的注意力，降低负性激情的爆发程度。

(三)应激

小芳在得知把自己从小带大的外公去世的消息后，整个人都懵了。小芳的这种情绪状态称为应激。应激是指个体对外界出乎意料的紧张刺激所做出的适应性反应的过程。应激最直接的表现是精神紧张。当个体遇到一些突发的紧急状况，如地震、火灾、车祸等，或者面临亲人突然去世、重要亲密关系突然终止等生活事件，需要人在短时间内做出重大决定或重要改变。在应激状态下，人的生理状况会有很大的变化，如心跳、血压、呼吸、腺体等活动都会发生变化。

生理学研究表明，如果长期处于应激状态会引起生物化学保护机制的溃退，从而导致某些疾病的出现。但在日常生活中，出乎意料的事情又总是在所难免。大学生在成长过程中要有意识地锻炼自己在应激状态下的积极反应，这有利于个体的心身健康和发展。

第二节 情绪体验——让我欢喜让我忧

心理学上把快乐、愤怒、悲伤和恐惧定义为人类具有的四种基本情绪，在这四种基本情绪的基础上，又派生出众多复杂情绪。接下来的内容从四种基本情绪出发，来看一看常有的情绪体验有哪些。

(一)快乐

快乐是自己的愿望达成之后感受到的紧张解除的情绪体验，是一种完成的满足感。快乐可以从满意、喜悦一直到大喜、狂喜，是一种正性的愉悦体验。

快乐的程度取决于达成的愿望对个体的满足程度。以英语考试为例，同样是80分，有些人会欣喜若狂，而有些人却不为所乐，甚至还会有些小小的失望。这是因为大家对英语成绩的不同期望值所导致的。

所以，要让自己变得更为快乐的秘诀之一便是降低自己快乐的阈限，提高自己对快乐的敏感度。其实很多陷入抑郁不能自拔的人并不是周围没有快乐，而是失去了感知快乐的能力。当一件事发生的时候，决定它所引起的情绪是朝向快乐的体验发展还是往不快乐的方向发展，其决定权常常在于对这件事情的解读。所以，让自己快乐的秘诀之二便是选择快乐，甚至是创造快乐。

除去简单的"快乐"这个基本情绪之外，这种喜悦放松的心情还有很多派生情绪，比如幸福、满意、振奋、得意、骄傲(自豪)、感激等情绪体验。

正是因为快乐是正性愉悦的，所以我们常常会在祝福的时候道一句"天天开心，永远快乐"，《哈佛幸福课》受到大家的欢迎便是一例明证，反映了众多人追求快乐、追求幸福的强烈愿望。然而，事实上，人不可能像祝福所说的那样"永远快乐"，大学生们在日常生活中会受到其他诸多负性情绪的困扰。大学生要想拥有较好的情绪水平，需要对不良情绪有正确的认识和了解，在遇到不良情绪困扰时，才能对负性情绪有所觉察，并进行相应的调适，将负性情绪转换为正性情绪，让生命能量流动起来。

(二)愤怒

愤怒是一种客观事物与主观愿望相违背或愿望一再受阻而无法实现时产生的激烈的情绪体验。有的人很容易愤怒，可以说一触即发；有的人却永远是一副受气包的模样，实际上是把愤怒深深地压在心底；而有的人在这里受了气，却选择别的地方去发泄；有的人明明知道自己不对，却恶人先告状，先冲人发火，转嫁责任。

不良的人际关系一般是愤怒的来源，当受到侮辱或者欺骗，遇到挫折或被强迫做一些自己不想做的事情时都能诱发愤怒。在国外，有很多心理方面的培训，其中很重要的一个就是"情绪管理"，而情绪管理中尤为受欢迎的培训是愤怒的管理，因为愤怒是平常最难管理的情绪之一。

德国心理治疗家索桃丽（Toddy Sochaczwsky）说：强烈的负性情绪只有20％～30％是由现实引发的，70％～80％是来自"旧伤"，或称为残留的情绪：包括未完成的事项和未了结的情绪。经常容易愤怒的人，往往是过去经历中的被伤害经历记忆遗留下来的情绪的转移。

曾经有过被伤害经历而常有愤怒情绪的人，应主动找心理老师进行心态调整，早日脱离愤怒的阴影；情绪表达过激和方法不当的同学，应学会采用心理调节的方法，缓解自己的冲动情绪。

(三)焦虑

焦虑是一种复杂的心理现象，常常由于对某事物的过分担心和忧虑而致。现实生活中引起焦虑的因素很多，但对于大学生来说，产生焦虑最为常见的情境主要是学习、考试、恋爱、人际、择业等。

焦虑的小琳

临近期末考试，大家都投入了紧张的复习中。小琳发现这两天复习效率非常低。在图书馆实在看不进书，到操场上跑了几圈，打算靠运动来放松一下，可是焦虑仍未缓解。小琳说，这种情况已不是第一次发生了。高考时第一次出现紧张、焦虑。到大二第一学期期末考试再次出现焦虑，后来基本上每次期末考试复习都会感到很焦虑。通过进一步了解发现，原来小琳高一时成绩很好，慢慢到了高三就倒退了，以致最后只上了二本线。上大学以后，第一学期小琳的成绩也是非常优异，到大二时班里有一个女生成绩赶超了小琳。于是，小琳格外担心高中的经历会重演，担心到毕业时成绩越来越差，担心同学看不起自己。她越是着急，就越吃不下饭，睡不着觉，学习也集中不了精力。虽然每次考试的成绩还不错，觉得考前的担心是没有必要的，但是到了下一次考试前她又控制不了自己。因此，她感到非常痛苦，不知道该怎么办才好。

考试前的焦虑，几乎每个学生都曾经历过。焦虑情绪本身并非是一种情绪困扰，这里所说的是指自身的焦虑程度已经构成了对学习和生活的不良影响或干扰。应该说，适度焦虑有助于个人潜能的发挥。如果一个人没有焦虑或是焦虑不足，就会导致注意力涣散，工作、学习效率下降。但是过度的焦虑，往往又会使人因过度紧张造成注意力分散和工作力学习效率降低。正如案例中的小琳，由于对考试的过分担心，导致看不进书，已影响了她正常水平的发挥，属于较为典型的考试焦虑情绪。

造成大学生产生焦虑情绪并深受其困扰的原因很多。从对焦虑研究的理论来看，焦虑产生的缘由与个体的认知偏差紧密相关，即一个人之所以会对某件事情产生过度焦虑，是因为对这件事情做了错误的判断和认识，而这种判断和认识往往是消极的，比实际情况估计得严重。就认知而言，焦虑的主要根源在于不确定性和不可预测性。

克服焦虑的方法也是很多的，主要有放松训练方法、改变认知方法、角色训练方法等。

（四）忧郁

情绪小课堂

在心理学课上，老师让每位学生写出最近一周来自己每天的情绪状况，然后进行课堂小组的交流与讨论。讨论结束时，一名学生谈自己的感受："我这一周情绪特别不好，很郁闷；只有今天，我感到很轻松。"当老师问到为什么时，他幽默地说道："因为我听到小组中很多同学都和我同样郁闷，所以我感到轻松了……"他的话还没讲完就引起了全班同学的哄笑和打趣。

（樊富珉著：《青年心理健康十五讲》，北京，北京大学出版社，2006）

忧郁是一种愁闷的心境，表现为情绪反应强度不足，如没有激情、忧心忡忡、长吁短叹、话语减少、食欲不振等生理和心理反应。忧郁在大学生群体中表现较为普遍，引起大学生忧郁情绪的主要原因有三个：一是与父母、同学或老师的关系不融洽，感到孤立无援，形成忧郁反应；二是自己的努力得不到应有的回报，从而失望迷茫；三是受到意外伤害（生理的、心理的），如几经挫折、屡遭劫难等，而使感受性增强，形成忧郁情绪。

有些大学生因为无法面对学业中的压力，或是对于所学的专业不满意，而陷入忧郁的情绪状态，表现为对学习失去兴趣，无法体验到快乐，行为活动水平下降，回避与人交往等。严重者，还伴有心境恶劣、失眠，甚至有自杀倾向。

特别需要指出的是，忧郁情绪与抑郁症既有联系，又有质的区别。前者属于一种不良情绪困扰，需要的是心理上的调整；后者则属于精神疾病，需要及时到医院就诊。

（五）嫉妒

带刺的玫瑰

小 A 与小 B 是某艺术院校大三的学生，同在一个宿舍。入学不久，两个人成了形影不离的好朋友。小 A 活泼开朗；小 B 性格内向，沉默寡言。小 B 逐渐觉得自己像一只丑小鸭，而小 A 却像一位美丽的公主，心里很不是滋味，她认为小 A 处处都比自己强，把风头占尽，时常以冷眼对小 A。大学三年级，小 A 参加了学院组织的广告设计大赛，并得了一等奖，小 B 得知这一消息先是痛不欲生，而后妒火中烧，趁小 A 不在宿舍之机将小 A 的参赛作品撕成碎片，扔在小 A 的床上。小 A 发现后，不知道怎样对待小 B，更想不通为什么她要遭受这样的对待？

小 A 与小 B 从形影不离到反目为仇的变化令人十分惋惜。引起这场悲剧的根源，在于这种情绪体验——嫉妒。嫉妒情绪是指个体面对才能、名誉、地位或境遇比自己好的人心怀羞羞、不满、怨恨、愤怒的复合情绪状态。大学生的嫉妒情绪有两个明显的特征。一是指向性。即指向比自己"能干"和"幸运"的人。嫉妒的对象大多是同学，即"平起平坐"或自以为"不如自己者"。二是发泄性。除了轻微的嫉妒表现为内心怨恨之外，绝大多数的嫉妒都伴随发泄行为，如讥讽、诽谤直至陷害，只有这样才能使嫉妒者的心理得到平衡。例如，案例中的小 B 把小 A 的广告作品撕成碎片的冲动行为。

由于文化背景和教育的关系，在我们的成长过程中，常常会给我们一个信念：你不好，我才好。也就是说，只有当能证明别人不好的时候，自己才是好的，换句话说，当别人是好的，那么就是说我是不好的。当然，没有人喜欢这种不够好的感觉，于是，我们开始想方设法地在各方面压倒对方，事事好胜，有些甚至不惜阻碍别人的发展。

其实，嫉妒是一种再常见不过的情绪，从心理学的角度来讲，它就是一种自我防御。因为不如人，却又接受不了自己弱于他人的感受，产生一种针对他人的贬低或者攻击，其目的不是伤害什么人，而是让自己处于劣势中还能快乐。所以，嫉妒这种情绪归根结底是在保护自己。当大学生觉察到自己对别人有这种情绪的时候，最需要做的不是否认或者压抑，而是学着去接纳，再看一看自己，是真的不如人吗？然后让这种嫉妒情绪转换成欣赏的态度。

让自己"变长"

一位老师在地上画了一根直横线，问他的学生："你怎样才能把这根线变短呢？"学生用手把线擦掉了一部分。老师摇了摇头，在旁边又画了根更长的线，说："与这根线相比，刚才那根线就变短了。做人也如此啊！"学生明白了老师的用意，从此改掉了自己喜欢嫉妒别人的毛病。由此可见，要使自己比别人"长"，最好的办法不是把别人"擦短"，而是让自己"变长"。

（摘自：http://job.henu.edu.cn/divection/Article show.asp.ArticleID=2440.）

（六）孤独

人人生而不同

小梁是北方人，高考时她如愿考上了南方某高校。进入大学一个月以来，她感到诸多不适应。除了饮食、气候等外在的差异外，性格等内在特质的不同也让小梁困扰了很久。小梁的同学大多来自南方，他们心思细腻，温柔敏感，而小梁则习惯了大大咧咧，看到不顺眼的经常会直言不讳地指出。慢慢地，小梁发现，班里的同学似乎刻意在回避自己。似乎每个人都把自己的心思藏了起来，见面时大家也只是表面上寒暄。没有可以说心里话的知心朋友，独在异乡的小梁感到了从未有过的孤独。

孤独并非指单独生活或独来独往。一个人独处，也许并不感到孤独，而置身于大庭广众之中，未必就没有孤独感产生。真正的孤独是指一个人难于与他人进行情感和思想交流的状态。

当与人相处时感到的孤独，超过一个人独处时的好多倍时，这是因为你和周围的人格格不入。例如，当一个人到一个语言不通的地方，由于无法与周围的人进行必要的交流，也无法进入那种热烈的情感中，所以，这个人在他人的热烈气氛中会倍感孤独。因此，在与人交往时，尤其是在不合群的情况下，一定要做到"忘我"，即尝试更多地关注他人，关注他人的话题，找到自己感兴趣和可交流之处。

（七）恐惧

恐惧是个"大魔头"

大学生小孔一次在课堂上回答老师提问时，由于一时的紧张，出现了口误，引起班上同学的哄笑，并被老师批评。从这以后，每次上这位老师的课，他都感到极度紧张、焦虑，而后发展到恐惧。为此，每次上课他都坐在最后一排，但他还是恐惧老师注视他的目光，并逐渐严重到不敢进教室听课，后又发展到恐惧见老师和恐惧所有上课老师的目光。

恐惧是一种企图摆脱危险的逃避情绪。产生恐惧心理，主要是因为缺乏处理可怕情境的能力或者对某种可怕刺激的适应性差。恐惧是一个广泛的概念，它包括对各种事物的惧怕，如对人的恐惧、对某物的恐惧、对高的恐惧、对密闭空间的恐惧等。对人际交往的恐惧心理，是大学生中常见的一种害怕见人的心理障碍，常表现为：在他人面前不敢说话，神情紧张不自然，脸红，心跳加快，不敢与人对视，自己明知这样没有必要，但却不能自控，内心极为痛苦。实质上，具有这种心理障碍的人大都性格脆弱、孤僻、腼腆、爱面子和好虚荣，传统道德观念很强，十分注重他人对自己的评价，不善于表达自己的内心情感。其实，他们惧怕的并不是别人，而是自己，常常是自己吓自己。

第三节　情绪管理——我的情绪我做主

情绪作为生命的能量，本身并没有好坏之分。几乎所有情绪上的困扰，都只是情绪管理失当的问题。成为情绪的主人，学会管理情绪，是每个大学生的必修课。

一、学会识别情绪

觉察情绪，尤其是以"旁观的自我"观察自己，这好像是很简单，但做起来却不容易。但若经常练习就可以跳出自己，站在中立客观的角度观察自己的情绪。比如当生气的时候，要和生气同在，也就是体验生气，但同时又有一个观察的"我"在觉察着"我的生气"。当把注意力集中在引起情绪反应的事情上，也就是陷入情绪当中，无法"跳出来"看到当下的情绪。经常在事后，才察觉到"刚才很生气"。试着在有情绪反应时，除了注意到引起情绪的事件之外，也能分些注意力去体察自己"内心的情绪状态"。

当有一个"旁观的自我"的时候，评价自己的情绪就成为可能，就能够客观地评价自己的情绪状态、情绪表现的程度以及缘于何因。

识别和评价情绪同识别和评价自己是一样的，要有一个"旁观者"。当然，做一个"旁观的自我"要比做一个"旁观者"更难一些。

二、接纳自己的情绪

面对负性情绪首先要坦然接纳并体验，然后再想办法采取建设性的方式解决问题。

情绪是人的一种自然的和本能的感受，无论是否愿意，也无论它是否为负性情绪感受，都是不以人的意志为转移的。当我们对某一种情绪排斥和不接受时，实际却正在关注和强化它。例如，一些学生越是惧怕考试时紧张，结果考试过程中反倒越紧张；越是担心自己在与陌生人交往时出现畏惧情绪，与陌生人接触时就越会产生担心和恐惧感。因为排斥、不接受本身就带来一定的负性情绪体验，这无疑加重了紧张、畏惧等情绪的分量。而接纳自己的情绪，是给各种情绪一个存在的空间，停止与这些情绪的对抗，做到与各种情绪"和平共处"，在此基础上再进行情绪的整合、转化等后续工作。

三、学会表达情绪

情绪有正负之分，有强弱之别。对于正性情绪的表达，如对别人的赞美、自己的愉悦要学会不吝啬表达。对于负性情绪的表达，要学会对事不对人。梭罗说"要与恶作斗争，但要与作恶者讲和。恨一个人做的坏事，但不要恨做坏事的人。"同时还要在捧着别人自尊的基础上表达自己的负性情绪。比如，"从你的出发点看，你这样做是有理的，但是我却觉得我被你强迫了，为此，我很愤怒"。还有就是用陈述自己感受的方式来表达，比指责对方让人更能够接受。譬如，对男朋友说"我觉得没有接到你的电话好孤单"比起说"你怎么不知道给我打电话"更能打动他！再如，当你跟朋友约好出去玩，却因为朋友的迟到而感到愤怒，在这种情况下，你可以以婉约的语气告诉他："你过了约定的时间还没到，我担心你是不是发生了什么意外！"要试着把"我好担心"的感觉传达给他，让他了解他的迟到会带给你什么感受。不适当的方式就是去指责他："每次约会都迟到，你为什么都不考虑我的感觉？"当你指责对方时，也会引起他负面的情绪，他会变成一只刺猬。

四、学会调节情绪

情绪的调节是在识别情绪、接纳情绪、表达情绪的基础上，拥有对情绪的掌控能力，真正成为自己情绪的主人。

(一)用认知来调节自己的情绪

古希腊哲学家艾比·泰德(Abby Ted)说过，人不是被事情本身所困扰，而是被自己对事情的看法所困扰。

1. 情绪 ABC 理论

美国心理学家艾利斯(Ellis)认为，情绪的产生不是因为某个事件，而是由人们对事件的解释和评价引起的。他把自己的这个观点称为——情绪 ABC 理论。

A 代表诱发事件(Activating events)；B 代表信念(Beliefs)是指个体在遇到诱发事件后相应而生的信念，即对这一事件的看法、解释和评价；C 代表结果（Consequences）。情绪产生的机制是：客观事物（刺激）→评价（信念）→情绪。并非诱发事件 A 直接引起情绪 C，A 与 C 之间还有中介因素在起作用，这个中介因素是人对 A 的信念、认知、评价或看法，即信念 B。

心灵万花筒

情绪 ABC 范例

小俞和小陈是某高校大一的学生。刚入学不久，他们俩都兴致勃勃地参加了校学生会干事的面试。结果，不幸的是，两个人都被刷了。同样的事情，小俞觉得自己太失败了，整天以泪洗面；小陈则心情平静，并积极准备下次班委的竞选。

为什么同样的事情引起了完全不同的反应呢？这是因为两位同学对同一事件的想法不一致。小俞认为我精心准备了那么长时间，竟然没选上，是我太差劲了，我还有什么用啊，人家会怎么评价我？而小陈则认为，这次面试只是锻炼表达能力的一个机会而已，这次失败了我好好总结一下，争取在下次班委竞选上有更好的表现。他们两个经历了一模一样的事情，但由于他们对事情的理解不同，他们后续的情绪及行为反应也会截然相反。

在上述案例中：

A 诱发性事件：校学生会干事面试被刷；

B1 信念（我太差劲太没用了）→C1 情绪及行为的结果：整天以泪洗面；

B2 信念（只是一次机会而已，吃一堑长一智）→C2 情绪及行为的结果：心情平静，准备下次竞选。

2. 不同的信念产生不同的情绪

不同的信念产生不同的情绪反应。比如说有一个人骑着摩托车去超市买东西，可是当他买完东西出来一看：摩托车不见了！他随即在脑海里自言自语道：谁这么缺德偷走了我的摩托车？我为什么这么倒霉？这种倒霉事为什么偏偏轮到我？然后他的头脑会自动把他过去所有倒霉的事情翻出来，就像放电影一样过一遍，包括小时候丢了书包被妈妈责骂以及写错了作业被老师罚站等，就像打翻了一个心头的垃圾桶，所以他的情绪开始非常懊悔也非常生气。

但是有的人碰到同样的事，内心的表述完全不一样，因此也会有完全不一样的情绪状态。比如说某人出来一看摩托车不见了，他会想：会不会是谁骑错了车？或者由于某种原因车子被挪到了别的地方停放？在这样的信念下，他的情绪相对来说会更平和、放松。

3. 内观自己不合理的信念

不合理的信念常有 3 个特征：绝对化的要求，过分概括化和糟糕至极。绝对化信念通常是与"必须"和"应该"这类字眼联系在一起的，比如"我必须获得成功""别人必须很好地对待我""生活应该是很容易的"等，怀有这样信念的人极易陷入情绪困扰。一方面，过分概括化往往会认为自己"一无是处""一钱不值"，是"废物"等，以自己做的某一件事或某几件事的结果来评价自己整个人，评价自己作为人的价值，其结果常常会导致自责自罪、自卑自弃，产生焦虑和抑郁情绪；另一个方面，过分概括化是对他人的不合理评价，即别人稍有差错就认为他很坏、一无是处等，这会导致一味地责备他人以及产生敌意和愤怒等情绪。糟糕至极是一种认为如果一件不好的事发生将是非常可怕、非常糟糕，是一场灾难的想法，这种想法会导致个体陷入极端不良的情绪体验，如耻辱、自责自罪、焦虑、悲观、抑郁。

当负性情绪出现的时候，问问自己为什么会有这样的反应，当下的心里在想什么，这些想法是否具有以上所描述的一个或几个特征，然后试图去改正或者用另一种信念替代原初的想法。比如，经常听到一些同学抱怨"我付出这么多，他应该爱我"（绝对化），若更改为"我付出这么多，是因为我爱他，他最好能被我感动"这样就能减少抱怨。再如，某位中考发挥不理想的同学很沮丧地认为"这次中考考不好，我真不是块儿学习的料"（过分概括化），若这么来想"我只是这次没有发挥好而已，一次考试说明不了什么"这样可以减少挫折感。还如，某同学在一次集体活动中因失误出了丑，事后在心里犯嘀咕"唉，多丢人啊，以后叫我怎么在同学面前抬头"（糟糕至极），若换一种想法"只是一次小失误而已，每一个人都可能会有失误的时候"，这样会让减少难堪。

4. 构建合理的信念系统

内部语言是人类思维过程中的一种特殊现象。由于存在不合理的信念，习惯于不断用内部言语重复某种不合理信念，因此会导致无法排解的心理困扰，并由此形成心理定势。所以，建构并重复适应性信念并不断自我对话有利于建立起积极的自我信念。重复这些信念是关键，将这类积极信念重复地对自己阐明，就能够替代原有的信念并将新的信念整合到自己的信念系统中，就能成为支配其行为的内在力量了。

心灵万花筒

信念决定成败

阿军是大二的学生，每次老师给他安排有"难度"的任务时，他总是冒出一句"我真的不行，应该做不了"，一副很不自信的样子。有时候躲不过了，只能硬着头皮去接受在他看来超出其能力范围的任务，做起来很是艰难痛苦！敏感的老师与他讨论了几次，引导其反思自己的语言习惯，使他认识到"真的不行""应该做不了"这样的话会对其形成不良暗示，使他在还没有做事情前就开始否认自己，阻碍其行动。久而久之在其内心就会形成"我能力真的不强"这样的自我信念，使其做什么事情都会显得很自卑。于是阿军开始改变自己的语言习惯，接受任务时，他会说"我以前做的时候常常觉得很难，不过我可以试试"，慢慢他发现原来很多事情没有想象的那么难，而且自己能很好地完成不少有"难度"的任务，现在整个人也自信了很多。

（二）用行为来调整自己的情绪

1884年，一本杂志上发表了一篇题名为《何谓情绪》的文章，它使整个心理学界大为震惊。文章的作者是哈佛大学的著名教授威廉·詹姆斯（William James）。文章讲的是产生情绪的重要方面——生理状态。这包括肌肉的牵引、饮食习惯、呼吸方式、肢体活动，以及各种生化作用，这些对情绪有很大的影响。

如果有过晕车的经验就会明白：晕车的时候，情绪就会低落；胃疼或者肚子不舒服的时候，也很难有高昂的情绪。当一个人"昂首挺胸"的时候，情绪上也会感觉到振奋。

情绪和行为常常纠缠在一起。情绪会影响行为，行为引发新的情绪。倘若大学生能够梳理清楚情绪和行为的关系，就可以将情绪变成积极行为的启动者，使行为成为情绪的积极表达者。相反，就会出现情绪压抑或情绪化行为。行为是可以改变情绪的，通常运动、散步、听音乐、写日记、打扮、理发、找人倾诉等都可以用来改变情绪。

当觉得有一点儿烦闷，想要改变一下心情的时候，不妨先改变一下生理状态，比如进行肢体动作。例如，改变一下坐姿，舒展一下眉心，轻松地做一个深呼吸，或者干脆站起来，舒展一下四肢，做一个大鬼脸，再做一个越怪越好的动作，然后再跳跃一下，这些动作能使情绪和个体的神经系统有效地连接，变成属于个人的习惯性的快乐程序。

情绪它看不见摸不着，作为生命的能量的它，伴随着每一个个体存在。认识情绪、觉察自身的情绪变化、接纳情绪、调节情绪，是大学期间大学生需要学习和面对的事，也是每个人终生需要学习和面对的事。

心灵瑜伽

情绪日记

请你记录一天的情绪，并觉察自己这一天的情绪状态以及情绪的作用。

1. 今天起床到现在，你都产生过哪些情绪？请写下来！

_____

2. 选择其中最强烈的一个，想一想它是怎样产生的？

_____

3. 再想一想，产生这个情绪后，你做了什么？说了什么？你的行为产生了什么后果？

4. 再想一想，这个后果是建设性的（有益健康、工作、人际关系），还是破坏性的（有害健康、工作、人际关系）？

注：好的情绪要与人分享，糟的情绪要与人分担。在表达负性情绪时要注意一个原则，就事论事，对事不对人。以上情绪日记是觉察情绪并对其进行梳理的过程。坚持记录，并对情绪的周期及变化原因作分析总结，不仅能够增加情绪的觉察与识别能力，而且能够洞悉情绪与事件、想法之间的因果关系。

心灵瑜伽

情绪龙虎榜

(1) 请以"√"从下表中选出你生活中 10 个重要的情绪。

(2) 在这 10 个情绪中，有较多表达的情绪以 ↑ 表示，较少表达的以 ↓ 表示，没有表达的是 ×。

序 号	情 绪	√	↑×↓	序 号	情 绪	√	↑×↓
1	愤怒			11	被安慰		
2	愉快			12	失望		
3	冷漠			13	尴尬		
4	兴奋			14	轻松		
5	烦恼			15	紧张		
6	满足			16	放松		
7	内疚			17	羞怯		
8	自信			18	热情		
9	害怕			19	急躁		
10	安全			20	镇定		

第六讲

亲密关系——人际交往的源起与形成

在大多数的人际交往中，人们其实一直
在使用着某种类型的人际交往模式。

在大多数的人际交往中，人们其实一直在使用着某种类型的人际交往模式。

————约翰·伯贝

心灵万花筒

父母在人际关系中的印记

在一次心理学课堂上，芳芳听着老师在台上动情地说："每个人与父母亲的互动是最初人际关系形成的基础。因此每个人在人际关系中，或多或少会带有与父母交往的印记或带有与父母交往的风格。也许有同学会在心里默默检视自己，在心里摇头说'NO'。事实上不是没有，而是你还来不及发现这种现象。"老师的这番话在她的内心激起了不小的波澜。她想起在与室友相处，在强势的 L 面前，芳芳总是小心翼翼地为她做这做那，就像母亲为了盖房子批地基跟村里人求爷爷告奶奶的模样；她又想起自己与男友的关系靠得太近就要吵吵闹闹，但分开后又觉得还挺舍不得的时候，母亲一边抱怨一边替父亲打点日常生活的样子就浮现在眼前。芳芳忍不住在想，我与这个世界上的人相处的方式，究竟是怎样形成的？这些方式又以怎样"看不见"的手左右着自己日常的人际交往的呢？

马克思（Marx）在关于"人"的论述上的著名言论为：人是一切社会关系的总和。他首先强调人是群居性的生物，个体生活在群体当中。其次强调个体在群体中发生着各种各样的相互影响和相互作用，从而形成群体中的人际关系。据估计，大学生每天除了睡眠外，其余时间中有 70% 以上在关系中度过。因此，人际关系的质量直接决定和影响着大学生的成长与成才。从深层次上认识人际关系的形成，了解人际关系的各种模式，使大学生对自身人际关系的特点有所觉察，并启发大学生改善亲密关系是本章内容的重点。

联合国教科文组织把大学生的主要任务界定为"四个学会"：学会做事、学会做人、学会与人相处和学会学习。其中"学会做人""学会与人相处"都是与人际关系相关的主要任务。大学生在大学期间要学会做人是指建构符合道德的价值体系，并承担个体的社会责任，热爱生命并感激生活的给予。学会做人意味着除关注自己之外，还有对亲情和友情的看重，与亲朋好友之间的密切联系，对父母的关心和体贴，并承担应尽的义务。人们需要得到周围环境的支持和帮助，因而良好的人际关系是营造个人工作和生活环境的必要前提。学会与人相处是为了更好地发挥自己的潜能。

❀ 第一节　人际交往的起源——依恋理论 ❀

人际交往是指人与人之间在心理与行为上的互动，主要是指人的心理、情感的交流与沟通。在人际交往的基础上形成的、相对稳定的情感纽带就是人际关系。一个人要拥有良好的人际关系，其必要条件就是人际交往。交往是一个动态的过程，人际关系的建立与维持取决于人们之间内心的情感联系。

本章首先介绍一下人际交往中的依恋理论。

英国广播公司(BBC)的纪录片《本能》在开始的第 5 分钟，拍摄了一只小牛的降生，它自母体出来，柔软而黏糊糊的身体趔趄着站立起来，两小时后，它就钻到妈妈的肚子下面吸奶了。镜头的下一秒是一个婴儿，直到第 7 个月，人类的孩子才有了开始学习走路的能力，一年半后他的语言能力才开始表现。出于生存，婴儿会竭尽本能吸引他的父母(或重要的照看者)照看。美国著名精神病学家沙利文(Sullivan)发现，人类有两类主要需要：一是人际的安全感，最初表现为温柔体贴；二是心理上的需要，当安全感得不到满足时，就会引发焦虑。焦虑是一种人际交往的功能。沙利文认为，"婴儿的焦虑维度来源于协助和保证婴儿生存的重要照看者。如果照看者因为自己的焦虑或者缺席，不能回应这种温柔，婴儿就会感受到生命威胁的恐惧"。

依恋理论的创始人约翰·伯贝(John Bay)指出，生命的第 1 年至 18 个月，是孩子与一个或几个亲近的人形成亲密关系的关键。在孩子两岁以后，孩子与特定个体逐渐形成"内部工作模型"，这种内部工作模型是孩子人际交往的基础。更重要的是，在两岁前，神经的发育就能达到成人的 60%，但生理(身体总体)发育只能达到成人的 20%。这也是为什么，直到成年，在亲密关系中，人们会条件反射般以幼年时的感觉做出反应。

可见，要了解人际关系的形成和发展，就要从依恋关系说起。在人际关系中如果不是刻意去反省和觉察，个体很难意识到自己常以不自觉的方式重复着同一种人际关系的模式。

一、幼儿的依恋类型

(一)著名依恋实验情境

发展心理学家玛丽·爱因斯沃斯(Mary Ainsworth)在 1978 年设计了一种被称为"陌生情境"的实验过程，以观察人类母亲和儿童间的依恋关系。在这个过程中，儿童进行 20 分钟的游戏，并使照看者及陌生人进出房间，从而再现出大多数儿童在生活中会遇到的熟人、陌生人的情境变换。情境中的儿童心理压力发生变换，观察者对儿童的反应加以观察。儿童体验到如下情境。

①母子同时进入一个陌生的房间，房内有很多玩具，母亲坐在一旁，孩子自由玩耍。(3 分钟)

②陌生人进入，起初沉默不语，然后(1 分钟)与母亲交谈，再过 1 分钟，陌生人走近婴儿，与其游戏。(1 分钟)

③母亲离开，陌生人与婴儿在一起活动。（3分钟）

④母亲返回，安顿婴儿，陌生人离开。（第一次返回，3分钟）

⑤母亲离开，孩子单独留在室内。（3分钟）

⑥陌生人进入房间，与婴儿一起活动。（3分钟）

⑦母亲再次返回，重新安顿婴儿，陌生人离开。（第二次返回，3分钟）

观察儿童行为的两个方面：一方面是儿童从事的探索行为（即玩新玩具）的总量；另一方面是儿童对母亲行为的反应。

基于其行为表现，可把儿童分为三种形式的依恋。每一类型反映一种与母亲的依恋关系。

(二)依恋类型

1. 安全型(b型)

大约70%的婴儿属于这一类型。这类婴儿与母亲在一起时，喜欢与母亲接近，但并不总是靠在母亲身边，而是积极地探索周围环境，并时常与母亲进行远距离或近距离的交往。寻求母亲分享他们的玩耍，母亲离开时，表现为不安，有的甚至哭泣。当母亲回来时，他们会立即接近母亲，并迅速缓解难过和不安，恢复平静继续玩耍。对陌生人会表现出不同程度的怯生，在母亲的鼓励下，能很好地与陌生人交往。

（2）回避型(a型)

也称焦虑—回避型非安全性依恋。大约20%的婴儿属于这一类型。这类婴儿与母亲之间情感淡漠。与母亲在一起时，多数时间自己玩耍，很少理会母亲；与母亲分离时，悲伤程度小，能专心做自己的事，当母亲回来时，不积极欢迎，也无明显的喜悦。抱他时会挣脱或身体移开，主动回避。

（3）矛盾型(c型)

也称焦虑—抵抗型非安全性依恋。大约10%的婴儿属于这一类型。这类婴儿对母亲离开非常警惕。与母亲在一起时，喜欢与母亲保持身体接触，母亲离开后极端痛苦，但当母亲返回表现出矛盾

每个人在人际关系中如果不是刻意反省和觉察，常常不自觉地在重复同一种人际关系的模式。

情绪。他们一方面寻求与母亲接触；另一方面在母亲亲近时又生气地拒绝，要花相当长的时间才能使他们平静下来。对陌生人表现出退缩、难以接近的现象。

依恋理论家就不同的依恋类型做了进一步的观察。他们指出，这种不同的亲子关系从长远看会影响孩子以后人际关系的建立。鲍尔比（Bowlby）认为婴儿会形成一种人际关系的"工作模式"。如果孩子在早期的关系中体验到爱和信任，他就会觉得自己是可爱的、值得信赖的。如果孩子的依恋需要没有得到满足，他就会对自己形成一个不好的印象。

鲍尔比（1973）是这样解释的，"一个不受欢迎的孩子不只觉得自己不受父母欢迎，而且相信自己基本上不被任何人欢迎。相反，一个得到爱的孩子长大后不仅相信父母爱他，而且相信别人也觉得他可爱"。

这样，人际关系的早期经验就成为人们处理以后的人际关系的基础。如果父母对儿童从小到大关心、注意和敏感，长大后孩子就会把同他人的关系视为爱和支持的源泉。如果孩子的依恋和被关注的需要在幼年时没有得到满足，在人际关系中就会变得怀疑和不信任。

心理小贴士

你愿意与人亲近吗？

下面三个选项描述了三种人际关系的状态，被测验者需要回答哪一种状态与他们平时生活中的情况最为接近。现在，请你仔细阅读三个问题的描述，然后再选定一个最合适自己的 A、B、C 类型。

A. 我很容易与人接近，信任他们，或让他们信任，这真是世界上最开心的事情了，我不担心会被抛弃，因为这很少（或几乎不）会发生，我也不害怕别人亲近我，我觉得那是他们信任我、依赖我的表示。

B. 与别人接触有时会让我觉得不安，因为我很难完全相信别人，更不用说去依靠他们了。如果有人对我很亲近，我就会很紧张，手足无措，不知道该说些什么或做些什么来回应他们的亲近。有时，甚至是很亲近的人想让我表现得更亲近一点，也会让我感觉有些不自在。

C. 我很想让别人亲近我，与我没有任何距离地交流，但我想，他们似乎很不情愿这么做。我经常担心我的同伴并不是真的爱我、喜欢我，想和我在一起，我也常常怀疑他们想离开我，不愿意和我在一起。我真的想和他们融为一体，可这个愿望有时会吓跑别人，也让我觉得痛苦。

上述的三段描述大体概括了人际关系的三种典型状况，也许在回答这三个问题的时候你会发现，自己并不是完全的 A 类型，也不是完整的 B 类型，看起来更像是 C 类型，但有的时候也似乎带了一些 B 类型的影子。（A. 安全依恋型、B. 回避型、C. 矛盾型）

在大多数的人际交往中，人们其实一直在使用着某种类型的人际关系的"工作模式"。

二、成人依恋类型

成人依恋是指成人对其童年期依恋的回忆和再现，对当前其依恋经历的评价。哈赞（Hazan）和谢弗（Shaver）基于爱因斯沃斯的三种分类，对成人进行依恋访谈（AAI），发现成人依恋类型的分布情况类似于婴儿。在成人中，约60％认为自己是安全型（B型）、约20％把自己描述为回避型（A型）、另有约20％把自己描述为矛盾型（C型）。

（一）安全型

安全依恋型的个体在早期生活经历中，一般在自由的民主气氛环境里成长，个体形成既乐于顺从又可以支配的民主型行为倾向，他们能够顺利解决人际关系中与控制有关的问题，能够根据实际情况适当地确定自己的地位和权力范围。他们总能适当地对待自己和他人，能适量地表现自己的情感和接受别人的情感，又不会产生爱的缺失感，他们相信自己会讨人喜爱，而且能够依据具体情况与别人保持一定的距离，也可以与他人建立亲密的关系。

具有这种依恋关系的大学生能依照具体的情境来决定自己的行为，决定自己是否应该参加或参与群体活动，形成适当的社会行为。在人际交往中，安全型的人很容易与人相处及信赖对方，能忽略同伴的缺点而接纳和支持同伴。跟安全型的同伴交流比跟回避型或焦虑—矛盾型的人交往要更温暖更亲密。他们比其他依恋类型的人更喜欢在恰当的时候与别人分享个人信息。

（二）回避型

回避型的个体在早期生活经历中与父母之间缺乏正常的交往，社会交往的经历过少，儿童时期与同龄伙伴也缺乏适量的交往。在儿童时期的包容需要没有得到满足，他们与他人形成否定的相互关系，产生焦虑。

具有这种依恋关系的大学生倾向于形成低社会行为，在行为表现上倾向于内部言语，摆脱相互作用而与人保持距离，拒绝参加群体活动。他们怀疑那些说爱他们的人，害怕离他们太近会受到伤害，也因分离不可避免而害怕付出情感。

（三）矛盾型

矛盾型的个体早期生活在高度控制或控制不充分的情境里，他们就倾向于形成专制型的或是服从型的行为方式。

具有这种依恋关系的大学生若是形成专制型行为方式，那么就常常表现为倾向于控制别人，但却绝对反对别人控制自己，他们喜欢拥有最高统治地位，喜欢为别人做出决定；若形成服从型行为方式，那么就常常表现为过分顺从、依赖别人，完全拒绝支配别人，不愿意对任何事情或他人负责任，在与他人进行交往时，这种人甘愿当配角。

当大学生在早期经验中没有获得爱的满足时，就会倾向于形成低个人行为。他们表面上对人友好，但在个人的情感世界深处，却与他人保持距离，总是避免亲密的人际关系。若大学生在早期经历中，被过于溺爱，就会形成超个人行为。这些个体在行为上表现为，强烈地寻求爱，并总是在任何方面都试图与他人建立和保持情感联系，过分希望自己与别人有亲密的关系。

第二节　人际交往的发展——人际中的其他理论

托马斯·哈里斯（Thomas Harris）在沟通分析理论的基础上把人际交往中可能采取的心理地位分为四种：我不好—你好、我不好—你不好、我好—你不好、我好—你好。他根据自己的观察发现，在出生后的第二年末，有时在第三年，就已经在前三种地位中选中一种。我不好—你好，这是根据人生第一年经验而产生的最早的暂时性决定。第二年末，这个决定要么更稳固，要么转变到第二种（我不好—你不好）或者第三种（我好—你不好）心理地位。一旦选择这种心理地位将伴随他的一生，除非后来他有意识地将其改变成为第四种。同时托马斯·哈里斯也通过他的研究证明：每一个人都是可以改变的，每个人无论对自己还是对他人，都可以实现一种真正的"我好—你好"的态度。通过对四种人际心理地位的理论解释，大学生可以去探索在人际关系中，自己或周围所熟悉的人都选择了怎样的心理地位。

一、四种人际心理地位

（一）我不好—你好

这是儿童早期普遍存在的一种心理地位，是儿童根据出生和婴儿时期的经验得出的逻辑推论。每个儿童在生命的第一年都曾被轻轻地拍抚，因为他必须被抱起来照顾。这种心理地位有"好"的方面，因为存在安抚。没有这些最基本的安抚，婴儿不可能存活下来。同时，也存在"不好"的方面，那是儿童对自己的看法。阿德勒认为，儿童由于身材矮小和无助，必然感到自己比周围的大人弱小。正是由于在过往的经历中积累了大量的"不好"的感受，才因此做出"我不好"的结论。持有这种心理地位的大学生会有两种生活方式。

第一种，生活在确定"我不好"的心理地位中。成长过程中，周围的人都是"好人"，这种"好"与自身的"不好"形成强烈的对照，由于被周围的"好人"包围太痛苦，这种心理状态会促使他们逃避生活。另一些人则会选择采取一些令人讨厌的行为，结果只是再次验证"我不好"。这就是所谓的"坏小孩"特点——你说我不好，我就不好给你看，如成长过程中那些"问题少年""差生"，及大学校园里那些不愿意服从学校规章制度的"难管理的学生"等。

第二种，选择相反的方式来呈现，由于我"不好"，所以通过各种方式获得拥有"好"的人的认同，并在认同的过程中获得心灵的安抚。这种大学生会寻求朋友的帮助，选择能提供更多"安抚"的人联系。大学生当中某些"最优秀的人"，就是总在通过努力以获得别人的赞许。然而，这种生活就好像一辈子都在爬山，一旦登上一座山的山顶，马上发现还有其他的高山等待攀登。在这个过程中，整个心理地位没有改变，仍然是"我不好—你好"，这种人尽管表面上看上去非常优秀、成功，但他们的内心感觉是委屈、自卑，成为那么"好"的人，只是为了弥补内心"我不好"的心理地位。

心灵万花筒

寝室中的"老好人"

晓雯是班里的班长，还兼任了学院学生会的职务，平日里忙得不可开交。可同宿舍的同学还是特别喜欢找她帮办生活中的各种小事：帮小叶买午餐带回宿舍；在宿舍时，给上铺的小娟端茶递物；替不愿意去上课的嘉琪打印要交的作业。有时候当她顾不过来时，心里也很想拒绝她们。可让她越来越不开心的是，本来这些都是她出于好心才做的事，在同学们眼里成了应该的事。她觉得委屈，想拒绝她们的各种要求，但又害怕如果拒绝给同学们做这些，她们就会不理自己，她不愿意变成那个"不好"的人。

(二)我不好—你不好

托马斯·哈里斯认为"我不好—你不好"的心理地位形成于人生的第一年末，这种地位的形成，与此时儿童身上发生的一些重要变化有关。这时开始练习走路，不再需要别人抱起来才能移动。如果他的母亲很冷漠，那么孩子学习走路则意味着他的"婴儿"时代的结束，安抚也随之完全消失。在这一过程中，惩罚变得越来越多，越来越厉害。因为他能够自己爬出小床，碰触他能接触到的任何东西，并且一刻也闲不住，但母亲对这些行为并没有耐心去对待。自我伤害的机会也变得越来越多，如经常被绊倒或滚下楼梯等。

如果这种被遗弃的痛苦状态在第二年里迟迟没有缓解，孩子就会形成"我不好—你不好"的结论。在这种心理地位下，"成人"停滞发展，由于缺乏安抚的来源，"成人"的主要功能——获得安抚——受阻并停止发展。一旦这种心理地位得以确立，儿童的所有经验都有选择地被利用于解释和支持该心理地位。处于这种心理地位下的儿童会自暴自弃，放弃希望，浑浑噩噩地过日子，很多人到成年后发展成为各种人格障碍，他会认为所有的人都如此，即使别人是真心实意，他也会拒绝别人的安抚。与人沟通和交流对己对人都是一件相当困难的事。

心灵万花筒

大刘的冲动

大刘平时也没别的事情可做，除了上课以外，绝大部分时间都花在网络上，跟同班甚至是同宿舍的同学也不大来往。同学们都觉得他那样生活太孤单，可他自己觉得没什么不好。就算是这样，渐渐地跟同宿舍的同学也无法相安无事地相处下去。他每天睡得晚，宿舍有同学提出来希望他能早点关电脑，也有同学好心跟他建议"花在电脑上的时间太多了，这样不利于学习"。大刘听着这样的话，心里觉得窝火，有一次没有忍住就跟同学动手了。打那以后，他就再也没有理过这个同学，他自己倒是没什么，可宿舍的其他同学觉得挺别扭。

（三）我好—你不好

一个最初认为父母"好"而又长久被父母忽视其需求的孩子，会转到第三种心理地位：我好—你不好。这种心理地位形成于儿童两三岁，溺爱的父母无视孩子真实的成长需要。这种对待孩子的方式，表面上在全部给予孩子，事实上这种无视忽视了孩子不同阶段的发展需要。在人际关系中被忽视或冷漠对待是对孩子最大的伤害之一。儿童被长期忽视，会觉得特别受伤，对于被溺爱的儿童来说，他们会形成通常所说的"以自我为中心"的心理。

同样，在暴力家庭成长的孩子也会有这种需要无法得到满足的遭遇。这些儿童在他独自一人"愈合自己的伤口时"体验到一种舒适的感觉，伤口的好转与所经历的痛苦形成巨大的反差。此时，他们的心理地位是"即使你们谁也不管我，我也会好起来的。等着瞧吧，我自己可以好起来。你们伤害了我，你们不好"。这就是"我好—你不好"的心理地位的形成过程。

持有这种心理地位的成人，无论对自身还是对社会而言，他们拒绝探索自己的内心世界，对发生在自己身上的任何事都无法客观地判断自己应负的责任，而总是在指责："都是他们的错。""都是因为他们。"他们坚信无论做了什么事，自己都是对的，所有的错都是别人的。

持有"我好—你不好"心理地位的大学生，需要一群唯命是从的人来恭维和安抚他，但在他内心深处，深知这些安抚不真实，因为他首先需要自我安抚。他会对恭维他的人持不屑的态度，直至某一天他将他们全部抛弃，再找另一群恭维者。

心灵万花筒

挑剔的学妹

这学期彬彬的宿舍搬进来一个低一届的学妹。随着时间的推移，彬彬发现这位学妹对她充满了"挑剔"。有时候会说她关门声音太响，吵到了她休息，有时候会跟她提意见说，她洗过衣服后的洗漱池边上都是水，这样不卫生。一开始彬彬觉得是学妹，让着点就好了。可后来她发现，其实根本不是这样，学妹不仅对她"挑剔"，对宿舍其他同学也充满了各种"埋怨"。彬彬她们不由得有点后悔当初让这位学妹入住了她们的宿舍。

（四）我好—你好

"我好—你好"是第四种心理地位，它与前三种心理地位有着本质的不同。有些人从小就有人帮助他们，让他们置身于能证明自己和他人价值的环境中，从而能顺利地形成"你好—我好"的心理地位。"我是一个人，你也是一个人，如果没有你，我就不成其一个人。因为有了你，语言才变成可能；因为有了语言，思想才变成可能；因为有了思想，人性才变成可能，你使我变得重要，因此，你很重要，我也很重要。如果我贬低了你，实际上我也在贬低我自己。"这就是"我好—你好"心理地位的理论基础。

"我好—你好"是一种希望发展的心理地位。"我好—你好"的心理地位是有意识的、能用语言表达的决定。前三种心理地位基于情感，第四种心理地位基于思维、信念和行为。对"好"的理解并不局限于个人的经验，而是使其抽象化，最终适用于所有的人。

心服口服的"班头"

元元从小在知识分子家庭长大，中小学时候她就不是那种埋头苦读的学生。到了大学更是如鱼得水，把大学生活安排得井井有条。她总是将自己知道的最新的文学作品带回宿舍跟同宿舍的同学一起看，空余时间跟三两好友一起去看最新的影片。到了期末时候，她总是认真整理每门功课的上课笔记和备考资料，要是同学需要她也愿意给予帮助。后来她做了班里的班长，同学们都对她这个"班头"心服口服。

二、萨提亚的人际交往的模式

家庭治疗大师萨提亚（Satir）通过多年的心理治疗工作，总结出人类的五种交流模式：讨好、指责、超理智、打岔和真实一致的反应方式。她发现绝大多数人在遇到需要处理人际关系的难题时，都会采用前面四种表达模式以掩饰自己的软弱，只有很少的人能够真实一致地表达自己。采用不同交流模式的人在语言、情感、行为、内心感受、心理反应和躯体反应方面都表现出显著的不同。

学会与人相处是为了更加自如地发挥自己的潜能.

（一）讨好

讨好意味着处理人际关系中的压力时告诉自己，"想要让自己能够活得安宁，唯一的方式就是不顾自己的感受，对所有的事情表示顺从"。讨好者在语言、行为、心理反应等方面具有以下一些特点。

语言——同意："这都是我的错""我想要让你高兴"。

情感——祈求："我很渺小""我很无助"，恳求的表情与声音，软弱的身体姿态。

行为——主动：过分的和善，道歉，请求宽恕、谅解，哀求与乞怜，让步。

内心感受——"我一无是处""我觉得自己毫无价值"。

心理反应——神经质、抑郁、自杀倾向。

躯体反应——消化道不适、胃疾、恶心呕吐，糖尿病，偏头痛，便秘等。

有一部分大学生在人际关系中容易感受到威胁，常采取对所有的事情点头称是的态度，这一类型的人是人际关系中的讨好者。他们以一种令人愉快的面目出现，因为这种人际反应得到高度的接纳。但讨好是以漠视自身的价值感受、牺牲自我价值为代价，它否定了大学生的自尊，并传递给周围人这样的信息："我是不重要的。"

当大学生采取讨好的态度时，即便自我感觉不好，也会对别人和颜悦色。讨好者的一个明显的特征是忙于平息各种麻烦，只要对方看上去有一点点不如意，讨好者就会把自己的时间、精力、金钱献给对方，以减少他们的困扰和麻烦。

（二）指责

指责是一种与讨好截然相反的态度。在人际关系中，指责者认为应该维护自己的权利，不接受来自任何人的借口、麻烦或辱骂，绝不可表现得软弱。指责者为了保护自身，不断指责他人或者周围环境。

指责者在语言、行为、心理反应等方面具有以下一些特点。

语言——不同意："你总是做错事""你到底怎么搞的""都是你的错"。

情感——指责："在这里我是权威。"

行为——攻击：独裁、批评、吹毛求疵，很有权力的样子，身体姿势僵直。

内心感受——隔绝："我很孤单和失败。"

心理反应——报复、捉弄、欺辱。

躯体反应——肌肉紧张、背部酸痛，循环系统障碍、高血压、关节炎、便秘、气喘等。

指责型的大学生总是喋喋不休地埋怨别人、抱怨生活，从而掩饰内心的焦虑和脆弱，他们表面上咄咄逼人，实质上并没有真正的自信心。他们会大声表达出这样的态度："如果不是你，我们就不会陷入麻烦。"除了不断地挑剔苛责，他们还倾向于拒绝别人的请求。

由于具有爆发性的特点，指责者很容易造成断绝自己与他人的亲密关系的行为。而当他们渐渐地意识到自己的孤独时，他们会在心里认为"如果不是因为其他人的缘故，他们就会一切都好"。

(三)超理智

超理智者最会说道理，很像机器人，有些缺乏人性的客观。这类人不熟悉用内在的感受和人接触，他们很会处理事情，可是处理人事却一筹莫展。他们往往就事论事，表现得一本正经，但他们的内心相当顾虑外界对自己的评价，因而极力克制真实率性的自我。超理智者的内心语言为"逃避现实的任何感受，也回避因压力所产生的困扰和痛苦"。他们在语言、行为、心理反应等方面具有以下一些特点。

语言——极端客观：使用抽象字眼及冗长的解释，"什么事都与学术有关""我只关心事情合不合乎规定或正不正确""人一定要有理智"。

情感——顽固、疏离：不论代价，人一定要保持冷静、沉着、绝不慌乱。

行为——权威十足：顽固、不愿变更、举止合理化、操作固执刻板、僵硬的身体姿势。

内心感受——"我感到空虚与隔绝""我不能流露出任何感觉"。

心理反应——强迫心理，社会性病态、社交退缩、故步自封。

躯体反应——内分泌疾病、癌症、血液病、心脏病、胸背痛。

持有这种沟通模式的大学生的显著特征是保持非人性的客观。以这种方式行动的超理智者，他们既不允许自己，也不允许其他人关注自己的感受。在他们的观念中有这样一个社会准则：成熟意味着不去触碰、不去审视、不去感受也不去抒发自身的情绪感受。超理智的大学生在人群中退缩，承受孤独，周围的人会觉得他们是严厉的、有原则的、令人烦闷的或者强迫性的个体。

(四)打岔

打岔者是超理智的对立面。他们相信，只要他们能够将注意力从任何有压力的话题上转移开，就可以生存下去。他们在人际互动中，无法将注意力集中在一个客体上。当人们问他们现在怎样时，他们也许会谈论高昂的生活费或者天气等。

在行为举止上，他们同样无法集中注意力，不断移动身体的某些部位，吹口哨、唱歌、眨眼或是坐立不安。打岔者的内心语言为"让别人在与自己的交往时分散注意力，也减轻自己对压力的关注，想让压力因素与自己保持距离"。他们在语言、行为、心理反应等方面具有以下一些特点。

语言——漫无主题：毫无道理，抓不住重点，随心所欲，随口表示，东拉西扯，"我自己也搞不清"。

情感——波动混乱，满不在乎："我心不在焉"，身体的姿势特征是不停地在动。

行为——转移注意力：不恰当的举动、多动、忙碌、插嘴、打扰。

内心感受——"没有人当真在意""这里根本没有我说话的地方"。失去平衡，以打断别人的谈话来获得大家的注意。

心理反应——不恰当、不合情理、心态混乱。

躯体反应——神经系统症状、胃疾、眩晕、恶心、糖尿病、偏头痛、便秘。

持有这种沟通模式的大学生看上去似乎一刻也不能保持静止。他们企图将别人的注意力从正在讨论的话题上引开。打岔者不断变换想法，并且希望能够在同一时间做无数的事情。对于打岔者来说，自我、他人以及他们互动的环境背景都不具任何价值。

（五）真实一致

真实一致的沟通模式建立在高自我价值的基础之上，达到自我、他人和情境三者的和谐互动。持这种模式的人言语表现出一种内在的觉察，表情流露和言语一致，内心和谐平衡，自我价值感比较高。他们认可压力的存在，正视自己处于压力之中，承担起自己在压力中的责任，为有效地应对压力而做出努力。能够如实地接受并表达自己的情绪和感受，同时能够关注对方，感受并接纳对方的情感，从而真正达到真实的情感交流和沟通。他们在语言、行为、心理反应等方面具有以下一些特点。

语言——尊重现实、尊重自己、尊重别人。

情感——稳定、乐观、开朗、自信。

行为——接纳压力和困难、应对自如、顾全大局、乐于助人。

内心感受——虽然有时惶恐，但仍能充满勇气和信心，有坚强的毅力，当时和事后心里充满了坦然和安稳。

心理反应——合情合理、心平气和、泰然处之。

躯体反应——全身放松、精神抖擞、健康、充满活力。

持有这种沟通模式的大学生在人际关系中想到的不是去赢得某场胜利，不是去控制他人或情境，不是保卫自己，或忽视他人的存在；而是能够站在一个既考虑自己，又关心他人，同时也充分意识到当前情境的角度上，对问题做出反应。

以上的这五种类型，并不是单独存在、单独出现的。人们有时候会突出表现其中的某一种沟通模式，而大多数时候，五种模式会混合或相伴出现。比如，讨好型和打岔型混合时，就会表现为在讨好对方的同时，通过打岔将对方的注意力从矛盾中引导开；由于理性要求完美、正确的决断，因此过度理智型往往伴随着对对方的指责而呈现出来。

萨提亚发现，每一种沟通模式都包含着达到完善的种子。讨好当中隐藏着关怀的种子，责备当中隐藏着决断的种子，超理智中有才智的种子，而藏在打岔中的则是创造和变通的种子。人们在人际关系中最基本的爱与被爱的渴望受到威胁时，也许会运用这四种方式，从而维持一段关系。

大学生可以根据上面的资料对照一下自己，可能绝大部分人会发现，这些沟通模式都或多或少地在现实生活中被无意识地运用，与不同的人进行交往时运用不一样的沟通模式。人生具有多样性，分类的主要目的是提供大家对自己觉察的机会，尽量减少或避免不合理的交往方式，在交往的过程中找到、联系运用合适的、恰当的交往方式。

🌸 第三节　亲子关系——与父母关系的和解 🌸

在以上的内容中，我们花了很大篇幅来呈现和解释人际关系的形成，以及形成过程中，产生的一些普遍的行为沟通模式，以及在不同的行为沟通模式中不同的心理地位。亲密关系，是人生中最重要的关系。在所有的人际关系中，它是距离最少的、零距离的接触，是我们一生的需要和渴望。

也许有很多大学生在看过上文之后，会引起很多内心的思绪，甚至有些人可能会将埋怨等情绪指向照护者："都是你们不好，才让我今天活的如此。"但在传统孝文化的影响下，很多人顿时会有一个理性思维的声音跳出来反对说："怎么能对含辛茹苦养育自己的亲人不满呢？他们之所以这样做，也是迫不得已。"这些是很多人成长过程中，在跟父母亲的关系中需要度过的一个矛盾期。对于绝大部分大学生来说，就算是有过恋爱经历，也很少有人走进了婚姻的殿堂，所以大学生要面对的亲密关系的难题，首先就是如何处理和父母亲之间的关系，其次才是如何去建立恋爱关系。本书后面有专门的章节谈恋爱心理，在本节中，我们主要来谈一谈与父母亲关系的处理。

妈妈的责怪

这是一位同学给心理老师写的一封求助信。

开学的这两个星期发生了一件事，今天和我妈妈说，妈妈却责怪我，让我觉得很疑惑，我帮助同学是错吗？

那天有个同学来我们寝室找另外一个同学，但是那个同学不在，于是她就说，她有急事需要借U盘问我能不能借她一个，我没有怎么思考就借给她了。后来，她发了一个短信给我说，她把U盘放在小包里，结果落在出租车上了，她向我道了歉，说会赔我一个的。我也没有放在心上，虽然这个同学现在已经不是我们班的人了，但是我和她平时还是有接触的，关系还可以，我完全信任她。

她当时问我是不是急需，我也暂时不用，她说到时候会还我一个的。不过现在已经过去一个多星期了，她也没有要还我的意思。我今天和我妈妈说了，我妈说，她又不是你同学，你为什么要借给她，你就是傻。

我很生气，我只不过帮一下我的同学，这也有错吗？

我很生气妈妈这么说我，我很不解。我觉得她一点都不了解我，可她又是妈妈，我又不能跟她怎样，真是烦恼。

一、大学生与父母关系的特点

类似以上这位同学遭遇的苦恼，可能是绝大部分大学生都体验过的。这很容易让大学生想到一个词"代沟"。代沟是指子女在走向社会的过程中，背弃父母原有的观点，有了新的见解而造成的思想观念、行为习惯的差异。代沟往往是因为年龄或时代的较大差异而形成的。年龄不同的人，生活圈子不同，接触的事物、人物各异，因此思想方法和行为也有差别。如果这种差别不加以改善而让它扩大，两代人之间便会形成一堵无形的墙，误会便容易产生。这就是心理学上所说的世代隔阂，即所谓"代沟"。大学生如何去面对人际沟通中与父母亲的"代沟"，达成与父母亲关系的和解是大学期间处理亲密关系的重点之一。

大学期间，正处于人生18~24岁这一年龄阶段。首先，大学生已经进入人生的成年阶段，具备了独立的人格、思想以及能对自己所要完成的人生任务承担责任，行使人生权利。其次，受目前我国高校大学生住校制度的影响，绝大部分大学生，在生活上开始跟父母亲分离，开始独立负责在校期间的生活料理和学习任务。最后，目前在校大学生绝大部分在经济上依靠父母亲。这样就让大学生与父母亲在关系上呈现出纠缠的状态：生活上的独立，经济上的依赖。

从心理角度出发，还存在另外一种纠缠的状态，大学生试图发展自我意识，除了生活的独立以外，还希望能独立承担学习、生活的责任与选择，做自己生活的主人。这种心理需求符合每个人从少年时期向青年时期过渡的需要，也是大学生从学校走向社会，完成学生角色向社会角色的转变，独立承担社会任务的重要心理准备。这种转变实际上也是大学生跟父母亲关系从"依附"走向"分离"的过程。在中国的传统文化影响下，父子关系往往以垂直的关系状态呈现，就是孩子要服从父母的管理与教导，孩子应该听从父母的意见。这种长期的关系模式使孩子要在人格上与父母亲建立平等关系时，很多父母亲显得很不适应，呈现出"放手难"的现象。

从大学生自身的发展来说，很多时候尽管父母亲很想"放手"，大学生在观念上也很想真正独立，但在实际行动中，却显得力量不够。拥有与父母亲平等的关系，需要人格上和承担上的独立，独立意味着自由的同时也意味着承担，并意味着独自承担自己所做的选择。就像是学会独立行走一样，从襁褓中的婴儿成长为能独立行走的孩童，需要一个过程。用人格的独立来赢取人际关系上的平等，也是一个需要努力去摸索和学习的过程。但很多人在这一点上花很少的工夫，就想直接得到良好的状态，最后往往形成知易行难的局面。尤其是大四临近找工作的阶段，很多大学生出现类似的矛盾心理，一方面不愿意回到父母亲身边去工作，或不愿意依靠父母亲的关系去获得工作；但另一方面凭借着自己的能力和努力又很难获得较好的工作。这从表面上看是一个工作的问题，事实上是一个与父母亲关系的问题。

心灵瑜伽

你和父母亲密吗

大部分家庭都有爱，但有时，家庭却是成长过程中受挫的根源。很多人发现自己无法按照原本的人生剧本走下去时，开始探索自我，走进心灵成长的秘密花园后，才发现打结、卡住自己的是和父母的关系。

看看自己对下面三个问题的回答。

第一，你觉得你的原生家庭生活好吗？

第二，你喜欢你的家人吗？

第三，与家人生活在一起时，你觉得有趣、会感到兴奋吗？

如果你回答"不是"或"不经常如此"，那么你对家庭或多或少有些不满意。也许你认为，家就是家，责任、义务、角色都已注定，除非发生严重的家庭危机，还有什么好坏可言？但是，某些时刻，你的内心深处是否希望能和逐渐年迈的父母谈心、更接近、更温柔、真实的交流？是否希望能在父母需要陪伴、扶持时，你能自然真诚地拉住他们的手，就像你需要他们在人生道路的转折处拍拍你的肩、安慰鼓励你？

和父母亲接近的向往，有时，是一生的追寻。

二、与父母亲关系的和解

大学生活中所遇到的很多困扰，可能是由原生家庭带来。做父母的几乎都是缺陷父母，总存在这样那样可以指责的缺陷。埋怨父母，有时候是一种解脱。李子勋说，"成年以后对父母的抱怨，很多时候是因为我们需要这种抱怨，这些抱怨可以使我们的某些问题合理化，轻而易举地把账记到父母亲的头上"。人们抱怨命运的不济，同时也是通过这种抱怨，继续保持与父母之间的孩童式的依恋。如果与父母关系的和解只是停留在该阶段，大学生在心理上仍然处于未完全"断乳"

和父母亲近的向往，有时，是一生的追寻。

的状态。要做到与父母关系更好的和谐，可以试图从以下几个方面进行梳理。

(一)接受自己是父母的孩子身份

世界上没有完美的父母亲。为人父母，不可避免地会在孩子面前犯错。香港萨提亚家庭治疗模式的导师蔡敏丽说："我们应该认识到，绝大多数父母并不是心理学家。"尤其是对大多数大学生的父母亲来说，由于时代和社会环境等因素的影响，许多人在为人父母亲这方面得到的教育和训练非常少，没有人告诉过父母亲，如何去成为一名"足够好的父母亲"。

一位女士致信美国心理学家杜布森(Dobson)博士，说父亲一直不给她必要的关爱。杜布森博士回信说："如果你父亲是个盲人，你不会因此而不爱他吧？实际上，你父亲就是情感方面的一个盲人。他看不到你的需要，也意识不到对你的生活漠不关心给你带来的伤害。情感方面的盲使得他体会不到你的感受，也不可能了解你的期望。"

站到父母亲的立场，去体察他们的局限与不易之处，是梳理子女与父母关系的重要起点。这并不意味着作为父母亲的不当行为对孩子带来的困扰或伤害是可以忽视不见的。只有看到这一点，对父母充满埋怨的大学生，才有可能停止通过埋怨的方式向父母索要关爱的纠缠状态。

接受父母亲是"不够好的父母亲"，意味着大学生不再期待父母亲一定要做得更好。"接受是一个内心不计前嫌的过程。"法国心理学家玛丽兹(Maliz)说，"接受他们，首先就是接受自己是他们的孩子的身份，接受自己身上的血统和基因，接受爸爸妈妈不是尽善尽美的，他们都是有缺点的普通人，他们在当儿女时也都有过痛苦和怨恨，他们在为人父母后也已经尽其所能，做了他们能够做的事情"。

当对父母充满埋怨时，父母亲对孩子的爱护与付出就很难进入视线。接受父母的缺点和不足即成熟的表现之一，接受自己的父母亲，也就是让爱走入自己的生活，就已经迈出了与父母和解的第一步，也是最为艰难的一步。

(二)与父母和解的两个阶段

1. 盘点阶段

经过"指责阶段"后，会进入"盘点阶段"，也就是大学生看到父母缺点的同时，也能看到他们的优点。慢慢地，记忆中会有意识或无意识地对过去做些修正，痛苦的回忆会渐渐变稀薄，令人愉快的记忆则会凸现出来，父母的形象也就变得可以接受了。

心灵瑜伽

优点小总结

分别用五个形容词来形容父亲、母亲、自己的优点。
找出自己的优点与父母亲优点的相似之处。

2. 转化阶段

大学生无法改变过去已发生的事件，但能改变的是对它的看法和感受，从而改写它对每个人的意义。萨提亚家族治疗大师玛莉亚·葛莫利(Maria Gomori)认为"家族中只要有一个人改变，就有可能带动更多的改变"。成长，意味着可以选择、创造生命中温暖的记忆，去取代小时候的缺憾。修复与原生家庭的关系，也加强每个人生命中的韧力。不论父母是否完美，不管他们有没有犯错，每个人都要感谢父母给我们生命。接受父母是我们的父母，才能接受生命中发生的事。"如实的接受，不再抗拒，就不再需要耗费能量，和解就是say yes to life(认同你的人生)。"

第七讲

同学关系——大学人际关系的变奏曲

如何去面对大学生活中的人际交往困惑、减少人际冲突的发生及人际关系的破裂，是每一位大学生要面临的人生课题。

"像爱自己那样爱别人"这就是确立人脉关系的要谛。

——原一平（日本推销之神）

宿舍关系交响曲

随着辅导员老师的一声"并寝了"，我们6个人的故事开始了。

那是一个表面上很平静的下午，当老师宣布新的寝室成员的时候，每一个人内心都有各自的震动，有不一样的心情。我、妙妙、杜杜、弟弟4个人能为没有拆寝，继续住在同一寝室而高兴；小菲和田园两人——她们拆寝合并到我们寝室了。本来以为她们会很不高兴，没想到她们却很坦然，让我刮目相看。或许是不表现出来吧！晚上大家互相聊了几句，便拖着疲惫的身子入睡了。

第二天早晨，我还在睡梦中，却听到哗哗的水声。一抬眼，小菲正在洗漱。我在心里呐喊："小菲，你怎么起那么早啊?"不一会儿，田园也起来了，又一阵哗哗声——我终于醒了，极不情愿地起来了。等我整理好床铺，要洗漱时，小菲和田园已经走了。看见田园整齐的床铺时，我真是佩服极了，叠得真好！不自主的，我也想把自己的床弄好点——PK一下。日子这样过着，早出晚归；不同的是：我们4个人一行，小菲和田园同行。这一刻，我们6个人加起来有多少想法呢?

"我下个礼拜过生日，有朋友来看我，幸福死了。"田园兴奋地向小菲说。我暗想这下有我室长一显身手的时候了，又想起前不久也没有为妙妙过生日，正好两人一起过。在我和杜杜、弟弟和小菲4个人的密谋下，一个计划诞生了。周四下午没课，我们定在那天给她们一个惊喜。我和杜杜提着蛋糕来到门口，一进去，我们4个人一齐同唱："祝你们生日快乐，祝……"那一刻她们惊呆了。我们为她们点燃了生日蜡烛，让她们许下心愿。田园动容地说："这是我在这儿过的第一个生日，本来以为没这么热闹，没想到有你们一起过，太感激了!"我们每一个人都为她们、为我们自己感动地涌出了眼泪。

从此，我们6个人无论谁遇到什么困难，都一起同行。

原来只要彼此当回事，寝室关系就会如此美丽动人。

大学生携带着从亲密关系中形成和学习得来的各种人际关系的模式，面对大学生活过程中需要应对的各种人际关系的现实。在这个过程中会遇到冲突、产生困惑，也会得到人际关系的滋养，同时也通过人际关系的实践，提升人际交往的能力。本章主要聚焦于大学校园中的同学关系等相对松散的人际关系话题。

第一节 简单中的繁复——人际交往的主旋律

从生理年龄来看大学生已经进入成年，其生活的大学校园环境，以及其主要的学习任务，使大学生的人际关系呈现出独特的特点。

一、简单中的复杂——大学生人际交往的特点

(一)以宿舍为核心辐射的开放式交往方式

美国心理学家费斯汀格(Festinger)研究过友谊与空间远近的关系，发现从不相识到一段时间后结交为朋友，几乎离不开空间距离接近的特征：①邻居；②同楼层的人；③信箱靠近的人；④走同一个楼道的人。空间距离对形成同学之间良好的人际关系起着重要作用。当今大学一个宿舍4～6个人同室而居，"低头不见抬头见"这种空间上的相近性，让许多大学生的人际关系紧密地在同宿舍同学之间展开，情况好的亲如兄弟姐妹，但同宿舍同学之间的矛盾和冲突也是带给大学生困扰最多的人际关系之一。

与此同时，大学生在交往上呈多元与开放交往的心态。他们渴望友谊，渴望结交更多的朋友，交流更多的信息，接受更多的新思想。交往对象上除了同宿舍的同学、以前的亲友、朋辈交往外，也转向更广泛的社会交往群体。同学交往不局限于同班同学，不同年级、不同院系乃至不同学校的同龄人都是其交往对象。网络的发展为大学生的交往提供了更加广阔的交往空间和手段，也使大学生的人际交往变得更方便、更快捷，交往距离更远。就算是没有同学关系或者不是同龄人，介于某些共同的爱好、某个共同的意愿、某些组织机构，各种社会人群都是如今大学生交往的对象。

(二)注重情感满足相对简单的交往内容

大学生在人际交往过程中更加看重情感上的满足，许多大学生友谊是建立在相互之间有共同的生活节奏、相似的生活规律、能彼此信赖与支持、能相互有较多的陪伴时间的基础上。尽管随着社会的发展变化也有部分大学生在社交目的上也趋于"理性化"，选择什么样的人交朋友，并不纯粹是出于情感和志同道合，但总体上来说，大学生人际交往的功利性特点并不明显，交往的内容多与"利益"的相关性不大。围绕着学业、校园生活、休闲与娱乐展开的聊天、社团活动、举行聚会、体育活动、娱乐、结伴出游以及其他一些集体活动形成的人际交往活动中占大学生人际交往的大部分。大学生的人际交往很少涉及领导与下属、利益关系的工作交往等社会交往的内容。

由人际冲突带来委屈、愤怒、伤心、抑郁等情感波动是引起大学生人际关系困惑的主要原因。而引发这些情绪的事件多为相对简单的生活事件，如"与

同学之间没有共同的话题，觉得他们谈的事情都好无聊""同宿舍的同学中，有的同学的作息时间习惯、生活方式和卫生习惯与自己的很不一致"，或是"在偌大的校园里，根本找不到真心的朋友而感到孤独和失落"……

（三）富有理想色彩又追求平等的交往态度

大学期间正值成年阶段的开始，开始拥有独立的判断与交往意识，不再愿意别人把他们当做没有成熟的孩子来对待。在人际交往中则表现出追求平等的意识。即使是在跟老师、长辈等交往的过程中，也会很强调平等的沟通。大学生在与人交往过程中，对人际关系持有较高的期待。他们认为人际间的交往应该没有任何杂质，才能保证人际关系的纯洁性。既然已经是自己的好朋友，最好能与其他人保持较远的距离，好朋友之间应该没有任何保留，不能对自己有任何的秘密，既然是同宿舍的同学就一定要搞好关系才可以……总是期待对方能按照自己所期待的方式去对待自己，也期待对方能满足自己绝大部分的需要。一旦这种目标没有实现，就会得出观念性的结论：原来大学里真的没有纯洁的友谊，真是令人失望！

二、为成长护航——人际交往的功用

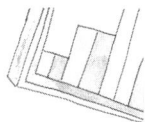

人的成长、发展、成功、幸福都与人际关系密切相关。没有人与人之间的关系，就没有生活基础。对任何人而言，正常的人际交往和良好的人际关系都是其心理正常发展、个性保持健康和生活具有幸福感的必要前提，良好的人际关系也为大学生的健康成长提供了各方面的支持。

良好的人际关系为大学生的健康成长提供了各方面的支持。

（一）良好的人际交往能力是心理健康的重要保证

愉快、广泛和深刻的人际交往有助于个体的发展与健康。研究表明，长期缺乏与别人的积极交往、缺少稳定的良好的人际关系，会对一个人人格的发展产生明显的影响。在心理健康教育实践中也注意到，大多数大学生的心理困惑与缺乏正常人际交往和良好人际关系相联系。心理学家曾从不同角度做过大量研究，其结果均表明：健康的个性总是与健康的人际交往相伴随。心理健康水平越高，与别人的交往就越积极，越符合社会的期望，与别人的关系也越深刻。心理学家奥尔波特（Allport）发现个性成熟的人，都同别人有良好的交往与融洽的关系，他们可以很好地理解别人，容忍别人的不足和缺陷，能够对别人表示同情，具有给人以温暖、关怀、亲密和爱的能力。人本主义心理学家亚伯拉罕·马斯洛（Abraham Harold Maslow）发现高水平的"自我实现者"，对别人有更强烈、更深刻的友谊与更崇高的爱。

马斯洛把人类的需要分成生理需要、安全需要、归属与爱的需要、尊重的需要和自我实现的需要五大类。大学生通过各种人际交往获得以上五种需要的满足。大学生的生理需要，如吃、穿都蕴涵着人际的关系；大学生的安全需要表面上表现为是否能够在学校里的各方面获得安全，实际上也反映着大学生与父母亲在早前的互动关系中形成人际间最基本的安全感；归属与爱的需要是指人希望归属于某个团体，获得团体成员的认可以及能够获得人与人之间的"爱"，这其中更是通过人际交往获得；尊重的需要主要包含着自我尊重和他人尊重，哪怕是自我尊重也是投射个体如何看待他人怎样看待自己；自我实现若是能获得他人的认可其高峰体验会更强。

社会心理学家舒茨（Schutz）认为，每一个个体在人际互动过程中有三种基本的需要：即包容需要、支配需要和情感需要。良好的人际关系，能使个体在包容、支配和情感三方面得到满足。如大学生在大学期间属于某个班集体、某个宿舍、某个社团、"某某大学的学生"，在这些关系中都能满足学生交往、归属的需要。在大学里，绝大部分同学都会参加学生会、团委、各种社团职务、勤工助学岗位等的竞争，除了得到做事能力的锻炼外，在某一团体里担任某职务也满足了个人支配的需要。大学期间正好处于人生的青春期，在这一阶段，个人需要克服孤独感，在人际关系中获得亲密感，通常来说，是通过恋爱的方式建立起新的亲密关系。其行为交往表现为喜爱、亲密等。

心理小贴士

交往剥夺实验

缺乏交往的个体心身发展都会受到限制，可以使人丧失很多能力。曾经有个在伦理上受到质疑的实验能够说明这一点。

美国心理学家曾做过一个交往剥夺实验：把受试对象关在隔离室里，不让任何人接触，结果仅几天被试就忍受不了，甚至出现精神不正常的迹象。也有心理学家做过类似的实验，结果发现受试者在百米深的洞穴中，单独生活了156天以后，精神面临崩溃状态，神情呆滞、冷漠无情、举止失常。

动物心理学家也曾以恒河猴做过一个著名的"社交剥夺"实验。实验将猴子的喂养工作全部自动化，隔绝猴子与其他猴子或人的沟通。结果发现，与有正常沟通机会的猴子相比，缺乏沟通的猴子明显缺乏安全感，不能与同类进行正常的交往，甚至本能行为的表现也受到严重影响。

（摘自：http//www. world uc.com.《人际交往心理学中的几种效应》）

(二)多元的人际氛围是大学生顺利完成社会化的基础

大学生社会化的主要内容是：掌握作为社会成员应该具备的基本生活知识和技能，掌握形成社会关系的有关的行为规范和准则，确立生活目标，培养社会角色，明确责任。交往是个性发展与人格健全的必经之路。大学生只有通过与其他个体发生联系，学习社会知识、技能与文化，才能取得社会生活的资格。离开社会的交往环境，离开与他人的合作，个体是无法成为一个合格的社会人的。大学生随着年龄的增长、交往范围的扩大，交往内容逐步深化，交往形式日益丰富，社会化的水平也不断提高。这些在大学期间人际关系上的各种试炼，都是为今后进入社会成功转型做的准备。

(三)良好的交往沟通能力是大学生成才的必备素质

现代社会，交往能力已经成为衡量一个人是否具有良好适应力的标准之一。一个没有交往能力的人，就像一艘陆地上的船，难以漂泊到社会的大海中去。大学时期是走向成人的关键时期，大学期间也是面临各种各样复杂人际关系的时期，大学生在这一阶段的交往经验的形成和发展将会对其今后的成长产生重要影响。

21世纪是人才竞争的时代，但对于一个想在个人事业上有所建树的大学生来说，他若想在人才竞争中脱颖而出，除了出众的才华，还要有良好的社会生活适应能力、良好的人际协调能力。在科技日新月异的年代，知识的更新换代极为频繁，每个人都需要不断地进行知识的补充与更新。同时科技的发展也使职业分工越来越细，这使得人与人之间的合作能力成为个人能否走向成功的重要能力。对于大学生来说，学会与不同学科的人才进行交流，与具备不同专业技能的各种人才进行合作是成才的必备素质。

第二节　人际交往的困惑——山重水复疑无路

每个人都希望生活充满阳光，友谊天长地久，人情温馨美好。但这些只是生活现实的一部分，人际交往过程中的各种误解、冲突也无处不在，如何面对大学生活中会遇到的人际交往的困惑，减少人际冲突的发生及人际关系的破裂，是每一位大学生都要面临的人生课题。

一、社会支持系统不够完善

心灵万花筒

我们的社会支持系统

婷听她的母亲说，作为家庭中第二个女孩，她生下来不久就被送到别人家寄养，受重男轻女思想的影响，父母亲决定一定要生一个男孩。当她8岁被接回家来上小学时，这个家庭并不欢迎她。五人之家除了父母，还上有一个姐姐下有一个弟弟。从那个时候起，因为多了一个她，成为姐姐吵架的对象，有时候她们还会打架，这种关系一直持续到今天。父母亲文化程度不高，脾气比较暴躁，沟通起来比较简单，基本上只有服从他们的安排家里才会平静一些。因为弟弟才造成她的被送养，她更是在心里有种对他说不出的怨憎。自从读大学离开了他们，时间久了会想家，但放假回家又觉得压抑。

从打小念书到现在，她也几乎没什么好朋友，到高中时候有过一个女同学跟她关系还可以，但后来看到这个女同学跟别人关系也还不错，心里特别不是滋味，但又无法表达这种感情，便生气再也不理她了。刚入大学不久的她，跟同宿舍的一位女生关系不错，后来由于她与别人也维持不错的关系，婷觉得心里挺不爽的，可事实上她并不想"吃醋"。婷因为人际关系的困扰来咨询，在咨询室里她哭得很伤心，觉得整个世界都不要她了。

(一)社会支持系统的含义

所谓个人的"社会支持系统"，指的是个人在自己的社会关系网络中所能获得的来自他人的物质和精神上的帮助和支援。一个完备的社会支持系统包括亲人、朋友、同学、同事、邻里、老师、上下级、合作伙伴等，还应当包括由陌生人组成的各种社会服务机构。每一种系统都承担着不同功能：亲人给个体物质和精神上的帮助，朋友较多承担着情感支持，而同事及合作伙伴则与个人进行业务交流等。

心理学研究表明，人的可持续发展能力由五大系统构成，即生存支持系统、发展支持系统、环境支持系统、社会支持系统和智力支持系统。其中社会支持系统处于非常重要的位置，发挥着重要的作用，它直接或间接影响着人的认知、情绪、情感、意志和心理健康。

(二)社会支持系统的缺失带给大学生的困惑

1. 造成心灵的孤独

存在主义心理治疗师欧文·亚龙(Yalom)在《在生命最深处与人相遇》一书中写到过这样一段话：不被关注的生活——没有人知道他们什么时候回家，什么时候上床睡觉，什么时候醒来。很多人选择维持一种让他们并不满意的关系，只是因为他们渴望有这样一个人来见证他们的生活，可以帮助他们缓解那种存在的孤独感。

这段话深刻揭示了关系的存在，对每一个人生活的重要意义。尽管存在性的孤独无法被消除，但如果没有相对应的社会支持系统来支撑他面对人际间的孤独，很多人会活在孤独的恐惧当中。社会支持系统首先能减缓每个人内心深处人际间的孤独感。

　　许多大学新生入学后有一个不适应的阶段。这种不适应不仅仅是个人无法去面对生活上的各种事务，也不单纯是饮食或气候上的各种不适应，它还包含了社会支持系统暂时部分缺失带来的心理上的孤独。由于远离父母亲，也远离了在初高中阶段结识的朋友，而新的人际关系在短时间内无法迅速建立起来，更无法达到相互信任与支持的程度，很容易造成人际关系上的孤独感。如果无法适时调整这种状态，会影响到整个大学阶段个人的成长。如许多大学生交往的范围局限在同宿舍的同学之间，随着时间的推移，发现原本是好朋友的两个人实质存在较多的分歧与矛盾，不管是继续成为朋友还是关系疏远，对在大学建立起朋友关系的两个人来说都是难题。

　　2. 带来现实生活中支持与帮助的缺失

　　在心灵孤独的同时，实际生活中人与人之间关系的相互依赖程度越来越高。在这个分工细致的社会当中，没有任何人可以脱离群体独自生活。每个人都有局限性，没有一个人能独自解决所有的问题。因此，每个人的生活都需要社会关系网络。

　　表面上看，每个大学生的社会关系网都差不多：父母手足、同学同乡。但深入观察，每个人从中获得的支持却有很大的差异：有人在个人支持系统中与他人共享生活，充满幸福感，遇到困难时总能获得及时而又有力的帮助；而有些人则不然，他们虽然和别人一样也拥有客观存在的关系网络，但在陷入困境时，很难从这些关系中获得相应的援助。如故事中提到的婷，尽管也有社会关系网，但几乎无法获得支持（当然这是相对极端的个案）。

　　有些大学生遇到难处，宁愿自己独自面对困难，也不愿向朋友倾诉。因为缺乏敞开的勇气，以及害怕被拒绝等，使他们失去了有力的社会支持。另外，由于大学生人际关系相对松散，大家更乐于坚守独立空间，彼此更加尊重。然而这种交往方式也带来一定的问题：人际交往越来越表面化，人与人之间注重礼仪，客气尊重，但在别人遇到困难时却无心无力提供切实有效的帮助。这种局面容易造成大学生对人际关系的期待落空，带给大学生人际关系冷漠等观念。

　　学习从良好的人际关系中获得温暖、爱、归属与安全感等支持是大学期间在人际关系这一课上需要做的功课，因为这是每个人内心深处最需要的慰藉。

　　心灵小贴士

测测你的社会支持系统

1. 学校的老师和领导，你最喜欢谁？

2. 商讨一个新观念，你找谁？

3. 郊游消遣，谁可与你为伴？

4. 经济拮据时，你向谁开口？

5. 被困孤岛，你渴望谁在身边？

6. 病倒在床，你喜欢谁照顾？

7. 恋爱失败，你向谁倾诉？

8. 获得某项成功，你会与谁分享？

9. 考试成绩不理想，你去向谁说？

10. 在功课上有问题时，去向谁请教？

11. 面临选择，去向谁征求意见？

12. 如果长期外出，你的用品托谁照管？

13. 搬家时，你找谁帮忙？

14. 为完成一个重要使命，你找谁？

看看上面列出的问题中，你列出多少个人。

如果少于 3 人，你的社会支持系统很不完善；

如果 3～5 人，你的社会支持系统不太完善；

如果 6～8 人，你的社会支持系统比较完善；

如果 8 人以上，你的社会支持系统非常完善。

二、人际交往过程中常见的偏差

(一)人际交往中的"沟而不通"

大学生在人际交往的过程中经常遇到这样的状况，沟通的双方都诚恳地表达了自己的想法，可对方很难理解自己想要表达的真正含义。这样的沟通会让人觉得自己在人际交往中做了许多的努力，但没有收到任何效果，在"白费劲"。而接收方很有可能因为表达方的情绪起伏而觉得"莫名其妙""不知道他为什么突然反应这么大"。

"沟而不通"在人际交往中具体的表现形式有以下三种。第一种情况是，表达方说了，但表达的不对，接收方生气、当面指责；或者表面上无所谓，心里却对表达方所说的不以为然；或者提出与此不同的意见以反驳。第二种情况是，表达方说了，也表达的对，但对方听不进去，毫无反应；或者听者听了很高兴，却没有预期的反应。第三种情况是，对方说了几句，就不说了，因为在他的内心有一个假设是"说了也没有用"。

"词不达意"，描述的就是人际交往过程中"沟而不通"的现象。如果用电波与收音机的关系来比喻人际关系中的沟通状况，良好的沟通应该是，收音机调到合适的频率，能清晰地接收电波所传递的信息。"沟而不通"的现象有可能是电波没有发送或者发送的质量不够清晰，还有可能是尽管电波发送的质量不错，但收音机的调频在空档上。

（二）人际关系品质提升中的行为偏差

心灵万花筒

实践的重要性

刚入大学对小军冲击力最大的一件事是，学校请来专家给大学生做讲座。大家都提到共同的一点，在大学期间，要学会做人。上进、努力但一直觉得自己人际关系不够好的小军决定通过自己的摸索在这一方面进行学习。他首先去借了一大摞书：《成为成功人士的 36 计》《人际交往 101 招式》……小军如饥似渴地将这些书通读了一遍，并尝试着将书中的理念运用在实际的人际关系中。让他觉得很懵的是，书上讲的那些技巧，对他来说不太管用，现实中的人际关系也并没有得到什么改善。目前已经大三的他，对自己的人际关系状况有点担忧，但又实在不知道该怎么办。

大学生在人际关系的提升上，普遍存在一种功利心理，即通过简单的人际交往的技巧训练来达到提高人际关系品质的目的。市面上四处可见的与人际关系相关的畅销书充分说明了人们内心的需求。大学生在进行人际交往能力提升的过程中同样也面临这样的迷茫。这并不是说人际交往的技巧不重要。而是如果只一味地强调技巧、技能，而忽视人际关系中更核心、更本质的部分，这些技巧在真正的与人交往的过程中会"施展不出自身的魅力"。

三、人际交往中的人际冲突

心灵万花筒

不想要的绰号

君君最近很苦恼。作为 6 人宿舍里年龄最小的成员，她越来越觉得自己就是大家"欺负"的对象。比如，A 作为宿舍里最强势的那个，总是爱给每个人起不同的绰号，她叫君君"老板娘"，一来二去，大家简称为"板娘"。君君实在不喜欢这个绰号，觉得是天下第一难听的。有一天实在忍不住了，她提高音量跟大家说："你们能不能不要这样叫我了！"宿舍的同学都被吓得一怔，但紧接着下来，君君面对的是各种冷嘲热讽："呦，板娘发飙啦""哎呀，真是看不出来，板娘还有这么大的威力""板娘，你今天吃错药了么？"君君实在觉得太气愤了，但又觉得在她们面前掉眼泪是一件没面子的事情，只好冲出宿舍，重重地将宿舍的门关上。一个人待在天台上，君君越想越委屈。B 也是一点儿都不顾及君君的感受，君君放衣服的箱子，每次都是干干净净地打扫好，B 倒好，不管三七二十一，总是将她的"臭脚丫子"放在君君的衣服箱子上。一开始君君简直是低声下气地求她："月月姐，把你的脚挪开好不好？"可是一点儿用都没有，B

还是照放不误。直到有一天 B 实在忍不住了，板着脸孔跟君君说："你再这样，我就要彻底不理你了。"从此就造成两个人之间的"冷战"关系。

(一)人际冲突的含义

中国有句歇后语，"牙齿和舌头打架，伤不了和气"，意思是说，在人际关系中的各种磕磕碰碰，在所难免，但这并不妨碍人与人之间建立良好的人际关系。现实生活中，人际间的冲突，如果得不到妥善的处理，会带给大学生不少困惑。

人际冲突是一种对立的状态，表现为两个或两个以上的相互关联的主体之间的紧张、不和谐、敌视，甚至争斗关系。当相互关联的两个个体或者多个个体之间的态度、动机、价值观、期望或实际行动不兼容时，并且这些个体同时也意识到他们之间的矛盾时，个体间的冲突就发生了。

(二)人际冲突给大学生带来的困惑

1."避免冲突"造成的观念偏差

中国文化提倡"以和为贵"，大学生从小受到的教育也是在人际关系中应该尽量忍让，避免矛盾的发生。可事实上，人际关系中的冲突无法避免。对许多以"避免冲突"发生为目标的大学生来说，一旦生活中存在冲突，就有"如临大敌"的感觉。在这种观念指导下，大学生为人际关系所做的努力是"消灭冲突"，而这一目标并不可能实现。许多同学为了避免冲突的产生，所采取的行为是"逃避"冲突、"压制"冲突。当冲突无法逃避或压制时，觉得压抑、委屈的同时，还伴生强烈的挫败感。

心理学家布瑞克(H. B. Braiker)和凯利区分了三个层次的冲突。第一层次是特定行为上的冲突，即双方对于某个具体问题存在不同意见。例如，故事中，君君与 B 的冲突，她不能接受 B 将脚放在衣服箱子上，而 B 觉得这是小事一桩。第二个层次是关系原则或角色上的冲突，即双方对于如何处理两个人的关系，在关系中各自的权利、义务有不同的理解。例如，宿舍同学可能在宿舍公共劳动怎样分工上存在分歧。在人际关系中，有些角色规范比较明确，也有一些角色规范比较模糊，如果两个人对于规则有不同的看法，就难免发生冲突。第三层次是个人性格与态度上的冲突。这往往牵扯到双方人格与价值观的差异，因此是比较深层次的冲突。例如，君君觉得给自己取外号是对自己不尊重的一种表现，而对同宿舍的同学来说，这恰恰是她们表达感情亲密的一种方式。在人际交往中，这三个层次上的冲突有可能交织在一起。行为上的分歧，可能引起规则上的矛盾，并进一步导致个性上的冲突。一般来说，冲突层次越深，涉及因素就越多，情感卷入程度越高，矛盾就越复杂，解决起来也越难。如一味地去避免冲突的发生，会让大学生的人际关系模式陷入更加困难的状态。

2. 冲突处理过程中引起的负性情绪

冲突不是一种静止的状态，而且一个动态的过程。在这个过程中，冲突双方的认知、情绪和关系都可能发生变化。在冲突潜伏阶段，可能导致双方冲突的客观条件已经基本具备，但为了避免关系的恶化，冲突的双方更多会将由关系变化引起的各种情绪变化，埋藏在自己心里。如故事中的君君，尽管她很愤怒地表达对同学们给她取绰号这件事情是在一个时间点上，但之前在她心里其实已经对这件事情"忍了又忍"。当双方认识到他们之间的差异，而且认为不能相容时，很多情绪就开始显露。当双方开始分析冲突的性质时，思考应对策略，这个过程中一些情绪性的反应（如紧张不安、不舒服、愤怒等）开始用外显的方式表达。这时，双方可能发生言语上的争执、情绪上的对立，甚至行为上的对抗。

3. 冲突处理失败带来的关系恶化

人际冲突虽然并不会导致人际关系的破裂，但如果双方不能很好地解决彼此之间面临的问题，则有可能导致人际关系的恶化。

当处在冲突当中的大学生关系开始出现裂痕时，沟通质量就会下降，此时双方谈话会高度注意、高度选择，并都指向减少彼此的紧张和不一致。冲突中的好朋友会小心翼翼地选择语言表达的方式，生怕对方误解其中的真正含义。这种谨慎带给大学生很强烈的"约束、不自在"的感受。很多人都不愿意关系停留在这个阶段，迫不及待想做点什么改善这样的关系。

当冲突的双方开始放弃增进沟通的努力，人际关系的气氛变得冷漠，如君君与 B 的关系，进入了冷战阶段。此时她们已不太愿意进行直接的谈话，因此会尽量减少两个人共处与碰面的机会，就算是不得已同处一室，表现出来的态度也是缺乏热情。如果这种冷战的状态无法得到缓解，冲突的关系很有可能面临终止。关系的终止可能是立即完成的，也可能拖延很久。随着彼此相互交往的隔断，或彼此利益依存关系的解脱，冷漠和逃避的关系状态将会转变为关系的最后终结。

对于人际关系来说，冲突可以带来挑战，也可以带来机遇。冲突的负面功能主要表现在：由于心存芥蒂，使得双方沟通不良，情感隔膜，甚至相互诋毁，相互拆台；或者由于互不相让、恶意攻击导致双方关系破裂。但是，冲突也可以有很强的正面功能，这类似于俗话说的"不打不相识"。正面功能主要有：一方面，双方把隐藏的不满、误解公开表达出来，可以通过辩论而得以澄清、化解，从而消除隔阂，增进理解，加深关系；另一方面，双方把各自的看法及其理由摆出来，通过建设性的争论，可以形成"头脑风暴"，彼此激发新思想，最后找到解决问题的更好方案。

第三节　交往能力的提升——柳暗花明又一村

用大篇幅谈论大学生人际关系的困惑，其真正的目的是在认识困惑的基础上，寻找提升大学生人际关系的途径。

一、提升人际品质以完善社会支持系统

良好的社会支持有利于个体获得社会资源，增强自信心，为个体提供归属感。觉察自己和他人的社会支持特点以及社会支持的不足，能为自己获取社会支持或给予他人需要的社会支持提供讯息。科恩（Cohen）和威尔斯（Wills）（1985）根据社会支持所提供资源的不同性质将社会支持分为四类。

其一，情感支持：指个体的价值、经验等受到他人的尊重、称赞和接纳，又称做表现性支持、自尊支持，行为表现如提供尊重、情感、信任、关心和倾听等。

其二，信息支持：指帮助个体界定、理解和应对问题。这个功能通常称为忠告、评价支持和认知指导。其行为表现包括肯定、反馈、社会比较、建议、忠告和指导。

其三，友谊支持：是指与人交往，受人接纳，有所归依，能够帮助个体实现与他人合群与交往的需要，使他们能够从生活困境中解脱出来，保持积极的情感状态。这也可称为弥散支持和归属感支持。其行为表现如娱乐活动、与人来往或共度时光。

其四，工具性支持：提供财力帮助、物质资源或所需服务等。这也可称为物质支持和有形支持。其行为表现包括提供钱物、劳动、服务或直接帮助个体解决问题。

更重要的是，每个人要提升自己人际交往的核心品质，这样才能立足于良好的人际关系中。在关系中，希望被怎样对待，自己首先要学会用那样的方式去对待别人。

大学生可以通过提升自身的人际交往品质，达到完善自身的社会支持系统的目的。这些品质主要体现在以下几个方面。

（一）真诚

俗话说"以诚相见，心诚则灵"。真诚作为人性的第一美德，通常被认为是人际交往中最有价值、最重要的品质。美国心理学家安德森（Anderson）设计了一个人际品质相关的词汇表格，列出了 555 个描写人品的形容词，让大学生选择出最喜欢哪些、最不喜欢哪些。结果排在最前面、受人们喜爱的 6 个品质是：真诚、诚实、理解、忠诚、真实、可信，而这 6 个品质或多或少、直接或

间接地同真诚有关；而排在序列最后、受欢迎程度最低的几个品质：说谎、装假、不老实、不可信等，也都同真诚相关。由此可见真诚在人际交往中的重要意义。

真诚的基本含义是诚实无欺，真实无妄，既不自欺，也不欺人。不自欺是自我坦荡心境的展现，是指在人际交往中，对自己的需要和行为有理性的认识和是非的判断，不浮夸、不掩饰，真实地呈现自我的个性、品质、能力、需要等，能做到前后一致，言行一致，表里如一。这样在交往的过程中，更容易建立人际交往中的信任关系，减少人际交往过程中的误解，让人际交往更加顺畅。不欺人是指对待他人忠诚，诚实守信，能践行自己所承诺的约定、协议等。在交往的过程中，抱着心诚意善的动机和态度，交往的双方能相互理解、接纳、信任，从而使关系得到巩固和发展。

打开心扉，让人与人之间的沟通变得更容易，这里的打开心扉是指人际交流中的自我表露。真诚需要自我表露。自我表露指的是个体与他人交往时，自愿地在他人面前将自己内心的感觉和信息真实地表现出来的过程，表露的内容包括生活经验、个人情况、感觉、观点等。许多研究表明，允许别人了解自己的真实自我，不仅关系到个体与他人的关系，也关系到个体的心身健康状况及其社会适应性。

掌握好适度的自我表露非常重要。表露对象的选择要适当，对重要的他人相对要提高表露，而对社会中的其他人因亲密程度的不同，表露程度也不同。随着亲密程度的增加可以提高自我表露的程度。当然表露的内容也要考虑可能产生的后果。在人和人的关系中，自我表露也是一门技术。

在人际交往中，有些大学生在真诚待人但却换来虚情假意的对待。这时大学生很容易怀疑"在这个时代，真诚过时了吗"，开始怀疑真诚待人的品质是否可靠，有的人甚至受此影响，改变自己的心性。事实上，真诚待人确实无法保证百分之百地换来真心，但如果做一个百分比的比较会发现，真心换来诚意的比例要远高于真心遇见虚情假意的概率。另外，真诚待人的同时，要提高对人的辨识能力，也是对自身真诚的一种保护和捍卫。

（二）尊重

渴望得到尊重是每个人的基本心理需求。大学生在交往中都期待从别人那里得到尊重和关心，在获得尊重之前，首先得让自身有能力表达对他人的尊重。尊重是建立在能平等对待交往双方的态度基础之上的。每个人都有自己独立的人格，做人的尊严和平等的权利和义务，人与人之间的关系是平等的关系。在交往过程中，无论对方职务高低、知识多寡、能力大小，都没有高低贵贱之分，在人格上都是平等的。当大学生拥有这种平等意识后，在人际交往中，就可以避免把人看得高人一等或把人看得一文不值等。

在平等的基础上，尊重还体现在，尊重交往双方的差异，减少伤害对方自尊的行为。每个人都有属于自己的自尊、人格、习惯、情感与隐私，很多时候这种差异会引起大学生心中的不快。而真正的尊重，是大学生发自内心地认同这些差异性。学会对他人生存状态的尊重，是不妄自对他人的各种差异进行简单的对错、好坏评定。当对冲突或对错事件评估时，应采取就事论事的态度，而不是将事件上升到人格的高度进行处理。某些不合适、不合理的行为并不完全代表这个人的全部。这本身也是尊重对方很重要的内容之一。例如，同宿舍的两个同学因为一些小事产生矛盾，尊重对方的处理方式是避免说"你这个人最自私，根本不管别人的死活"之类伤人自尊的话，而是针对具体的事件、具体的行为来展开。

（三）宽容

《大英百科全书》对"宽容"的解释是："宽容即容许别人有行动和判断的自由，对不同于自己或传统观念的态度可耐心公正的容忍。"宽容首先表现在容人之长。在交往中，如果对别人的长处无法泰然处之，容易造成人际间微妙的嫉妒心理。而宽容之心能助人做到取人之长补己之短，达到人与人之间的相互促进。宽容其次表现在容人之短。在交往中，苛刻的人喜欢盯着别人的短处不放，久而久之，这种苛刻会让大家对他"敬而远之"。宽容最后是表现在容人之过。"人无完人，孰能无过"，所以在人际关系中自我与他人都不可避免地会产生差错。因此容人之过，用宽容去对待自身的"不完美"和对方的"过错"，也是宽容的重要内容之一。

二、学习交往的艺术以减少人际摩擦

心理学家发现（D. Myers，1990），认清人际冲突或分歧的本质，并学会建设性地处理分歧或冲突，可以有效减少人际关系恶化和破裂的发生。

（一）提升同理能力

通俗地讲，同理能力是指一个人理解他人的想法，感受他人感受的能力。

一个人是否具有同理能力，不仅影响他的人际关系，也影响自己的心态和可持续发展。在人际交往中具有同理能力、能运用同理的能力获益最大的就是自己：能设身处地地为别人着想，可以让自己在交往中减少很多不必要的麻烦。对别人最大限度的理解和体谅也会为自己赢得别人的理解与宽容的机会，会使大多数人以同样的体贴、关心、温暖的态度与自己合作，从而拥有更好的人际关系和更强有力的社会支持。

面对一个有点郁郁寡欢或紧张不安的刚入学的新同学，具有同理能力的人会想，"他是不是不适应新环境，或生活上遇到了比较不顺心的事"或"不知道是什么原因让他郁闷或紧张"。而缺乏同理能力的人会想，"他凭什么要表现得这么可怜"或"都上大学了有什么好抑郁的，抑郁又没有用"。

面对一个成绩不好，很努力但几乎没有什么进步的同学。一个具有同理能力的老师会想，"是不是有一些事，让他学习效率变差；是不是因为发生了事，满脑子被事灌满了无法学习"。而缺乏同理能力的老师可能就会想，"这么笨的学生，天天看他在学习，还这么差，当初不知道怎么考进来的"。

希望被怎样对待
首先学会自己用这样的方式去对待别人.

如果没有同理心，大学生将无法以任何有意义的方式和其他人产生连接，也不会想要关心他人。这样每个人都将过着孤独的生活，思想会和情感分离，每个人都成为小岛，没有"理解的桥梁"来连接他人。

同理心是每个人天赋才能的一部分，是大自然赠予的礼物。人类个体的同理心在婴幼儿时就鲜明地表达出来了。听到其他婴儿号啕大哭，新生儿也会开始大哭，即使他们还不具备理解这些感觉的认知能力。两个月大时，当婴儿看到其他人的眼泪，也会开始哭泣。3个多月大的婴儿，则能够依据妈妈快乐、悲伤、生气的脸色，改变他们的脸部表情。4个月大的婴儿看到笑脸时会露出快乐的笑容。

可是，随着在社会环境中长大，个体的同理心却随知识的增加、思辨能力的提高等而逐渐减弱了。大学生不仅需要找回天赋的同理心，还要学会提高和表达同理心。

要让自己变得更具同理心，试着学会从别人的角度看问题，也就是进行换位思考，即学习换到别人的角度和位置做思考；同时，去感受别人的感受。

心灵小贴士

外套的实验

有一个小的体验式活动，给大家带来了深刻的感受。这个活动是这样操作的，在某个课堂上，让穿外套的同学，将外套脱掉，在脱外套的过程中，记住是先脱左手还是先脱右手，脱完后再穿上，同样记住左右手的先后顺序。随后，按照与自己原来习惯的方式相反的顺序再操作一遍，很多人发现，特别不舒服。现实生活中，许多人际间的冲突就像这个穿脱衣服的活动所呈现的那样，几乎无法用对错来判定，只是每个人拥有不同的"个人版图"。这种习惯在自己身上是顺理成章的事，而换成他人可能就是一个不适应、不喜欢，甚至是无法接受的。因此，运用同理，学会换位思考是提升人际交往能力的重要环节。

(二)学会倾听

潘石屹说过这样一段话："大多数情况下，当一个好的听众，欣赏别人的表现，就是建立人际关系的第一个好办法。有些人担心，别人说话自己不说话，表现的机会就给了别人，别人对自己就不会留下印象了。正是这种想法，导致人人都争当发言者，这个世界就变得吵吵闹闹了。倾听者稀少了反而更显珍贵了，我还是觉得当一个令人愉快的听众比较好。"

潘石屹的话总结出人际交往成功的秘诀——学会倾听。从繁体的"聽"来看"倾听"所需要的元素：带上你的双眼、耳朵和一颗专注的心去倾听。倾听是一个复杂的心理过程，包括了接收—理解—记忆—评估—反应五个阶段。倾听的第一个阶段是接收信息，也就是经由感觉器官接收外界的刺激。倾听不仅包含接收对方传达的口语内容，同时也包含注意对方的非语言信息，如肢体语言、面部表情等。倾听的第二个阶段是理解信息，也就是了解对方传递信息的意义，除了必须注意对方所表达的意见和想法之外，也必须了解对方言谈时的情绪状态。倾听的第三个阶段是记忆信息，亦即将我们所接收与理解的信息，停留在脑海中一段时间，人们的记忆并不是信息的完全复制品，而是以自己的方式，重新组织所接收到的信息。倾听的第四个阶段是评估，亦即判断说者内心的意图，人们除了必须理解、记忆说者所传递信息的表面意义之外，也必须进一步推测这些信息的潜藏意义。大学生在听别人说的过程中，要给予听者全然的注意力。在日常交往中，一边处理别的事情，一边听人讲话，自然就做不到全然的注意了。当大学生能做到全身心地倾听另一个人讲话时，这正是传递对说者尊重的最重要的一种方式。在听的过程中，学会使用双眼进行眼神的交流，同时通过对对方的注视，能观察到说者的各种非语言信息。

倾听的最后一个环节是听者将自己所听到的内容，以自己的方式或词汇简洁地重述，以确定自己接收和理解的意义正是对方所欲传达的意思。如当一个好朋友哭诉自己刚刚失恋，许多人面对这样的状况总是说："别哭了，别哭了，就那样的男孩子，下次找个比他更好的。"不管是寻求安慰的同学还是给予安慰的同学都会觉得有哪里不对劲，听完之后心里并没有觉得更舒服。这是因为如果听者能从倾诉者的语言和行为中发现对方的失落、伤心、委屈，能先让对方把话说完，并从语言上、情感上给予倾诉者一些支持，如"听起来，跟他分手了让你特别舍不得"类似这样的语言就感觉贴心多了。而这些准确的语言表达，都需要有用心倾听作为前提条件。

从家庭心理治疗大师萨提亚的《连》可以看到倾听的重要。

连

萨提亚

在我心底里，我相信

任何人所给我的最佳礼物

是

他们能看着我

听着我

了解我

同时

感动着我

我也相信

我所拥有的最佳献礼

是

去看、去听、去了解

去感动他

当这些都完成了

我可以感觉到

有形的你我

已无形地连在一起。

（三）善用赞美

威廉·詹姆斯说过"人性中最深切的秉质，是被人赏识的渴望"。每个人都有被欣赏、被鼓励、被肯定的心理需求。塔尔·本·沙哈（Tal Ben Shahar）提到一个观念：如果没有分辨地赞美别人，无论在心身健康方面还是成功等方面，从长远来看害人比帮人更多。所以诚恳的赞美以及有分辨的、具体化赞美是赞美的要素。

诚恳的赞美的含义是赞美应该是发自内心真正的认同与欣赏。有分辨的赞美是指赞美需切合语境和得体妥帖。它也是赞美的一个重要原则。所谓切境得体，就是要求赞美与表达时的语境要适合，并且能够选择最佳的表达手段或方式，以取得最佳的赞美效果。如果你赞美一位大学生女生"身材健壮"，估计很少有人听到这样的赞美会觉得高兴。

将赞美具体化是赞美的重要方式。具体化的赞美意味着深入的关注，只有用心而认真地观察对方，才能说出他的优点，说的越具体，表明你越关注对方。当听到别人夸奖自己"真棒""真漂亮"时，他内心深处立刻会有一种心理期待，想听听下文，以求证实："我棒在哪里""我漂亮在哪里"。此时，具体化的表达，如"你真棒，能想到这么妙的主意"；"你真漂亮，一双大眼睛会说话"，能让人接收到赞美的真诚。要想让你的赞美效果倍增，就要学会具体化赞美，具体而详细地说出对方值得称道的地方，既能让对方直接感受到你的真诚，也能让你的赞美之词更深入人心。

通过赞美使对方获得希望尊重的心理需求，加强了对方对自己的认同感、信任感，使双方在感情上产生共鸣。巧妙地赞美对方的各种长处，会极大地鼓励对方的积极性，从而协调并融洽对方与自己的关系，以达到理想的合作效果。

第八讲

爱情花开——恋爱心理面面观

爱情的美只能在感动中得以体会,那是一个充满了想象与超脱现实的生命体验。

爱是亘古长明的灯塔，它定睛望着风暴，却兀不为动，爱就是充实了的生命，正如盛满了酒的酒杯。

——泰戈尔

等，一个美丽的错误

不知从哪一年起，似乎已是很久，他和她一直在等待着，企盼着。

他和她考上了同一所大学。他在物理系，她在中文系。在一次圣诞晚会上，他和她擦肩而过。他英俊、潇洒的绅士风度赢得众多女生的青睐。她优雅、清秀。每支舞曲，她总被男士们抢着邀请。他只是静静地、默默地在远处看着她，露出那醉人的微笑。她期待着他走向她，邀她翩翩起舞，他则静候着她和一个个舞伴跳至曲终。

大学毕业时，他没有"女朋友"，她亦没有"男朋友"，他的"哥儿们"和她的"姐儿们"都感到不可思议。一个读哲学的他俩的中学校友在一次同学聚会中听到他们的消息，便给两个人分别寄了一本弗洛姆的《爱的艺术》，并在两本书"序言"的同一段话下画上红杠。那段话是说，大多数人实际上都是把爱的问题看成主要是"被爱"的问题，其实，爱的本质是主动地给予，而不是被动地接受。他和她都如饥似渴地读完那本书，都为之失眠。

新年的第一天，他和她都意外而惊喜地收到对方同样的一张贺卡。

那别致的卡片上，一只叩门的手中飘落下一片纸，上面写着：我喜欢默默地被你注视着默默地注视着你，我渴望深深地被你爱着深深地爱着你。

（摘自：http://www.fjcjg.com.cn/html.）

当大学生踏入大学校园，接下来的日子，可能会遇到如下几个无法回避的问题：爱情是什么？爱情最终的组成关键是什么？什么是爱情的头号杀手？这些问题或许过于简单，但想要得到满意的答案却又非易事。又或许，根本就不存在标准答案。有位老师曾问过身边的同学上述的 3 个问题，有人认为"爱情没有特别的定义，'当我爱上'，那就是了；付出是爱情里最重要的成分；时间则是爱情的头号杀手。"也有人认为"爱情就像水，没事多喝水，多喝水没事，没水喝别的，总有替代品……热情是爱情里最重要的元素，等水都变成了水蒸气，再找新的水继续喝；爱情的头号杀手是'我这么爱你，你怎么可以……'"。上述对爱情的关键字检索的结果，看似有些调侃，但却也真实。

本章内容将检视上述这些问题，并通过了解社会学、心理学对爱情的看法再次品味这个滚过 5000 年的产自伊甸园的苹果。在本章的最后还会和同学们一起讨论一个引起大家广泛兴趣的问题：爱能持久吗？希望在读完这一讲的时候，大学生对爱情会有一个更好的理解。

❀ 第一节 爱之 ABC——爱情是什么 ❀

一、爱情的含义

爱情是绝大部分大学生人际交谈的核心话题，在社会学家、心理学家的眼里，爱情又会是什么呢？

海德（Heider，1958）认为爱情是强烈的喜欢。古德（Goode，1959）将爱情定义为两个伴侣之间强烈的感情倾注，包括性欲望、温柔体贴的成分。鲁宾（Rubin，1970）认为爱情是可以被测量的独立概念，可视为一个人对特定他人的多面性态度。柯林斯（Collins，1994）将爱情视为自发性、对称的，爱情中的双方彼此相互依附，这种爱情关系中双方互惠式的依附强烈而密集。

尽管对爱情的定义，每个学者都有自己的看法，但总体而言，不难看出爱情双方由于情感上的相互喜欢、互相吸引及依赖，进而交往，成为感情倾注的对象，并从双方互动的过程中，使恋爱的双方获得满意的互惠。而这个互动的关系造成的结果，可使双方摆脱孤独、获得学习与成长。

二、为何需要爱情

记不得从什么时候开始很多人似乎开始不相信爱情，是这个世界太过浮躁了吧，浮躁到没有心去认认真真经营一场关乎一生的感情；是现实太过于现实了吧，海水一冲，沙滩上的爱情便没有了踪影。然而，这并不能掩盖每个人内心对于爱情的渴望，看着身边的朋友，听着那些故事，情窦初开的大学生忍不住在心里问：为何需要爱情？

爱情是"亲密关系"的一种表现形式。"亲密关系"是指互赖性较高的人际关系，这种关系可以存在于亲子、兄妹、好友、情侣及同事间，其主要特征可归纳为：一是两人有长时间频繁的互动；二是这种关系中包含多种活动或事件，共享很多共同的活动及兴趣；三是两个人相互影响力很大，爱情关系中包括了上述三种特征。

依据埃里克森的心理社会化发展理论，大学生正处于"友爱亲密对孤独"（18～30岁）阶段，发展亲密感是这一时期最为关键的要务。在这个阶段，大学生有着强烈与他人进行深层次交往，并保持一种长期友好关系的愿望，这当中也包含了渴望拥有一个蕴涵爱意的关系。大学里越来越多公开化的恋情，也证实了这一点。

著名的人本主义心理学家马斯洛，在其"需要层次理论"中提及了"感情的需要"，他认为这一层次的需要包括了友爱的需要，即人人都需要伙伴之间、同事之间的关系融洽或保持友谊和忠诚；人人都希望得到爱情，希望爱别人，也渴望接受别人的爱。因此，渐渐长大的大学生，在生理与安全得到满足之后，越发渴望一份感情，一种归属感。

这些似乎都在指出，爱情是一种源自本能的需求，是个体生命过程中不可或缺的一个节点。尽管有人把爱情分门别类，提出各种关于爱的定义，但是谁也没法抓紧爱情这只"暗房里的黑猫"。

三、爱情的理论

爱情的现象可以去理解，可以去描写，可以去解释，可以去研究，但爱情的美只能在感动中得以体会，那是一个充满了想象与超脱现实的生命经验。为什么一个人可以那样的去爱另一个人？或许可以在各式各样的爱情理论中找到些许答案。

(一)爱情三元论

心理学家斯腾伯格提出了一个著名的爱情理论——"爱情三角形论"。他认为构成爱的要素有三种，并把这些要素形象地比做三角形的三条边——激情、亲密和承诺。

激情包括强烈的情感表现，由于他人强有力的吸引，对他人产生强烈的、着迷的想法。许多人感到有与对方形影不离、朝夕相处、谈话和做爱的持续的欲望，在激情关系中的人们常常感到全身心地投入，有时导致不计后果的行为，正所谓热恋让人迷失双眼。

亲密之爱是一种真正喜欢对方和渴望与对方一起建立更有凝聚力的和谐关系，包括把自己的生活以坦诚、不设防的方式与对方共享，信任、耐心和容忍是重要的特性。亲密没有激情强烈，但能促进人们相互的亲近，让人们产生人际的温暖，它使得爱情得以天长地久。

承诺则与时间直接有关，包括做出爱一个人的决定，并伴有强烈地维持长期爱情的愿望，感人的爱情不能缺少内心的表白和海誓山盟。在爱情关系中双方生活在相互的、稳定的、持续的和确定的情感气氛中，努力巩固他们的联盟。

这个爱情三角形告诉大学生什么是理想的爱情，更大的意义在于让那些陷入情感困惑的人们去判别自己的情感生活，为情感生活提供一个理智的知音。

根据这三个成分在爱情中的多寡情况，可以把人类的爱情关系区分为 8 种类型(见表 8-1)。

表 8-1　爱情的类型

向　度 元　素 爱情类型	情感向度 亲密元素	动机向度 激情元素	认知向度 承诺元素
完整之爱	高	高	高
空爱	低	低	高
喜欢	高	低	低
迷恋	低	高	低
友谊之爱	高	低	高
浪漫之爱	高	高	低
荒唐之爱	低	高	高
无爱	低	低	低

现实中，人们的情感生活都是爱情的三种成分的组合形式，不同的组合方式出现了不同的爱情类型。只有亲密一种元素，仅能称为喜欢，却无意表现忠诚，没有激情，没有诺言；只有激情的爱是疯狂的火焰，来势迅猛，不可阻挡，盲目、感性、短暂，潮涨后很快是潮落，潮落后常常会有火焰灼伤的刺痛；只有承诺的爱，没有激情、没有亲密而仅有信誓旦旦的承诺是不可想象的。而如果仅有两种元素，只能构成一个夹角，不能形成三角形，延伸出的是无限的不确定。

(二)爱情类型论

加拿大社会学家李(Lee，1973)使用一个色轮的类比作为建立其爱情类型学概念的骨架，三原色映射出三种主要的爱情风格：激情型、游戏型和友谊型。三原色的合理混合产生爱情的合成色：实用型、占有型和利他型。因此，他将男女之间的爱情分成六种形态：情欲之爱、游戏之爱、友谊之爱、依附之爱、现实之爱及利他之爱。

情欲之爱：建立在理想化的外在美，是罗曼蒂克、激情的爱情。

游戏之爱：将爱情视为一场让异性青睐的游戏，并不会将真实的情感投入，常更换对象，且重视的是过程而非结果。

友谊之爱：是指如青梅竹马般的感情，是一种细水长流的、稳定的爱。

依附之爱：是具有强制性、排他性高、对情感需求非常大的爱。

现实之爱：是倾向于考虑对方的现实条件，以期让自己的酬赏增加且减少付出的成本的爱情。

利他之爱：是一种将爱视为奉献、付出、不求回报的爱。

除此之外，另一名社会心理学家埃伦·伯奇德认为爱情有四类：依恋之爱、温情之爱、伴侣之爱和浪漫之爱。

依恋之爱：是以寻求接近一个保护者为特征，通常是在危险的情境下。

温情之爱：是一种利他的爱，它以他人的幸福为中心，并且不期望他人的回报。

伴侣之爱：是指人们之间的友谊，它是建立在奖赏—惩罚原则的基础上。如果某人被另一人很友好地对待，那么他或她会倾向于喜欢那个人；反之，如果某人被另一人恶劣地对待，那么，他或她会倾向于讨厌那个人。

浪漫之爱：是一种含有较强性渴望的激情之爱。

在爱的关系中，学会关怀、责任、尊重对方，会让爱情之花开得更加艳丽。

介绍了这么多关于爱情的种类，大学生是否可以试着回顾以往或者现有的爱情，看看自己的爱情属于哪一类型呢？

四、爱情还是喜欢

经常在大学校园里听到下面这样的对白。

女生："你爱我吗？"

男生："我很喜欢你。"

女生："那你到底喜不喜欢我吗？"

男生："我不是说很喜欢你吗？"

爱情等于喜欢吗？爱情与喜欢的差别在哪里？心理学家希德（Sid）认为，所谓爱情就是强烈的喜欢，二者之间本质相同，差别只在量上。所以，爱情＝非常喜欢。

心理学家鲁宾（Rubin）对爱情与喜欢进行了研究，他认为，喜欢的两个最主要因素，一是人际吸引的双方有共同的理解，二是喜欢的主体对所喜欢的对象有积极的评价和尊重。而爱情最重要的三个因素是：一是依恋，卷入爱情的恋人在感到孤独时，会高度特意地去寻求自己恋人的陪伴和宽慰，而别人不能有同样的慰藉作用；二是关怀与奉献，恋人之间会彼此高度关怀对方的情感状态，感到使对方快乐和幸福是自己的责任，并对对方的不足表现出高度的宽容；三是亲密，被爱情所击中的恋人，不仅有着对对方的高度信赖，并且有特殊的身体接触的需要，恋爱之初，这种身体接触需要是泛化的高度依恋需要的反映。

通常，成熟的青年人可明确区别爱情与喜欢，但对于刚进入青春萌动时期的大学生而言，由于依赖、尊重、喜欢与新出现的性，意味着朦胧爱情还没有出现高度分化，因而常把爱情与喜欢混淆在一起。

心灵瑜伽

你对他/她的感情是爱情还是喜欢

下面这个测验可以帮助你分清"雾里看花，水中望月"般的爱情：请选择一个对象，每一题分别给予0分（不同意），1分（还好），2分（同意）。

1. 他情绪低落的时候，我觉得我有责任使他快乐起来。
2. 我们两人在一起时，都很想做相同的事。
3. 我在所有的事情上都可以信赖他。
4. 我认为他很棒。
5. 我很容易就可以不在乎他所犯的错误。
6. 我愿意推荐他去做重要的事。
7. 我愿意为他做所有的事。
8. 我认为他是个很成熟的人。
9. 我很希望他是我一个人的。
10. 我对他很有信心。
11. 如果不能和他在一起，我会觉得很痛苦。
12. 我觉得每个和他相处的人，都会对他有好印象。
13. 当我感到孤单寂寞时，第一个想要找的人就是他。
14. 我觉得我们两个很相像。
15. 我很关心他是否过得幸福。
16. 不论在班上或社团里，我都愿意投他一票。
17. 当和他在一起时，我发现我会什么事都不做，只是用眼睛看着他。
18. 我觉得他很容易在众人中得到尊敬。
19. 若他也能完全信赖我，我会非常快乐。
20. 我认为他十分聪明。
21. 若没有他，我会觉得很难一个人活。
22. 我觉得他是所有我认识的人中，非常讨人喜欢的一个。
23. 我会原谅他所做的任何事。
24. 他是我很想向他学习的那种人。
25. 我觉得他的幸福是我的责任。
26. 我觉得他非常容易赢得别人的好感。

做完后请将单数题与双数题分别加起来，前者代表"爱情"后者代表"喜欢"，也就是说，较多分数的那一个，表示你对他的感情以此类的成分居多。

（陈永琴：《大学生心理健康教育》，哈尔滨，哈尔滨工程大学出版社，2010）

五、爱情还是友情

当友情发展到一定阶段的时候，有种错觉：觉得这就是爱情。一字之差却是那样微妙。跨越了界限也许会彼此痛苦，可若明明心里都有彼此却都不愿意破坏那种暧昧的感觉又太伤神。相互吸引的两个异性之间，到底是恋人还是朋友呢？大学生可以试着从以下几点加以区分。

（一）排他性

排他性是区别友情与爱情的主要标志。人际感情中亲子爱、同胞爱和友爱都是不排他的。异性朋友之间的交往，既可以个别交谈，也可以有他人在场，不加忌讳，这种关系原则上讲并没有超出友情的圈子。但是，如果有意无意地总想两个人在一起，又想躲开朋友和熟人，则说明人际关系可能已从友情偏向了爱情，或是在爱情和友谊之间摇摆。这是区分爱情与友情的重要尺度。

（二）相互的参与性

爱情的另一个特点是彼此的参与性。即一方对另一方产生了爱情，就容易用自己心中的异性形象模式去要求对方，想使对方的形象变成自己的一部分，故自觉不自觉地干涉对方的风度举止和打扮。可以说，如果一个人心目中的异性，已经变成自己的一部分，那就意味着他/她已经离开了友情的轨道，或将要陷入爱的情网。

（三）爱情的冲动性

彼此友情很深的朋友，有一段时间没见面也会有一种想见面的感情，但这种感情与情人之间的接近、亲切感是有本质的区别的。爱情的冲动性是一种不顾一切的、持续不断的接近欲望。如果对对方感到有一种欲求相见而不能的焦虑、不安乃至精神恍惚，而且当与异性见面时，尽管无话讲也宁愿默默厮守在对方身边，这说明已产生爱情。

第二节　爱之维系——呵护你的爱情花朵

"人生一点儿也不麻烦，麻烦的是爱情"，暗恋、追求、写信、等人、约会、相思、留恋、变心、分手……没有一样不麻烦，可是大学生的内心深处还是对恋爱充满了深深的渴望。爱情如此让人心驰神往，有时却又让人痛苦不堪。爱情犹如修行，有时需要经历多种磨难，终能修成正果。

一、恋爱轨迹

回想从相识到相知到相恋，恋爱的轨迹清晰可寻。爱情在发展的程式中充满变化，置身于爱情中的大学生们将会品尝各种"酸甜苦辣"。爱情令人期待又怕受伤害，但多数人都不愿放弃。在每个发展的轨迹点上，爱情会呈现出各异的面貌。爱情的发展轨迹是什么？通常说来，爱情会经历接触期、探索期、评估期、亲密感形成期、承诺期。

(一)接触期

在充满罗曼蒂克情怀的接触期内，相识不久的两个个体通常会因神奇的化学反应般的吸引力将两个人犹如磁铁般紧紧拽到一起，似乎双方都有一种一见如故的感觉。这种感觉通常可表现为一种强烈的刺激感，又或是一种让人无比惬意的舒适感。别小看这不经意间产生的感觉，它正是迈向爱情领域的起始点。

多数人在提及接触期时，立马会联想到外表吸引力。毕竟，发生在体内的生理性化学变化的能量是非常强大的。当大学生遇见一个让自己有性冲动的人时，心跳加快，血液沸腾，浮想联翩。双方在接触期内形成的关系是多水平的，表现为心有灵犀、个性相合、心心相印。

在此需指明的是，频繁的接触并非爱情。个体间的接触是任何关系发展的基石。大学生一生当中可以和无数的人接触，但只有经历过以下几个阶段之后，才能真正知晓真爱是否降临。

(二)探索期

探索期就是"逐步了解对方"的阶段，如在大学校园里，常会看到有的同学每天煲电话粥至深夜、双方在散步时谈论各自的童年，在约会聚餐时袒露各自的愿望与梦想等。随着双方信息的共享，两个人会逐步深入地了解对方。探索期是爱情轨迹中非常重要的一个阶段，因为在这一期间内所获得的有关对方的所有信息，会帮助你审视对方与自己的最终匹配度。

在探索期内，有两点是需要注意的。

第一，摘去浪漫的有色眼镜。

处于探索期的恋人们起初往往会被双方散发出来的魅力、各自的优点蒙蔽审视的眼睛，觉着对方是如此完美，如此地适合自己。即使有时明知对方存在一些瑕疵，但为了眼前那份浪漫，那份暂时的幸福感，于是便戴着浪漫的有色眼镜忽略了那些不完美。

第二，关注事实。

试着从内到外地去了解恋爱关系中的双方，通过了解双方的过去、现在及对未来的规划，关注事实，较为完整地认识对方。在平时沟通过程中，可尝试着询问对方以下的问题。

首先，关于基本情况的询问（如住哪儿，喜欢的娱乐项目是什么，养宠物吗等），有助于大学生了解对方的生活习惯及风格。

其次，询问对方的偏爱事物（如喜欢音乐吗，喜欢何种音乐，喜欢吃的食物是什么，爱看什么类型的电影，喜欢旅游吗等）。

再次，询问对方的过去（如在哪儿长大，在哪儿念的书，拥有一个怎样的童年，为什么选择这个专业，有兄弟姐妹吗等），这有助于大学生知晓对方的过去。

最后，询问对方的梦想与愿望（对方想要什么，有怎样的目标，什么对对方而言是重要的等），有助于大学生穿越交往的表层逐步走进对方真实的世界和未来。

除了沟通交流之外，还可通过观察的方式间接了解对方。例如，观察对方的交际方式，如何对待身边的人（服务员、出租车司机等），观察对方和好朋友在一起时的言行，这有助于你了解对方的行为模式及内在本质；观察恋爱双方在一起时的表现，对方是否处事大方，"谢谢"是否挂嘴边，是否会经常打断对方说话，是否会履行自己的承诺。

由此可见，身处探索期的恋人们，应尽可能地通过各种途径获取可以认识对方的有效信息，成为判别对方是否适合自己的评价标准。

（三）评估期

假设恋爱双方已顺利通过探索期阶段，并决定进一步发展下去，接下来双方将进入评估阶段。凭借之前搜集的信息，双方在评估期内就会权衡这段感情的利弊，判断是否进行持续性的感情投资。这似乎看起来有些过于理性，像是在做股票投资前的市场分析，但这恰是爱情轨迹中不可可缺的一个环节，换言之，很大程度上决定了一段感情的持续性、稳定性。

当一方对另一方痴迷时，评价他/她的完美就显得较为容易。然而我们或许应该进一步审视这段感情，展望未来；思考在激情及新鲜感退却后，双方关系会朝着怎样的方向发展。

（四）亲密感形成期

经过评估期之后，彼此发觉这段恋爱关系应继续下去，接下来就进入了亲密感形成期。经历这个阶段会使得彼此关系更加深入，也是从"个体我"逐步转变为"我们"。所谓"亲密感"本质上是"我让你'进入我生活及内心世界'"的程度，是情感与彼此人际互动程度的体现。亲密感是一把双刃剑，它可能会使得人变得脆弱，但对所爱的人而言，正因这份亲密感，他/她才能心安理得地敞开心扉，袒露心声。拥有了亲密感，即使两人相处时什么话也不说，也能享受这份彼此的沉默。

　　在亲密感获取前，恋爱双方都生活在各自独立的世界里，也就是"你的世界"和"我的世界"，而"我们的世界"则是由双方共同的思维、感受、观察、幻想及愿景构成的。因此，分享彼此的秘密、感受、快乐、害怕、关心、梦想、忧伤、痛苦，显得尤为重要，这将有助于亲密感的建立。

(五)承诺期

　　承诺是"我认为我要这份关系"向"我知道我要这份关系"的转变，是双方由不确定变为确定，从犹豫转为行动，从"可能"化为"一定"。双方在经历评估期及亲密感建立之后，从而愿意做出承诺。这个承诺不仅是给对方的保证，也是对自己与生活做出的选择，选择与对方一起谋划彼此的未来，并付诸行动。承诺是相互信任的基础，基础打得越扎实，彼此的关系越朝着稳定与坚固的方向发展。

　　以上所阐述的恋爱轨迹的五个阶段，并非每段恋爱都会经历所有的阶段，可能会在其中一个阶段戛然而止，也可能在某个阶段停滞不前。倘若两人能成功处理各阶段中出现的各种插曲，才有可能继续往下一个阶段进发，当然这都需要双方投入更多的分享与交融。

二、倾听爱的"五种语言"

　　在许多恋爱关系中，许多人按照自己的意愿给予对方爱，很有可能这并不是对方所需要的爱，因此在恋人之间造成某些矛盾。爱情中人们需要什么？婚姻辅导专家盖瑞·查普曼（Gary Chapman）根据不同人对爱的需求的不同，归纳了爱的五种语言：肯定的言辞、精心的时刻、接受礼物、服务的行动和身体的接触。去了解自己和恋人的主要的爱的需要，即主要的爱语并给予，能提升大学生恋爱关系的质量。

不管在准备礼物的过程，还是获得这些礼物的过程中都蕴含着彼此的恋爱关系储着"爱的存款"。

(一)肯定的言辞

　　心理学家威廉·詹姆斯（William James）说过，人类最深处的需要，就是感觉到被人欣赏。对大学生来说，肯定的言辞是爱语表达的一种主要形式，爱的双方能给对方一些鼓励的话语，往往会激发出其极大的潜力。例如，在恋爱

关系中的大学生双方，在一方准备去进行一项竞赛准备的过程中，如果另一方能鼓励说"之前的比赛你都既稳又快，稳和快是你的品质""你是一个面对竞赛很有力量感的人"……当听到类似的言辞时，能给恋人带来内心的高峰体验。口头的赞扬、欣赏的言语是"爱"的有力沟通工具。

在使用肯定的言辞时，运用恰当的说话方式很重要。古人曾经说"回答柔和，使怒消退"。温柔地说"我爱你"，对方能接受到真诚的爱，可若是"我爱你"用疑问句表示，一个问号带来的语调的改变，也就改变了这三个字的整体意义。

另外，对主要爱语是"肯定的言辞"的大学生来说，爱是提出请求，而不是要求。表达这些愿望的方式是非常重要的，如果以要求的方式来表达，就抹去了亲密的可能性，如果用请求的方式呈现自己的需要和愿望，通过这样的方式向恋人传递这样的信息：他被需要着。当向恋人提出请求，是在肯定她或他的价值和能力，这等于在本质上表明，爱人是有价值的。例如，一位女生想请数学成绩很好的男友帮助辅导功课，而她男友的主要爱语是"肯定的言辞"。如果她以如下的态度来要求男友"你什么时候能留出点儿时间来告诉我做数学题？你看上去一点儿都不关心我的学业"，这样就会造成关系的不和谐；而如果换成另外一种方式来表达，则会让对方感受到在这段关系中自己的价值，如"不知道什么时候你有空，我数学成绩不太好，想请你帮助我复习数学"。

（二）精心的时刻

什么是精心的时刻？答案是：给予对方全部的注意力。精心时刻的中心思想是"同在一起"，这种同在一起不仅仅是指位置上的接近，就算是两个人同处一室，位置是很接近，但彼此的注意力都不在对方身上，就不是精心时刻。精心时刻的意义，并非指必须用所有共处的时间凝视着对方，而是说，两个人一起做些什么，并且给予对方全部的注意力、所参与的那项活动也是次要的，重要的是花时间关心对方的情感，而活动只是创造那种同在一起的机会的工具。有许多大学生会抱怨自己的男/女朋友，"尽管我会要求他/她跟我一起去自习，但是就算是坐在一起，他/她也总是玩他/她自己的游戏，或者干他/她自己感兴趣的事，对我毫不关心"。如果你的恋人常常用这种方式表达抱怨，很有可能他/她主要的爱语是"精心的时刻"。

精心的会话是精心时刻中的重要部分。它是指具有同理心的对话，两个人在友善、不受干扰的环境中，分享他们的经验、思想、感觉和愿望。精心会话跟肯定的言辞是很不相同的。肯定的言辞的焦点是在说什么，而精心会话的焦点是在听什么。以下几点简短的、实际的建议能更好地促进精心的会话。

①当对方说话时，保持目光的接触；

②不要一边听对方说话，一边做别的事情；

③注意听感觉；

④观察肢体语言；

⑤不要打断对方等。

（三）接受礼物

礼物是爱的视觉象征。它可以是买来的、自制的或是寻找来的。这是最容易学习的爱的语言之一。礼物是一件提醒对方"我爱着你"的东西。恋爱的一方手中拿着礼物心里面会对自己说："他想着我、爱着我呢。"

礼物本身是关系中连接的象征：它与是否值钱无关，重要的是想到了对方。一个人的情感和思想经由礼物可以实质性地表达出来，对方也可以通过接受礼物表达接受传递过来的情感和思想。对于主要的爱语为"接受礼物"者来说，礼物显得尤为重要。有许多人会用礼物的物质价值来衡量礼物的重要性。事实上，尤其是对经济条件相对还未完全独立的大学生来说，如果恋人在接受送出的礼物时，最能体会到爱情带来的幸福感。精心准备的礼物，不是花最多的钱买礼物，而是合适的方式，如亲自挑选、制作、事前为礼物精心的策划等。不管是准备礼物的过程，还是获得这些礼物的过程都是为彼此的恋爱关系储蓄"爱的存款"。此外，还有一种无形的礼物就是自己，可以把"在场做伴"作为厚礼献给对方，如观看对方参与的比赛、陪伴对方复习迎考、陪同参与某一项面试等。

（四）服务的行动

这是指做恋人想要对方做的事，替他/她服务，因而使他/她高兴，用这种方式表示对他/她的爱。有很多人只有看到他人为自己做事的时候，才感受到对方是爱他/她的，而再好听的话、漂亮的礼物、精心的时刻，都很少让他/她感觉到对方爱的存在。对于这种人往往"服务的行动"是他/她的第一爱的语言，与他/她相处，则是把爱当成是为他/她做些事，这样他/她的爱的账户将收到你满满的爱的存款。

大学生在校园里恋爱，经常可以看到男生为女生提重物，为女生处理电脑问题；女生为男生买早点、为男生洗衣服等。这都是用服务的行动在表达和接受爱的语言。

如果对方表达好感的方式就是主动为恋人做点点滴滴的事，很可能他也在告诉对方，他也希望对方以此来回报他。服务的行动需要付出思想、计划、时间、努力和精力。

（五）身体的接触

肢体接触是人类感情沟通的一种微妙方式，也是表达爱的有力工具。性生活只是这种爱语的方式之一，牵手、亲吻、拥抱、抚摸都是身体的接触。对有些人来说，身体的接触是他们最主要的爱的语言。缺少了它，他们就感觉不到爱。对于主要的爱的语言为"身体的接触"者来说，"我的"任何部分都住在身体之内，触摸"我"的身体就是触摸"我"；远离我的身体，你就是在感情上远离"我"。例如，恋人在伤心时，给对方一个大大的拥抱，紧紧握住对方的双手、传递力量，对于主要爱语是"身体的接触"的人来说，能获得很强烈的爱的感受。当恋爱关系遇到冲突时，也许通过言语上的争辩很难化解矛盾，但如果能用肢体上的接触，常起到语言无法替代的作用，因为对于主要爱语是"身体的接触"者来说，这是爱最有力的传递。

心灵小贴士

如何发现自己的主要爱语

方式1：察看一下，你的恋人做的哪些事、说的哪些话，或者哪些没有做、没有说的伤害你最深。比如，如果最让你痛苦的，是对你的批评和挖苦，那么你的爱语就是"肯定的言辞"；如果使你苦恼的是恋人忘记你们的纪念日，从不送你礼物，那么你的爱语就是"接受礼物"。

方式2：回顾你的恋爱关系，然后问："我最常请求是什么？"你请求的东西，就与你的爱语有关。也许你的请求常被恋人当做唠叨，事实上，那是你为了获得情感所做的努力。

方式3：检查你用什么方式向恋人表达爱。你为他/她所做的可能也是你希望他/她能为你做的。

发现对方的主要爱语，方式是同样的。另外，主要爱语之外，还可能有次要的爱语，但对你们来说，找到一个就增加了爱的对话。

（摘自：http://eladies.sina.com.cn/qq/2011/0509107271067582/html.）

三、检视爱的健康度

恋爱也有保鲜期，如何让恋情能健康持续地进行下去，这是一个值得大学生探讨的话题。许多男生女生会在大学里体验爱情的滋味。起初，恋爱关系是让人兴奋的，感觉彼此相处是那么容易。随着时间的推进，一段健康的恋爱关系需要彼此良好的沟通合作。恋爱关系的质量同时会影响我们生活的诸多方面，如自尊、抗压力、学业成绩以及工作效率等。

一段健康恋爱关系的开启，同样需要有一个良好的开端。那么，在确定恋爱关系的初期，大学生注意以下方面可以让恋爱关系朝着更健康的方向发展。

了解对方：或许他/她是你的亲密的朋友或是朋友的朋友；无论如何，需要确认与对方相处会让自己觉得舒服。

　　通过集体活动的方式与对方相处：这会在和对方相处时，不会感到紧张、拘束；同时也能了解对方与他人的相处之道。通过这样的机会可以了解到，他/她是控制欲望强烈的还是自负的？是富有同情心，是积极向上的吗？

　　坦率真诚地展现自己：告诉对方自己喜欢做的事，或是让自己感觉舒服的活动；告诉对方何时回家。

　　至少向一个朋友告知自己的去向：可以是室友或者邻居，或是值得信任的人，告诉他们将会和谁在一起，倘若发生意外，如何取得联系。

　　随着恋爱关系的深入，在恋爱关系中的双方可能都会慢慢发现，恋爱并非想象中的那么美好，现实与幻想之间会存在一定的差距。这个时候，许多人会对这段恋爱关系产生怀疑。这时，恋爱中的大学生需要静下心来，学会检视这段感情的健康程度。

心灵小贴士

恋爱关系健康度问卷

　　以下是一份"恋爱关系健康度"的自测问卷，大学生可以尝试着测试一下，只需回答"是"与"否"。

　　1. 我和他/她之间的沟通是清晰透明的。

　　2. 我们彼此信任对方。

　　3. 我们彼此尊重对方。

　　4. 我们有着共同的兴趣爱好。

　　5. 彼此间对问题的看法可以不一致，不会强求对方要与自己保持一致。

　　6. 我感觉自己被对方重视。

　　7. 彼此有独立的成长空间，并且能为对方的成长提供支持。

　　8. 我们各自有着一定范围的生活空间和朋友圈子。

　　9. 我们彼此悦纳对方，不会尝试改变对方。

　　10. 我们的恋爱关系给各自的生活增添了乐趣。

　　如果以上题项中有任何一项回答了"否"，这表明，你的恋爱关系健康状况需要一定程度的关注。你可以向学校的心理咨询老师求助，解答恋爱关系中出现的困惑。

四、习得爱的艺术

　　爱是一种存在体验，一种给予，更是一种艺术。

　　而爱的艺术包含了什么？心理学家弗洛姆认为爱的关系中包含以下内容。

　　关怀：为别人着想，体贴别人，尽力扶持别人。彼此关怀，将产生单独一人所无法出现的巨大力量。付出的人，将同时在过程中有所收获，且发现自己从前忽略的无比潜力。

责任：自己的责任便是去关怀对方，完成对方的成长和发展。责任是自发性的，非外界任何管制或约束。

尊重：正视对方的存在。爱别人，是尊重别人存在的权利，欣赏其自由的发展。我们爱一个人，是爱其本身的存在，而不是爱我们"理想中的对方"或"我们想要的对方"。

在爱的关系中，学会关怀、责任、尊重对方，会让爱情之花开得更艳。

❀ 第三节　分手快乐——应对爱的起起伏伏 ❀

一、如何处理"吵吵闹闹"

爱情里不只激情是电光石火的，吵架也能飞沙走石，有人说吵架最伤感情，有人说没吵过架不是真爱，到底爱情里如何面对吵架呢？

（一）吵架的模式

首先需要确认的是，亲密关系的确需要经过吵架的检验，也就是说，相爱的两个人，通过"吵架"有可能更加亲密。鲁斯布尔特（Rusbult，1983）用"建设—破坏""主动—被动"两个维度区分四种冲突应对形态。

第一，表明：主动且具有建设性的尝试改善关系，双方会讨论遇到的问题，并寻求妥协以尽力维持亲密关系。

第二，忠诚：被动但却乐观地等待情况变好。采取此种冲突应对形态的人，往往因害怕对方的拒绝而选择耐心等待，而非以吵架的形式去解决问题，希望自己最终能使对方回心转意。

第三，忽视：被动地让关系恶化。表现为忽略伴侣、回避及拒绝处理问题等。当人们不想改善也不想终止关系时，常用此策略。

第四，离开：被动地让关系恶化。此时分手、结交新欢、分居等情况就会出现。在人们觉得没必要挽回关系时，常采用此方式。

在这四种应对形式，表明与忠诚会促进关系的维持与发展，而忽视与离开则对恋爱关系有破坏作用。因此，吵架的作用应是增进关系的发展，是具有建设性意义的。大部分的吵架都以增进感情当做目的，当大学生尝试从简单的宣泄情绪、拿爱人出气进化到用一种"略激烈的方式"调整彼此的恋爱关系，恋爱的双方就会发现，吵架也是可以学习的，它可以让爱更有味道，更有质感。

(二)吵架的艺术

吵架可以让你迅速了解一个人，了解他/她内心的真实的需要，也可以妥帖地暴露自己的想法。并且能够有效率地解决两个人之间的问题，加速磨合的过程。

所以，不必害怕爱情中的吵架，它往往是利大于弊的事物。但大学生需要谨记一些吵架的原则，让吵架的度控制在利大于弊的范畴内。在以下几方面着手，将大大提高吵架的艺术。

①注意场合。尽量选择两人独处的空间，如果很难控制，宁愿在大街上吵，也不要在认识的人面前吵。这样无论你们吵什么，吵成什么样，过一会儿依然可以甜甜蜜蜜，并且不要让其他人涉入你们的争执，是对双方的一种保护。

②注意不要讲伤人的字眼。声音可以很大，态度可以很严肃，可以据理力争，可以无理取闹，可以鸡毛蒜皮，可以表达出自己不喜欢的一切事，但不能口出恶言。毕竟那是自己爱的人。争吵中的恋人对最亲近的人也会释放攻击性，但要明白，攻击对方的目的是促进彼此的爱，而不是让对方离开你。

③事情要通过确证再吵，不要凭自己的怀疑来吵。有时候找茬吵架，并不是因为对方做了什么错事，而是由于自己的不安，只是用爆发的脾气来表达这种不安，但此时爱的人却成为受害者。因此，争吵中的恋人需要独自处理好自己的不安，确证怀疑就是处理不安的一个好方法。

④吵到一半不要闪开。有些人在吵架时，尤其是被动地被拉入吵架时，会在中途离场，或者挂断对方电话……这种方式仅仅是叫停，并不是解决问题，往往还是会引发"下半场"更为激烈的风波。而且因为突然闪开，让对方心理感受很不好，被丢在那儿，冷在现场……往往会让对方更不理智，甚至从热战转变为冷战。冷战总有一个人要来收场，往往一个小问题，放几天就会成为大问题，最好能够一次性解决。

⑤尽量面对面吵，不要在电话或者网上吵。毕竟吵架是一种面对面的活动，眼神、肢体、温度、气息都传递着一些信号和暗示。电话或网络往往丢失一些信息，会造成更多误解。并且有一些肢体接触，有时候可以更快地让风波过去。

⑥考虑对方的基本需要。其实解决吵架往往有很简单的对策：男生基本要给面子，女生基本需要抱。男生们只要记住，对无理取闹的女友，往怀里一搂；女生们只要记住，在男友说了5分钟软话时，给一个笑脸……吵架都会马上转成甜蜜的序曲。但女生需要谨记，如果把男生的面子伤得太厉害，把他的耐心磨光，他就算再爱你，一时间也不会想抱一个冷漠暴戾的女生。同样男生

也需要谨记，如果你犯的错误真的很严重，最好不要期待简单的抱抱就能了事。

⑦一句不能说的话。有一句话，在吵架时千万不要说——"我们分手吧"。有些人一气之下，就会冲口而出这种气话，这往往会成为一种残酷的预言，把所有小事都变成大事。其实说了这句话，也并不解恨，而且还有无穷的后患。事情基本不会严重到这样的程度，改变关系的话，尽量让它咽在肚子里吧。

⑧见好就收。一定要留台阶下，给自己也给对方。其实吵架怎么开始的，并不重要，怎么开始都行，但结束切记要留台阶。如果对方给了你一个台阶，要马上抓住，赶紧下来，不要贪心。每个人停留在争吵中的耐心不会超过30分钟，所以，尽量在30分钟内找到台阶，出来喘口气。

⑨吵后约定一些原则。吵架之后，你马上会了解对方的一些吵架习惯，比如他/她爱嚷嚷，中途会走开，还是死也不肯下台阶……这些在两人和好后，都可以通过约定，来进化彼此的"吵架水平"。约定的吵架原则，往往非常有效，可以让下次吵架更有效率，而且减少吵架的"伤害性"，还能加强两个人的默契。

二、爱情变奏曲——分手四阶段

爱情当然需要经营，但有时分离也是种选择的可能。面对分手，没有人是赢家，但如何去正视它，去认识分手阶段，进而让即将分手或未来可能面临分手的大学生，拥有更多的成长与度过分手的能量呢？以下的描述与介绍，或许有些大学生经历过，或许有人正在经历，或许也有人从来都没经历过，但重要的是，思考并认识自己在这些阶段中的样貌，才是最重要的。

（一）第一阶段：分手潜伏期

分手——"爱情"变奏曲

一段感情从热恋到分手，或多或少都有些征兆。当恋爱关系中有一方发现，想脱离这段关系的念头比维持关系还要强烈或是双方都想脱离关系，而不愿下工夫维持关系，或许就该挥剑斩情丝。

分手不是为了践踏另一个人的心，而是要让彼此能更了解自己的需求，因此分手礼仪很重要。提分手，一定会伤到对方的自信心，要体贴对方错愕、难过的情绪，但不能因而反悔又说不分手。因此提分手时，切记态度要坚定，不要有暗示性的语言或是让对方产生误解的言外之意。"说清楚，讲明白"，在分手时是很重要的功课。当然，被分手的一方或许会有情绪反应，或许会很痛苦，或许提出分手的一方会感到不舍，但千万别因此哄他而又说不分手，可以体贴对方的难过，但要站好自己的位置，摇摆不定的态度，只是让彼此更痛苦的开始，用温柔而坚定的语气与态度去表达自己的想法与做法，或许是不错的选择。

(二)第二阶段：分手发作期

不管是提分手或被分手，痛是很自然的，不痛表示根本没爱过，不要觉得自己很没用，老老实实承认失恋了，好好大哭一场反而有益健康。一个人不会因此无法再坠入爱河或虚度往后的情人节，每个人拥有爱的能力，没有人可以夺走。这时最需要"肯定自己的朋友"，向知心朋友倾诉、吃吃喝喝，逐渐恢复原有的世界，发现真正的自己，"就很容易开始新的冲刺"。

(三)第三阶段：分手疗愈期

何时会恢复呢？一般是分手后 3～6 个月的时间，视两人情感深度、个人在情感中的投入程度、个人对情感的回顾及省悟程度、个人拥有资源及善用身边人际及心理资源的程度而有所不同。分手后有心情低潮期是自然的事，但是如果持续超过半年，情况未见改善，建议可以向心理咨询老师求助。

恢复也有些方法可以试试，比如找一个自己喜欢的目标投入，但千万注意别找另一个人作为感情的替代品，因为这对对方是不公平的，对自己也极可能是另一次伤痛的开始。另外找好友的相互支持与陪伴固然重要，但有时借助心理咨询老师，或许更能客观而深入地探索自己的爱情态度。

(四)第四阶段：分手重生期

曾失恋的大学生会发现，当分手后的某一天可以自然地在朋友前谈笑风生，即使一个人回到家中，也不觉得孤单；看到或听到或闻到过去曾有的美好回忆，也不会泪流不止或悲伤不已；可以看着他离去的背影而不哭的话；这时意味着从失恋中痊愈，并且可以带着微笑，走入下一个生命的阶段。

三、我是真的受伤了——如何挥别分手阴霾

一段感情的结束，时常让人无法鼓起勇气去面对这个残酷的事实。在分手初期，多数人会经历较为强烈的情绪反应，之后经心理调适之后，会逐渐从分手的阴霾中走出来。每一段分手的过程都是不同的，但其中的情绪体验却大同小异，以下是几种分手后常见的情绪反应，常有多种情绪同时出现的情况。

①否定：失恋意味着亲密关系的丧失，大学生在刚开始时常选择否定事实去回避痛苦的情绪。

②气愤与妥协：失恋的双方会因对方没有恪守当初的诺言而愤怒；有时候也会幻想事态还有挽回的余地，在妥协自己的同时，希望其能与自己重归于好。

③忧伤与内疚：因为分手，失去了许多美好的事物，因此而感到悲痛；因为分手，回想过往的种种，因此而感到自责。尤其对于提出分手的一方而言，有时会产生愧疚感。

④害怕与困惑：失恋的双方因经历强烈的情绪体验而感到害怕，会担心自己从此无法去爱别人或被别人爱，一种不知所措的困惑会困扰他们。

⑤释怀与接纳：当分手的痛苦、混乱及冲突终结时，会感到释怀；接收并学会面对现实，渐渐地，因分手而成长。

分手，是一段爱情关系的终止，但每个人生命却不只是这一段爱情关系，如何走出分手阴霾，这是值得我们思索的话题。或许，大学生可以从以下11条建议中找到些许启示。

①接纳自己内心的感受：允许自己感受分手后的各种情绪反应，如悲伤、自责、痛苦以及气愤。当一段值得珍视的关系结束时，出现上述复杂的情绪反应是正常的。此时要做的，就是对自己诚实。

②接受分手这个事实：持续否认分手这一事实，或者幻想关系复合，只能让自己伤得更深。

③给自己充足的时间疗伤：如何度过分手创伤期，就如同生病时，自己如何照顾自己。你需要时间慢慢复原，重新体验生活的美好。不要为了忘记旧爱就急着开始一段新的感情，冲动有时是魔鬼。

④与身边的朋友及家人保持联系：不要独自沉溺于悲伤之中，每个人所能获得的支持及鼓励是超乎你想象的。

⑤表述你的感受：你可以向朋友倾诉或者记录下自己的想法，这会帮助自己释放情绪。

⑥照顾好自己的身体：在分手期内，应维持良好的生活习惯，如合理的膳食，经常性的体育锻炼及充足的睡眠。

⑦适当地放松自己：做些让自己快乐的事，或曾经让自己感到快乐的事。放松并聚焦在好的事物上。

⑧切勿自暴自弃：以暴饮暴食、酗酒等方式减轻自己失恋之苦，这不仅于事无补，反而让自己的身体变得糟糕。

⑨养成一种新的习惯或者关注某件事：倘若在分手之后有充裕的时间，不

妨尝试参与一些新鲜事物。

⑩保持乐观：放弃一棵树，还有一整片森林在等着你。让自己的视野宽阔起来。

⑪向专业机构求助：如果分手已无法让你管理自己的情绪，或者分手让你痛苦不堪，那就向学校专门的心理咨询机构寻求帮助吧，积极的心理求助是生活强者的表现！

第九讲

路过"性"福——大学生性心理保健

性行为能使两个人融合，它在展示自己力量或妩媚
的同时也在向对方袒露自己的缺点和软弱，这就使
得性行为会带有风险。

爱情使我们整个的生命更新，正如大旱之后的甘霖对于植物一样。没有爱的性行为，却全无这等力量。一刹欢娱过后，剩下的是疲倦、厌恶以及生命空虚之感。

——罗素

这不是我们所要的"性"福

小莉是一名大三的学生，大二时认识了同一学校但不同专业的小林并成为恋人。一次两个人到风景区游玩，因错过了最晚回学校的公交班车，两人只好到宾馆住一晚。尽管两人约定，不越雷池，但最终没有守住最后的防线发生了性关系。事后小莉非常后悔自己的冲动行为，觉得自己没有意志力，没有控制力，并为此觉得自己很"肮脏"，低人一等。面对小莉的种种变化，小林也悔不该当初一时的冲动，责备自己，否认自己，并认为自己"道德败坏"。从此，两人之间原来的欢言笑语没有了，取而代之的是沉默。两个人的学习成绩明显下降。继续恋爱好像没有了原来那样的激情和依恋；分手又好像因为发生了"一夜性"而没有力量。小林说："因为我犯了错，所以要承担责任，不能够抛弃她。"小莉说："我已经是他的人，无论怎样我只好跟定他。"

与爱情、性心理有关的问题是大学校园里的热门话题，也是校园里一道明净的景致线。正值年轻期的大学生，没有了学业的重压，没有了父母的拘管，没有了老师的叮咛，就如同飞出了鸟笼的小鸟，在蔚蓝纯粹的高空中悠闲飞行。随着性生理的开窍和性心理的进展，盼望爱情，想谈恋爱，有性渴望的涌动，已成为大学生中较为全面的心理形式。但是，由于大学这个特定的社会环境，以及大学生自己的一些因素，许多人在承受学习压力的同时也承受着恋爱与性有关的各类问题的困扰。

❀ 第一节　掀开"性"的面纱——什么是性 ❀

一、"性"为何物

当大学生看到"性"这个字时，会想到什么？可能脑海里会出现以下关键词：抚摸、接吻、性感、做爱、怀孕、流产……性伴随每个人一生，它是人类对种族的贡献，也是大自然对人自身的奖赏。性是一个人成长过程中最重要的组成部分之一，是一个人生命棋局中较为关键的一步，具有非同寻常的意义。性不是一个是否会到来的问题，而是一个"何时"和"怎样"到来的问题，有关性的决定会影响人的一生。

通常所指的"性"，其实多指"性行为"，旨在满足性欲和获得性快感而出现的行为和活动。性科学研究按照性欲满足程度的分类标准，将人类性行为划分为三种类型：一是核心性性行为，即两性性行为；二是边缘性性行为，如接吻、拥抱、爱抚等；三是类性行为，相当于直接的或者某些间接的性行为方式，如性行为发生之前表达爱意的方式或特殊、不正当的性交方式。

性行为的含义要比性交广泛得多，一般说来它包括以下几种。

其一，目的性性行为，即性交。性交是性行为的直接目的和最高体现。一般说来，人们通过性交的方式，达到了性意愿的满足。

其二，过程性性行为，这是性交前的准备行为，如接吻、爱抚等动作。这些动作的目的，是为了激发性欲，实行性交。性交后还要通过这样一些动作，使性欲逐渐消退，作为尾声，这也属于过程性性行为。

其三，边缘性性行为，这种性行为的范围就比较广泛了。它的目的是表示爱慕，或者仅仅是爱慕之心的自然流露，而不是为了性交。边缘性性行为有时很隐晦，如表现为眉目传情、表现为一丝微笑，这种眼神、这类微笑有时只有两个人感觉到，其他人是无从得知的。至于拥抱、亲吻，如果是作为性交前的准备，那么是过程性性行为；如果只是爱情的自然流露，而不以性交为目的，那么就是边缘性性行为。当然，像某些西方国家，把拥抱、亲吻作为一般见面的礼仪，那就同性行为完全无关。

性行为过程中的反应一般分为兴奋期、高涨期、高潮期和减退期四个阶段。

兴奋期就是男女双方产生性欲、准备性交的阶段，是由肉体或精神的性刺激所引起。这时男子阴茎勃起女子前庭大腺分泌物增多，阴道滑润，男女双方精神兴奋，主动亲近对方，要求性交。

性交开始，此时已进入高涨期，逐渐出现一种愉快的感觉。这个时期的长短因人的体质、年龄、情绪和性交间隔时间长短有关。

当性反应进入高潮期，男子出现射精动作，女子阴道出现阵发性收缩，分泌物增多，这时性快感特别明显，精神高度兴奋。高潮期最短，仅几秒钟。

高潮期以后便是性反应减退期，整个性交过程结束。减退期发生的速度与产生兴奋的速度有关——兴奋状态出现得越慢，恢复的情形也就越慢。

二、性心理的含义

(一)性心理的含义

"性心理"是关于性问题的心理活动，是主体关于性生理、性对象及两性关系的反映，也称性意识。性心理涉及对性的知识、性的情绪体验、性行为管理及与性有关的一切心理活动。其结构可以分为以下四种基本成分：性感知是对有关性的事物的感知，包括与性内容有关的视觉、听觉、触觉、运动觉和内部感觉等，性感知是产生其他性心理的基础；性思维是对有关性的问题的思考和想象，如青年考虑如何追求异性对象、想象性行为和性活动等；性情绪是对性活动和异性对象的态度的体验，如性快感、对异性的好感或爱恋、性嫉妒等；性意志是主体对性行为、性活动的管理和调节。性心理的表现包括对性知识的追求、对异性的爱慕与追求、企图与异性发生性关系的欲望三个方面。

（二）性心理的发展历程

对正处于青春期的大学生们而言，其性心理的发展一般经历了以下四个时期。

性抵触期：在青春发育之初，有一段较短的时期，青少年总想远远地避开异性，以少女表现得尤为明显。这主要与生理因素有关。由于第二性征的生理变化，使青少年对自身所发生的剧变感到惘然与害羞，本能地产生对异性的疏远和反感。此期约持续一年左右。

仰慕长者期：在青春发育中期，男女青年常对周围环境中的某些在体育、文艺、学识以及外貌上特别出众者（多是同性或异性的年长者），在精神上引起共鸣，仰慕爱戴、心向往之，而且尽量模仿这些长者的言谈举动，以致入迷。

向往异性期：至青春发育后期，随着性发育的渐趋成熟，青年人常对与自己年龄相当的异性产生兴趣，并希望在接触过程中吸引异性对自己的注意。但由于青少年情绪不稳，自我意识甚强，因而在异性接触过程中，容易引起冲突，常因琐碎小事而争吵甚至绝交，因此交往对象之间常有转移。

恋爱期：青春发育完成，已达成年阶段，青年把友情集中寄予自己钟情的一个异性身上，彼此常在一起，情投意合，在工作、学习中互相帮助，生活中互相照顾体贴，憧憬婚后的美满生活，并开始为组织未来的家庭做准备工作，这时的青年对周围环境的注意减少。女生常充满浪漫的幻想，向往被爱，易于多愁善感；男生则有强烈爱别人的欲望，从而得到独立感的满足，他们的心情往往较兴奋。

心灵小贴士

精神分析学派的性心理学研究

精神分析学派是与"性"有着天然脐带连接的学派，其创始人弗洛伊德（Freud）就是基于"力比多"（"性驱力"）的概念发展了整个学说。弗洛伊德时期的精神分析用"力比多"来解析个体的行为、动机及人格形成。弗洛伊德几乎用"力比多"重新解释了整个人类社会的历史。1900年，弗洛伊德出版了《梦的释义》，随后，它将对"精神分析"更深层的观察和发展的性欲论进行了第一次系统的概述，这就是《性学三论》。弗洛伊德提出了"性心理发展"的概念（又作"心理性欲发展理论"），认为个体的性生活（但弗洛伊德意义上的"性生活"不仅仅指两性之间的性活动，还包括其他能使身体产生舒适感和快乐感的体验，如吮吸、排便等）不是始于青春期而是始于儿童期。弗洛伊德将心理的发展以"力比多"的概念分为五个阶段，依次为口唇期、肛门期、性器期、潜伏期和生殖器期。在每一个阶段，个体都受"性冲动"的驱使，与环境和他人发生作用，并在作用的过程中体验着"性"的满足或挫折，得到满足则说明该阶段发展良好，遭受挫折则表现出不同形式和不同程度的心理问题。弗洛伊德还发展了性变态理论，包括性对象的变异理论（"性倒错"理论）、性目标方面的变异理论（"恋物症"理论）和神经症患者的性本能理论。弗洛伊德的性心理学理论是博大的，这一领域（性心理学）具有开拓性探索的历史地位和学术价值，但弗洛伊德的性教育观却为人诟病。他认为"这些力量（性抑制）的发展是由机体决定并由遗传注定的，它有时在完全没有教育帮助的情况下也会出现，如果这种发展局限于遵照机体所定下的条条框框并使它们更加清晰、更加深刻，那么教育就不会侵入它的领地"。

[腾文：《记录人类性的观念一张"心电图"——性学流派的发展》，载《性教育与生殖健康》，2011(3)]

漫情便我们整个的生命更新，正如大旱之后的甘霖对于植物一样。光有痛的性行为，却全无这等力量。一刻欢娱之后，剩下的是疲倦、厌恶以及生命之空虚之感。

——罗素

三、性心理成熟的标准

从生理的角度来看，随着个体性的基本发育成熟，大学生的性心理发展已经达到一个较高的水平，总体来说，个体性心理成熟应该具备如下四条标准。

（一）性意识从朦胧到清晰

性意识，不仅是指对性生理的意识，而且也包括对性心理和性的社会意义的意识，即意识到个人作为一个社会角色，应该用什么样的观点、态度对待异性及两性关系。人刚生下来并没有性别的意识和性的意识，大约在 18 个月时奠定自我性别辨认，3～4 岁才知道自己是男孩或女孩，才有了性别的初步意识。直到青春期，由于性生理的成熟和对性别认识的提高，才形成关于性的意识，性意识开始萌发。

(二)性情感从失衡到平衡

性情感是指直接维系对异性的思慕、依恋的感情。性心理不成熟的人，对异性表现出情感动荡不定，或冷漠或过分敏感，常出现"恋爱错觉"。性心理成熟者大多能正确把握两性关系中的性关系与非性关系，所以情感过敏与失衡的情况基本上能避免。

(三)性冲动从失控到调控

在特定的场合下，性意向与性驱力积聚到一定程度，就会表现为性冲动。由于容易引发，性冲动往往是失控的表现。心理成熟的人，会加强对性冲动的自我调控，使之与个人的健康状况和有关科学的、社会的规范相适应。

(四)与异性相处从拘谨到自然

青春期的性发育改变着青少年的心身，他们看见与自己一起长大的异性常会感到拘束。到了青春期晚期，渐渐地适应了与年龄相近的异性相处，不再那么拘谨，其自然程度接近于与同性朋友共事的程度。

四、性行为的目的

性不单单是一种行为，一种感觉和体验，性还是两个人的身体、情感、意志、理性和感官知觉的一种融合。性行为至少有三个目的。

(一)性带来两个人的亲密关系

性行为能使两个人融化，它在展示自己力量或妩媚的同时也在向对方袒露自己的缺点和软弱，这就使得性行为带有风险。同时，性行为也在暗示着自己向对方默认一个承诺，同样也是期待着对方能以同等程度的承诺来回应自己。

只有信任对方，才会向对方袒露自己的缺点和软弱。这也就是常常被提及的"为什么要等待""你已经做好准备了吗"。

性关系是两人合一和完全结合的体现和表达。在性里，男女双方成为一体，这就是性的目的，通过性，一个精神和情感的纽带被建立起来了。

性并非是男女双方美好关系的源头，性是美好关系的一种表现，通过性这种方式，两个人对彼此所怀着的那种终生的爱变成了实实在在的体验。

(二)性给双方带来喜乐和愉悦

性是愉快的美好体验，但享受性的秘密并不在于和多少人发生性行为，而是终生只和同一个人去共同努力使两人的性关系更加缠绵美妙和丰富多彩。

虽然单单的性行为也会带来快感，然而这种快感之后总会多多少少受内心的道德的谴责，或内疚，甚至不安。也就是说动物本能性的性行为带来的是一瞬间的快感，而不是持久而稳定的喜乐和愉悦。

（三）性能够繁衍后代

性行为的奇迹就是这一过程会孕育新的生命，让原本是孩子的自己成为"成人"，成为担负养育下一代的"大人"，获得新的人的角色。

第二节 "性"福的烦恼——有关"性"的那些事儿

对性话题的难以启齿，让许多大学生在面临各种性困扰时，不知道该向何人说，也因此缺乏用良好的心态面对这些困惑的能力。了解与"性"有关的那些苦恼，是本节内容的重点。

一、性生理的困惑

（一）性体象的困扰

进入青春期后，男生和女生的体象发生了很大变化。男生希望自己身材高大，体魄强壮，音调浑厚，拥有男性磁力，以吸引女生；女生则希望自己容貌美丽，体形苗条，乳房丰满，音调柔美来显示女性魅力，以吸引男性。然而，当他们的体征不如己意时，就常出现烦恼和焦虑。在心理咨询中常常见到一些男生因自己个子矮而烦恼，一些女生因体态胖而自卑，也有人因为对自己的阴茎或乳房等生理发育不满意而感到焦虑。

（二）遗精恐惧与月经困扰

遗精是指男性在无性交状态下的射精现象，是青春期男子常见的正常生理现象，是性成熟的标志。过去传统观念往往把遗精看得很严重，认为这种行为会伤元气。青少年常因此而焦虑不安，惊恐失措。实际上精液由精子和黏液组成，一次排放的精液中 99% 是水分，其余是蛋白质、糖等，其营养物质对人体微乎其微。认为遗精就是"泄阳"的想法是不科学的，这种想法会引起紧张焦虑的情绪，对心身健康产生不利影响。

女性的月经期及来月经来临的前几天是女性生理曲线的低潮期，身体的耐受性、灵活力下降，易疲劳。这些都是正常的生理反应，但确实会给女性带来一些不适的感受，这的确是一个需要加倍体贴的"特殊时期"。有些女生过于担心经期的不舒服，这些消极暗示会加重自身情绪的低落和躯体的不适感，甚至造成恶性循环。

二、大学生婚前性行为

对于婚前性行为，一些大学生认为只要双方愿意就可以发生，有的甚至相识不久就发生性关系，有的在校外租房同居。他们常常不能对自己的性冲动进行理性的管理，不能对自我和他人负起性行为后果的责任。在对大学生婚前性行为的态度调查中，半数以上的学生认为婚前性行为是可以接受的。年轻的大学生们没有真正意识到自己还在读书，在没有工作不能担负起独立的经济责任和社会责任的情况下，性行为对于自己的现在和将来究竟意味着什么。有的女生因婚前性行为多次做人工流产，给心身都带来无可挽救的创伤。有的人手术后引起炎症，导致输卵管堵塞；有的人多次人流手术后，导致终身不育；过早性生活和流产还会导致宫颈癌发病率大大提高。

性是恋人、爱人之间表达情感和爱情的工具，是人际交往的基本方式之一。当两性之间感情发展到一定程度，婚前性行为的发生是很自然的事，"性行为就是感情升华的结果""人就是感情动物，情之所至，性行为就会发生"。

两性之间感情发展到一定程度，必然会发生性行为，到底大学生婚前可否有性关系呢？应先问问双方是否已具备以下几个条件：一是双方感情是否深厚，生理与心理机能也趋于成熟；二是是否具有承受感情挫败的能力；三是是否知晓并掌握避孕技巧；四是是否具有认识各种性病的能力，尽可能防止性病的感染。

其实很多人对大学生可否有婚前性行为还是抱着"不支持、不鼓励、不反对"的态度。换句话说，就是具备"要对自己负责，对自己爱的人负责，

两性之间情感发展到一定程度，必然会发生性行为，到底大学生婚前可否有性关系呢？

对爱自己的人负责"的能力，这样爱情本色才能显现，大学生活才会成为一辈子都值得回忆的美好时刻。

三、当左手爱上左手——了解同性恋

(一)何为同性恋

同性恋是指以同性作为恋爱和性欲满足对象的行为。具体来说，对同性恋的界定涉及以下四个方面。

第一，性取向：同性恋如同异性恋一样，是一种性取向。同性恋认为自己是一个受同性吸引，并选择同性作为性伴侣的人。他们对自己的性别形象明确

无误。同性恋与同性性行为要有所区分。同性性行为是指同性别之间的性行为，而无论这种行为的双方的基本性欲对象是异性或者同性，或者兼而有之。

第二，性行为方式：有的同性恋只限于对同性心理上的欣赏，欣赏同性的美，肉体上不发生关系，也称作为精神性同性恋。多数同性恋者有行为表现，他们模仿夫妻那样生活，拥抱、接吻、抚摸；在同性恋的双方，一方是真正的同性恋者（男性被动型和女性主动型），他们在心身素质方面有极大的改变，具有较多的异性特征，以同性为性活动的对象，绝对讨厌异性，因此也被称为素质性同性恋者，这类同性恋者较难纠正；另一方则比较正常，是从属的（男性主动型和女性被动型），他们参与同性恋活动往往是出于暂时的感情联系，或者是由于年龄较小且又具有较强的性欲要求和兴趣，这种人被认为是非素质性同性恋者，他们在年长以后或有了合适的机会，还可能会与异性结婚。

第三，持续时间：有的人一生都是同性恋者，有的人只有一个时期是同性恋者。金赛教授把人们性行为指向异性或同性分为七种情况：绝对异性恋（对同性绝对没有性欲的）；异性恋占优势，仅仅偶尔有同性恋；异性恋占优势，但有过较多同性恋经历；异性恋倾向和同性恋倾向相等（双性恋）；同性恋占优势但有过较多异性恋经历；同性恋占优势，仅仅偶尔有异性恋；绝对同性恋的（对异性绝对没有性欲）。人群中，绝大多数属于绝对异性恋，一小部分属于双向性恋，绝少部分属于绝对同性恋。

第四，心理状态：人群中，同性恋的性活动不一定是心理异常的表现，同性恋的困惑一方面来自于他们性取向的与众不同，另一方面来自于无法面对世俗对他们的偏见。当同性恋引起心理矛盾，严重影响正常的学习生活时才会出现心理异常。

同性恋不仅是一种性取向，同时也表现出对同性的亲密和迷恋，而且同性恋的持续时间也有不同。同性恋的性行为不一定就是心理异常的表现，只有当同性恋性行为带来心理困扰并影响其学习生活时才会引起心理上的某些异常。

(二)对同性恋的误解

误解一：同性恋与异性恋有明显的分别，即一个人不是同性恋便是异性恋。事实上，性行为是一连续向度，一端是完全的同性恋，另一端是完全的异性恋，在这两端中间则是同性及异性恋的各种混合。大部分是同性恋但有异性恋的经历；大部分是异性恋但有同性恋的经验；及双性恋，即同时是同性及异性恋。

误解二：同性恋者大都有心理困扰，比异性恋者更甚。事实上研究显示同性恋不比异性恋者更有心理障碍。除了对性对象的喜好不同外，他们与异性恋者没有显著分别。

误解三：男同性恋者都很"女人型"，女同性恋者则多为"男人婆"。大部分男女同性恋者在外型、言行举止或衣着方面和一般异性恋男女无大分别。所以只用外表去分辨他们，并不容易。这些"女人型"及"男人婆"的定型，只限于少数人士，而传媒对同性恋者的刻意渲染也加深一般社会人士对他们的误解。

误解四：一对同性恋伴侣中，一定有一个扮"男"——丈夫的角色；另一个扮"女"——妻子的角色。其实，大部分同性伴侣没有特定的"男""女"角色，角色有弹性，可以对换。

误解五：同性恋者都是艾滋病患者。需要指明的是，艾滋病不是同性恋者专有。由于艾滋病传染的主要途径包括性接触、共享针筒或输血等，所以异性恋者、"瘾君子"，甚至小孩也可能感染艾滋病。

四、梦魇般的"性骚扰"与"约会强暴"

（一）性骚扰

心灵万花筒

网络中也有"性骚扰"

一名为"陌生人勿扰"的女大学生使用 QQ 在线方式咨询，她告诉学校心理咨询师，她深夜上 QQ 时，很多人发来的验证消息里都带着"三围多少""要做吗"之类的文字。如果拒绝，对方则不停地发验证消息，里面的内容越来越下流。有一次，她接受某陌生男子的视频请求之后，屏幕里就有一个男人脱掉了裤子，动作不堪入目。

以上所举的性骚扰案例中的性骚扰模式，或许大学生并不陌生。性骚扰，一个古老又现实的社会问题，是指以性欲为出发点的骚扰，以带性暗示的言语或动作针对被骚扰对象，引起对方的不悦感，满足自己的快感。以往性骚扰通常是加害者通过肢体碰触受害者性别特征部位，妨碍受害者行为自由并引发受害者抗拒反应。而今，随着电子网络的发展，性骚扰的形式已延伸到电话、网络等途径的骚扰。

性骚扰表现形式尚无统一界定，一般认为有口头（如以下流语言挑逗异性，向其讲述个人的性经历、黄色笑话或色情文艺内容）、行动（故意触摸、碰撞、亲吻异性脸部、乳房、腿部、臀部、阴部等性敏感部位）、人为设立环境（在工作场所周围布置淫秽图片、广告等，使对方感到难堪）、经由电子设备（通过电话、网络以语言、视觉的方式，使对方感到不适）等方式。

（二）约会强暴

约会强暴

小莉是从外地到上海求学的女大学生。单纯的小莉不久认识了一个男理发师，男理发师对她很好，但小莉只是把他当做普通朋友，两人交往一个月以后，男理发师约她参加一个朋友聚餐，小莉欣然前往，席间，很多人劝小莉喝酒，一开始她拒绝了，很多人就说不喝不给面子，结果小莉喝了第一杯，有了第一杯也就有了第二杯，小莉不胜酒力，很快就醉倒了。等她醒来时，已经是凌晨两三点钟，她发现她躺在酒店，身边还有那个理发师。小莉呆住了，她不知所措，哭着冲出了酒店。理发师追到路上，说他不是故意的，说他喜欢她……之后，小莉再也没有去找理发师，可是寒假归来之后，她发现自己胖了很多，在同学的陪同下，去了医院，结果：怀孕22周。5个多月的身孕以及四五千元的引产费用让小莉手足无措。后来，小莉去理发店找那个男理发师，他不承认，而且他的女朋友就在身边，还对其百般羞辱。等小莉第二天再去找男理发师时，那人已经不知去向。后来，小莉得到当地少女意外怀孕热线的救助才得到救治，而在引产当中发生了难产现象，一度情形危机。同时，此次事件带给她的心理阴影和压力一直挥之不去。

上述发生在小莉身上的事，就是典型的"约会强暴"。"约会强暴"泛指在约会行为中，一方在违反对方的自由意愿下，所从事的具有胁迫性与伤害性的性爱行为。也因为是发生在相互认识的男女双方之间，更多的后续问题以私下和解方式进行，比较少地经法律途径解决。"约会强暴"可能发生在校园、宿舍、家中等地方。"约会强暴"对受害者身体的伤害是显而易见的，同时对她们心灵的伤害显示以下特点：①受害者常常责备自己，认为自己对对方认识不深，自己不稳重、不慎重；②常常陷入被质疑与误解的二度伤害；③内心的信任感产生极大冲击，安全感受严重破坏。

第三节　我要的"性"福——面对性关系

正如春天来了，花就会开，大学生的生理成熟了，自然就会产生对性的渴望与爱的向往。心理学家说，人类的性本能是一种能量，性能量受到压抑和禁锢就会使人形成强烈的心理冲突。用合理的态度、合适的方式对待性，是大学生在真正面对"性"福前，所要做的准备。

一、撑起"性的保护伞"

（一）知识的储备与态度的完善

对于性行为来说，任何人也无法得出一个标准答案，什么年龄可以算得上"适合"开始有性行为，当一个人的心理也像生理一样，达到足够成熟程度时，也许性爱是一件水到渠成、美好的事。大学生从正当的渠道了解性，为自己做好性爱知识和态度方面的准备是性心理走向成熟的一种准备，这种准备包括大学生的性知识的储备，形成较稳定的贞操观、性爱观、性态度等方面。

1. 知识储备

对于大学男生、女生来说，很多性的生理反应是与生俱来的。由于从小接受的教育当中，无论是学校教育还是家庭教育，大学生较少在公开、正当的场合接受与性有关的知识教育。大学生的性知识来源比较复杂，总体来说性知识的掌握不算完整与准确。首先，大学生需要对这些基本的性的知识有正确的了解。这样的准备包括了解两性的生理结构、性反应的特点，了解生殖是如何发生等。大学生可以从图书馆中与性健康相关的书籍或权威的性教育相关的网站上了解到这些知识。目前部分大学也开设《性心理与生殖》教育类的必修课，也是大学生增补相关知识的重要途径。

心灵瑜伽

吾"性"知多少

请仔细阅读每道题，选择符合你的答案。

序号	内　容	符合	不符合
1	适当自慰对身体无害		
2	只要自己快乐就好，社会怎么看，我不在乎		
3	学习性知识是结婚以后的事，现在难以启齿		
4	我与对方发生性关系，并不一定得爱对方		
5	我常有性幻想和性冲动，这真可耻		
6	采取避孕措施会影响性爱质量，所以多数情况下我都不用		
7	只要对方是自愿跟我发生性关系，我就可以不承担后果		
8	对于性，不愿意的时候应该坚决说"No"		
9	用性来证明自己的成熟与魅力不明智		
10	有性的爱情才保险		
11	我觉得自己的生殖器不理想，为此感到自卑		

【评分与评价】

1、8、9 题，选"符合"得 1 分，选"不符合"得 0 分；其他题选"符合"得 0 分，选"不符合"得 1 分，将各题得分相加。

分数越高，表明对性的认识越正确。如果你的总分在 5 分以下，也许你对性的看法容易导致自己或他人心身受伤，需要特别注意培养健康的性爱观和学习健康的性行为知识。

（摘自：http://wenku.baidu.com/view/d27be34036deq/a375dof.html.）

2. **贞操观**

贞操观是中国文化给女性带来困惑较多的一个话题。总体来说，随着文化的开放与多元因素的影响，大学生在性爱观念上也呈现更加开放的态度。有的大学生认为，贞操观是无所谓的事情，用不着大惊小怪；还有一部分学生认为，贞操是封建传统观念，应该打破。

在大部分人都觉得"贞操"无所谓的态度下，大学校园开始形成一种谈论，觉得到了二十几岁，还是"处女"，是自身不够有吸引力的表现。那些对性态度认真的大学女生，常会被当做"不够正常"来看待。这本身给大学生带来困惑。事实上，就像无法有一个统一的标准规定什么时间可以有性爱，对待贞操的态度也没有一个统一的标准，每个成年的大学生都对自己的选择负责任，任何一种选择都有其存在的合理性。也有部分女生在恋爱关系中发生了性关系，当恋爱关系终止后，害怕在之后的恋爱中，男朋友会在贞操上对自己有看法，从而产生困扰。

3. **性爱观**

性爱观是人们对于性与爱情关系的基本看法以及所持有的评价、态度。大学生在决定自己是不是实施性行为时，总体来说会带有一定的冲动性。同时随着信息传播方式的进步，以及各种思潮的影响，大学生的性爱观念有走向开放的趋势，很多人认为爱与性可以同时产生，还有人认为可以先有性后有爱。有些人在考虑到爱情因素的同时，也会伴随关于性道德的思考。如有些女生在发生性关系后，因为有了性爱的行为，会觉得自己不再是一个"纯洁"的人。

4. **性态度**

性态度是指一个人对自身与"性"有关问题和事务所持有的态度、选择和做法，以及个人对社会的性现象的看法和评价。总体来说，当今大学生对性的态度更加开放、健康、宽容，对性爱的扭曲性理解也相对少，如在对待同性恋、同性恋婚姻等问题上持认可的态度。

(二)拒绝性要求

恋爱关系中的男女双方，当关系发展到一定程度，总是面临这样一个坎：男生会以爱情的名义向女生提出性的要求。许多女生在这个问题面前会存在矛盾心理，如果不答应，显得自己不够爱对方，但如果答应，很多时候其实自己并没有准备好。作为恋爱中的任何一方，如果觉得自己没有做好发生性行为的心理准备，都有权拒绝对方不成熟的性要求。同时，性交并不是表达大学生的性兴趣、完成性满足的唯一方式，有很多风险较低的方式可以使大学生对自我感觉更好，并能肯定自身的价值。对于每个大学生而言，除非已经思考过"性"的种种意义，并且将"性"融入自己的价值观，否则"冲突"、"罪恶感"、"羞耻感"及其他负面的感觉都会掩盖性爱带来的益处。恋爱中的感觉十分强烈真实，产生性的冲动也很正常，然而性欲则是可以克制的。对性冲动、性欲望的过度压抑和轻率发泄都会给青年大学生带来痛苦和伤害。

心灵小贴士

如何拒绝男友提出的性要求

1. 别的恋人之间都是这样做的，我们那么相爱，就试试吧。

——别人是别人，我是我，我相信好多人都不会这样做，包括我在内。

2. 如果你真的爱我，就应该理解我的感情，我真的非常想和你做爱。

——我不跟你做爱，不等于我不爱你，如果你爱我的话，就不要逼我做我不想做的事。

3. 我们大家都彼此那么爱对方，还有什么不可以做的呢？

——但是，我们还没有足够的准备，我还要好好想一想。

4. 来啦，我们都是大人了，都已经成熟了，还等什么？

——成熟的人，做什么事情都会想得很清楚，并会考虑后果。不如我们先讨论一下做过之后，会有怎样的后果和责任，你说好不好？

5. 我们上次不是都已经试过吗？感觉也不错，这次你怎么又不愿意了？

——上次归上次，现在我要再想想清楚。我想你是不会逼我的，是不是？

6. 有性的要求是正常的，而且性行为会带来快感，你不想试试吗？

——你付出那么多，就是为了试试看？那你就别搂着我了。

7. 总之我太爱你了，有些控制不住，现在就想要。

——你太冲动啦。如果你爱我，就应该顾及我的感受。

8. 我知道你其实同我一样很想试试的，为什么不试试呢？

——其实你都不知道我想要什么，证明你不了解我。我要的是真正关心我，并尊重我的人。

9. 拥抱使我很兴奋，如果你真的很爱我，就证明给我看。

——Sorry，我不想的，爱不是这样证明的吧！不如我们冷静一下，好不好？

10. 如果你不肯，就说明你并不真正爱我，那我就找别人啦。

——我觉得你好不尊重我，你真的爱我？如果你真的是这样想的，我倒要好好想想你是否真正值得我爱。

（佐斌：《大学生心理发展》，北京，高等教育出版社，2004）

（三）常见各式避孕法

恋爱双方要相互尊重，在发生性关系前，制定防范未婚先孕的规则，并努力遵守，了解预防怀孕的措施，进行安全的性行为，能保护恋爱中的双方。从医学角度看预防怀孕的方法很多，但有一些是不适合年轻人的，具体的避孕方法有。

安全期避孕法：避孕成功率70％～80％。这是一种根据排卵规律避免生育期性生活的方法。月经规律的女性，大约在预算的下次月经前14～16天排卵，在此日期前后2～3天内不安全，其他日期是安全期。在排卵期，会有轻微腹痛，腹胀，白带透明拉长丝，或极少量出血，性欲比较强的现象，但其他因素也会造成类似的现象，长期使用这种方法很不安全。

外用避孕药（包括避孕药膏、药膜）：避孕成功率70％～80％。这是一种使用含杀精子药物的可溶性药膜，降低精子的活动能力的方法。在性生活前，将药膜团成一团放入阴道，溶化后可起作用。医生关照：有人每次误将药膜吃掉，有人将膜之间的分隔纸放入阴道，都不能达到避孕效果，还有膜放置的情况因人而异，因此避孕效果较差。

男用避孕套：避孕成功率80％～90％。这是一种避免精子与卵子相遇的方法。在性交前，由男方套在生殖器上。该种方式是年轻人中最普遍使用的方法，最大的优点是使用方便，不影响双方生理状况，还可以防止性传播疾病。坚持使用的最大障碍，是无论如何改进避孕套的质地，仍有一些人感到这层薄膜影响了他们享受性爱。

宫内节育器：避孕成功率95％以上。这是一种防止受精卵在子宫着床的方法。由医生放入子宫内。环的放置和取出需要一定的操作，放环后可能会有经量增多，经期腹痛，或诱发炎症，多用于产后妇女。必须注意：带环前先到医院检查，有妇科炎症、月经不规律或过多、生殖器肿瘤的女性不宜带环。

紧急避孕：紧急避孕药——要求在无保护性交或避孕失败的性生活后24小时内首次使用，最迟不超过48小时。这是一种改变子宫内膜，使孕卵不能着床的方法。紧急避孕不应作为经常使用的避孕手段，因为它不能阻止排卵和受精，此种药物对子宫内膜和内分泌干扰很大，用后往往有不正常出血和闭经。

此外，还有口服短长效避孕药的方法等。

世界卫生组织(WHO)的性病分类

◆一级性病：艾滋病。

◆二级性病：梅毒、淋病、软下疳、性病性淋巴肉芽肿、腹股沟肉芽肿、非淋菌性尿道炎、性病性衣原体病、泌尿生殖道支原体病、细菌性阴道炎、性病性阴道炎、性病性盆腔炎。

◆三级性病：尖锐湿疣、生殖器疱疹、阴部念珠菌病、传染性软疣、阴部单纯疱疹、加特纳菌阴道炎、性病性肝周炎、瑞特氏综合征、B群佐球菌病、乙型肝炎、疥疮、阴虱病、人巨细胞病毒病。

◆四级性病：梨形鞭毛虫病、弯曲杆菌病、阿米巴病、沙门氏菌病、志贺氏菌病。

传播途径：通常，性病的传播途径主要有以下五种方式：直接性接触传染、间接接触传染、胎盘产道感染、医源性传播、日常生活接触传播。据统计，占90%以上的性病是通过性交而直接传染的，因此，性病的传播主要是通过性接触。假如有过性行为，而出现身体，尤其是生殖器官上的症状，千万要去正规医院就诊。

二、化解各种"性"危机

(一)如何处理在校内或校外遇见的性骚扰

整个社会人群中由"男""女"按各一半的比例组成，只要存在男性，女性就可能会被骚扰。在女性的一生成长过程中，似乎每个人都会遇见被骚扰的情形。学会化解"性骚扰"危机是女性要学会的处事本领。

一是保持头脑冷静镇定。在遇见性骚扰时，不要惊慌失措，在躲避的同时敏锐地觉察到自己身处的环境和被骚扰的方式，要沉着冷静、机智勇敢地与坏人作斗争。如果遭到暴力胁迫，应机智地把罪犯引到人多的地方，在适当的时机大声呼救并勇敢地进行抗争，努力搜集证据以便公安机关的工作。

二是肯定自己受到骚扰。先确定对方是有意进行性骚扰，而非不小心碰到。在性骚扰时

嗨！美女，请撑起"性的保护伞"。

既可以大声呼喊，也可以用牙咬，用手狠抓罪犯的脸部皮肉，制造伤痕特征，以便侦破。可以用脚猛踢骚扰者的下身，迫使其放弃流氓举动。

三是沟通表明内心感受。在第一次受到性骚扰时，就应当向对方明确表明态度，这种态度的表明方式，可以是无声的断然拒绝，也可以是有言在先，要求对方检点自己的行为。要以极大的勇气、刚强的语气、义正词严的气概来回应骚扰者，威慑侵害者和防范性骚扰的侵害。

四是做好自我保护。注意外出时服装不要过于暴露，当发现有人不怀好意，有性骚扰行为时，应主动回避，尽量疏远他，减少接触和交往。

五是寻求专业人士协助。对于有性骚扰行为的人，应及时回避和报警，不可有丝毫的犹豫不决。身体上的创伤要及时检查并治疗，心理上可以寻求心理医生、心理咨询师的帮助。

六是向你信任的人倾诉。被骚扰后应该及时向家长、老师或组织上反映，依靠外界的力量来教育、帮助对方，依靠亲友的力量来保护自己，及时制止性骚扰。同时，也可以向要好的朋友或是家人倾诉并寻求帮助。

七是做好证据的搜集工作。记住骚扰者的面部特征，事故发生时寻求一切可能留下的证据，如人证、物证等，努力搜集证据以便公安部门侦破。

八是如果情节严重可向公安机关报案，公安机关如果不予受理，可向人民法院提起刑事自诉。要警惕那些行为不端的成年男性的骚扰，一旦发现有异常，可及时报告有关部门和人员。如果性骚扰达到一定的程度，而孤立无援或忍无可忍时，应该主动向公安机关报案，依法制裁违法犯罪行为。

尤其对女大学生而言，如何预防及避免性骚扰呢？以下是几点建议。

一是在日常生活中，避免穿袒胸露背或超短裙之类的服饰去人群拥挤或僻静的地方。

二是外出时，尤其在陌生的环境中，要注意那些不怀好意的尾随者，必要时采取躲避措施。

三是对于有性骚扰行为的人，应及时回避和报警，不可有丝毫的犹豫不决。

四是万一遭遇性骚扰，尤其是性暴力，应大声呼救。

五是遭遇性骚扰，也可机智周旋，还应设法保留证据，及时向有关部门求助和告发。

六是受到伤害后，应尽快去医院检查，以防止内伤、怀孕或感染性病等，并及时进行心理咨询、心理治疗，医治精神创伤，学会保护自己。

（二）应对"约会强暴"

单独与男性约会是难免会发生的事。但关系还没建立到足以发生性关系时，要注意以下几点。

一是避免和男性单独出入暧昧场所，如酒吧包厢、KTV 包厢、电影院等地。这些场所是约会强暴作祟的宝地，更要避免自己一个女性和一大帮男性相处太久；晚上太晚回家应打的，而不要单独经过小巷或者无人街道，最好不要单独让男性送回家，就算被送回家，也请在楼下就道别，不要引狼入室。

二是如果需要和男性共赴晚餐或者做其他活动，应挑选对面而坐的单独座位，避免双人座位，将自己困在里面。相处期间，如果对方言语或行动不尊重，则可以假装打电话，发短信，以破坏对方兴致，甚至借口去卫生间打电话叫救兵。一旦觉得情况不对，可以借故去洗手间而偷偷溜走，事后再打电话说找不到路，不要挂念面子问题，要知道，安全第一。

三是警惕陌生人或者是不熟悉人的食物、饮料、香烟等，这些东西很可能掺有药品，一旦被下药而昏睡过去，则后果不堪设想。同时也要注意，在公共场合，比如说酒吧、KTV 等地，如果中途离开再回来，请不要再食用桌面上的任何食物或饮料。如食用不小心被下药的食品，应在理智尚未消失之前借口上厕所，躲进女厕，趁机呼救。

第十讲

革新学习——整合学习模式

大学学习一定不要忽视积累的力量，
从任何时候开始累积都不晚。

聪明在于学习，天才在于积累。

——列宁

当嫩芽长成大树

一个星期三的下午，正当上班时间，晓煜急匆匆地冲到辅导员老师的办公室说："老师我实在是熬不住了，想跟你聊聊。"辅导员看到晓煜慌张的模样，赶紧放下手中的活儿，倾听晓煜的苦恼。

晓煜跟老师说："我发现一件很严重的事情，自己在高中的时候除了应付考试，根本没有读过几本书。可是现在的大学生活对我们知识面的要求很高，不管是在课堂上，还是在课外活动中，都要求我们学识渊博。每当上课时，老师总是会说，哪一本书在这一领域内真的很有名，你们应该都看过吧。听到这样的话，看到其他同学微微点头示意看过，我每次都想找个地洞把自己藏起来，因为这些别人熟知的书籍我压根儿没有听说过。再看看我身边的同学××，不管是哲学、历史还是文学，都有着很深的积累，这才像是一个真正的大学生。而我自己的这种状态真的来不及了，再怎么努力都没有办法赶上身边这些同学。"

辅导员听了晓煜的这段话之后，心中的担心放下来。因为这种"来不及"心态在刚入大学的同学们中间非常普遍。辅导员给晓煜讲了他的一位师姐的经历，顿时缓解了晓煜内心的这种焦虑。

晓煜的师姐玮玮刚进大学时是宿舍10个女孩中唯一来自农村的同学。刚开始大家开卧谈会时，不管是谈到文学作品还是谈到影视作品，哪怕是明星八卦，玮玮都插不上嘴。玮玮也不是没有难过过。尤其是当室友无意中的那句"你连这个都不知道啊"，更是让玮玮觉得自己简直是个文盲。但玮玮没有让自己停留在这种难过中，而是从看每一本自己想读的书，看每一部自己想看的影视作品，写每一篇自己的读书感受开始积累。渐渐地在宿舍同学谈大家共同看过的文学作品时，她也能发表自己独到的意见了；在专业课程上，也会得到很高的考分。更因为她自己的努力，玮玮获得学校一份刊物的编辑工作。这对一位中文系学生来说，是很难得的锻炼机会，可是这样的机会也意味着要在学习之余付出更多的辛勤劳动。玮玮后来说："可是这样的努力，何尝不是另外一种学习呢？"

到大学毕业的时候，玮玮虽然在大学期间不是最突出的那一类学生，没有拿过头等奖学金，不是学生会干部，可是她的成长却是让人感动的。用她自己的话来说就是："如果说我在刚进大学的时候是一棵只有两片叶子的嫩芽的话，那么在我大四毕业的时候，我已经长成了一棵枝叶繁茂的树木了。大学带给我的不仅仅是获得了名校研究生入学的资格，还有这种知识结构的丰富和视野的开阔。而大学学习最大的感触就是一定不要忽视积累的力量，从任何时候开始累积都不晚。"

学习对于大学生来说，是最不陌生的内容。每位进入大学的学生都经历过小学阶段、中学阶段的学习生涯。在过去十来年的学习过程中，大部分人形成了各自的学习习惯，有能力运用各种学习策略提高学习效率，在学习不同学科知识的过程中，对学习的兴趣初露端倪……正因为此，许多人初入学时，常把大学学习放在次要的位置上。但凡已经尝过大学学习滋味的同学都有深切的体会，"此"学习非"彼"学习，大学学习与之前任何阶段的学习大不同：学习方式、学习内容、老师教授的方式、学习的目的……再回头去看过去的学习生涯，也许学习对许多人来说意味着升学的压力、枯燥的应试、长时间的挑灯夜读……谈到学习兴趣、学习动力、创新学习等，许多人脸上一片茫然。尽管与学习相伴这么多年，却未曾识得其真面目。本章内容试图结合大学学习以及时代的特点，从学习心理视角出发，对大学学习进行一番梳理。

第一节　学习的心理学概述

从心理学的视角了解与学习相关的要素，有利于帮助大学生更清楚地去审视大学的学习生涯。如有部分同学进入大学之后缺乏对学习的热情，这种状态很有可能与学习动机不足有关；还有部分同学特别渴望能在大学期间学业上有所作为，但在实际学习过程中遇到许多困难，这时如果能从学习的策略、学习能力方面进行调整，便能减轻愿望与现实之间差距形成的焦虑。针对学习的心理学研究特别多，本节内容挑选与大学生学习关联最紧密的大学学习的特点、学习动机、自主学习的理论做相关介绍。

一、学习的含义

(一)学习的定义

"学习"一词，我国古代文献中早就有。孔子说："学而时习之，不亦说乎？"又说："学而不思则罔，思而不学则殆。"许多心理学家、教育学家和哲学家从不同的观点角度提出了学习的定义。联合国教科文组织在 1987 年所作的《学习，财富蕴藏其中》报告中指出：学习是指个体终身发展、终身教育的理念。

学习的概念有广义与狭义之分。从广义上讲，学习是人和动物在生活过程中通过实践训练而获得的由经验引起的相对持久的适应性的心理变化，即有机

学生的学习具有一定程度的主动性，学校学习主要不是为了适应当前的环境，而是为了适应将来的环境。

体以经验的方式引起的对环境相对持久的适应性的心理变化。狭义的学习指学生在教学情境中通过与教师、同学以及教学信息的交互作用，获得知识、技能、态度的过程。

学生的学习是以掌握间接经验为主，学校学习不必要也不可能事事从直接经验开始，而可以从现有的经验、理论、结论开始。学生的学习具有一定程度的主动性，学校学习主要不是为了适应当前的环境，而是为了适应将来的环境。学生的学习是在教师的指导下，有计划、有目的和有组织地进行的。由于教师既掌握所教知识的内在联系，又了解学生学习过程的特点，因此，能够保证在较短时间内，采用特殊有效的方式，帮助学生学会学习，完成掌握先前经验和建构自己的认知结构的学习过程。

综上所述，学生的学习是在教师的指导下，有目的、有计划、有组织地掌握系统的科学知识和技能，发展各种能力，形成一定的世界观和道德品质的过程。

心灵万花筒

大学教育能带来什么

值得仔细重新审视的问题是：我们究竟为什么要设立大学？大学本科"自由"教育的目的为何？它跟其他形式的后高中教育有何不同？

尽管许多人都十分清楚自己以后希望从事何种职业，但很多人——如果不是最多的话——尚未完成自己的成熟过程，仍在寻求对自身和生活目标的理解。有必要为这些人提供一种环境，让他们继续发展，在世界上无限广阔的兴趣领域中自由涉猎，以自己的节奏、用自己的方式去学习，也许更重要的是，去跟别人——无论老少——进行互动，通过交谈和合作的方式接触他人的知识和智慧。

大学应该关注那些对学生具有内在价值的领域，即学习起来令人愉悦的方面，而非那些实用的外在价值方面。大学本科阶段教育的目标应该是提供一种环境，让学生有机会、有闲暇时间愉快地涉猎广泛的知识领域和各种人生体验。

大学本科教育还应具备另外一种功能。它应该培养和鼓励创造性，使学生能够在一生中继续开发学习如何学习的能力，及拥有内在动力一直学习下去的能力，目的是获得学习过程中内在的奖赏与愉悦。

这样一种环境应该提供一种理想的氛围，年轻人可以在其中完成自己的成熟过程，可以发现自己的长处、弱点、爱好、兴趣，并最终发现命运。

（阿克夫·格林伯格：《21世纪学习的革命》，北京，中国人民大学出版社，2010）

以上的文字是从学校的角度出发，营造什么样的环境来培养大学生。大学生从自身的角度出发也能从以上的文字中，找到在校期间，究竟应该学什么，培养哪些学习能力，以及大学学习有哪些特点。

（二）大学生学习的特点

1. 自主性

在大学，学生有选择什么时候学、为何学、学什么、怎么学的自由。学生自由选择学科专业和课程，自由地安排学习计划、学习时间和学习内容，自由地选择学习方式、方法，自由地参加各种活动，甚至可以自由转学。自主的学习就是要有明确的学习目的，知道自己为什么学，并有明确的计划安排。不能仅靠上课记笔记，下课整理笔记，还应按老师布置的书目、论文去自觉主动地学，还可以挤时间去学一些自己感兴趣的内容，多参加讨论交流，多听学术讲座，多参加社会实践活动等。在一切学习活动中去发现、提出和解决问题，去发现、认识、完善自我。

2. 专业性

大学是一个人系统地学习专业知识的开始，具有明显的职业方向性。大学学习为将来从事专业工作做准备。从本专业的基础课程开始逐步深入，在脑中逐渐建构起本专业的知识框架，并不断丰满成熟、逐步走在本专业知识的前沿。现代科学发展的特点是学科划分得越来越细，同时不同学科间的相互关联和相互渗透又越来越明显，这一特点要求当代人不仅要懂得自己的专业，同时也要了解相关学科的知识。大学生既要专又要博，做到专而不窄，博而不滥，只有这样才能相互促进，有利于成才。

3. 探索性

大学生在理论思维、实践思维发展的同时，独立思考的能力也在发展。学术上的新观点、新理论、容易触动大学生的创造欲。大学生不满足采用简单的、与任务一致的、人所共知的方法解决问题，而是寻求变异，探索创新，在学习和科研活动中表现出创造性解决问题的能力。大学阶段热心探索事物的本质，喜欢怀疑和争论，要求有说服力的逻辑论证，对于自己经过深思熟虑的看法，不会轻易放弃。这一探索性特点帮助大学生在学习中更深入地掌握知识，也是发现新事物，提出新思想、新观点、新理论的基础。大学生独立思考并以多种方式解决问题的发散性思维能力不断增强。

4. 多样性

多样性是指大学生通过课堂教学之外，还可以通过多种渠道来获得知识，如网络、学术报告、知识讲座、专题讨论、社会调查、参观考察等，这些都为大学生的发展提供了广阔的平台。多样性的另一种的表现是，大学生在学习活动中可以发展自己的兴趣。大学生可以按自己的兴趣和意愿有选择地学习一些知识，如可以选修不同学科的课程，辅修另一个专业，还有些学校学生可以读双学位。

二、学习动机

(一)学习动机的定义

动机是由某种需要引起的有意识的行动倾向。它是激励或推动人去行动以达到一定目标的内在动因。大学生学习动机是直接推动学习的内部力量，也是一种学习的需要，这种需要是社会和教育对学生学习的客观要求在学生头脑中的反映。

学习动机一般分为两大类型。

第一类，从作用久暂性看，学习动机有间接的远景性动机与直接的近景性动机。前者是与社会意义相联系的动机，是社会要求在大学生学习中的体现，如青年马克思为人类幸福而奋斗的人生目标是在中学时代确立的，早年周恩来"为中华崛起而读书"的理想，毛泽东将理想称为"人生之鹄"。这些都与大学生的人生观、世界观有着密切的联系。这种动机具有较大的稳定性和持久性，能在较长时间内发挥作用。直接的近景性学习动机是与学习活动直接联系的动机，是由对学习的直接兴趣，对学习活动的直接结果的追求引起的，如大学生为获得学位、通过某门课的考试而学习，其作用短暂而不稳定，容易受情境变化而变化。

第二类从内部与外部分为内部动机与外部动机。凡是大学生根据自身的意志、兴趣、爱好而进行学习的动机因素都是内部动机，如明确的学习目的与强烈的求知欲是内部动机，它具有持久性、主动性等特点；与此相反，在外因的驱使下，如由家长、教师等一些学习者以外的人所提供的赏罚手段或诱因来推动学习者学习，这是外部动机。这种动机是短暂的，引起的学习是被动的。

(二)大学生学习动机的特点

学习动机产生于对学习的需要，是受社会环境、教育过程和个体心身发展水平的影响而发展起来的。随着大学生身体心理与社会性发展，大学生的学习动机呈多元化特点。

1. 学习动机的多元性

大学生学习动机的多元性主要表现为四大类：第一类是报答性和附属性学习动机。如为了报答父母的养育之恩，为了不辜负老师的教诲，为了取得其他同学的认可和获得朋友的支持等。第二类属于自我实现和自我提高的学习动机。如为了满足荣誉感、自尊心、自信心、满足求知欲等而学习。第三类属于谋求职业和保证生活的学习动机。如为了获得一个理想的职业和高回报的收入而学习。第四类属于事业成就的学习动机。如希望自己在专业上有所建树，希望自己能对社会有所贡献，深感使命感、责任感和义务感等。

大学生学习动机的四种类型，实际上也表现出大学生在学习中的不同层次和水平。在同一个大学生身上，其学习动机也是多种多样的，而不是受其中单一的动机所支配。

2. 学习动机的间接性

有调查显示，大学生的直接性学习动机，如分数赞赏、奖励、避免惩罚等随着年级的升高而逐渐减弱；而间接性学习动机，如求知欲、探索、成就、创造、贡献等，随年级的升高而逐渐加强。不仅大学生直接性学习动机随年级的升高而逐渐减弱。教育实践的经验也表明，低年级大学生对考试分数很重视，常常因不能取得高分而苦恼。随着年级的升高，学生对分数仍很重视，但注重的程度减弱了。相当多的高年级学生，在某些课程上只要求通过考试，在另一些课程上则特别注重广泛吸取知识，参与创造性的探索工作，掌握现代化的科学研究方法。这也说明了随着年级的提高，大学生的直接性学习动机逐渐减弱，而间接性学习动机则逐渐增强。

3. 学习动机的职业性

我国在校的大学生，虽然绝大多数是按其报考志愿录取的，但学生的高考志愿往往并非出自学生个人的意愿(如囿于高考分数的限制或听从父母的意见等)，而带有相当大的盲目性。因此，不少大学一年级学生对自己所学专业缺乏学习兴趣。但是随着年级的升高，学生对所学专业的了解日益加深，认识到所学专业的作用，从而对自己所学专业的喜爱程度逐年加深，职业化的学习动机开始逐渐巩固。

当然，大学生学习动机的发展也存在着很大的个体差异。造成这种差异的原因是多方面的。如社会、家庭、教师及大众传播的影响，学生集体的相互关系，个人的成败经验及成就动机，都直接影响大学生的学习动机。

心灵瑜伽

测测你的学习动机

请根据你的实际情况，对下列题目作出"是"和"否"的回答。

1. 如果别人不督促我，我是很少主动学习的。
2. 当我学习时，需要很长时间才能提起精神来。
3. 我一学习就会感到疲劳和厌烦，只想睡觉。
4. 除了老师指定的作业外，我不想多看书。
5. 如果在学习中有不懂的地方，我根本不想弄懂它。
6. 我常想自己不需要花太多的时间，成绩也会超过别人的。
7. 我迫切希望自己能在短时间里大幅度提高自己的学习成绩。
8. 我常常为不能在短时间里提高成绩而烦恼。
9. 为了能及时完成某项学习任务，我宁愿废寝忘食，通宵达旦。
10. 为了能学好各科，我放弃了许多自己感兴趣的，如体育锻炼呀、看碟呀、游玩等。
11. 我觉得学习很没意思，想去找份工作做做。
12. 我常认为课本上的基础知识是没什么可学习的，只有高深的理论、长篇大作才能吸引我。
13. 我只在喜欢的科目上狠下工夫，而对不喜欢的就放任自流了。
14. 我花在课外读物上的时间要比花在教科书上的多得多。
15. 我把自己的学习时间平均分配在各科上。
16. 我给自己定下的学习目标，多数因为做不到而不得不放弃。
17. 我几乎毫不费力地就能实现自己的学习目标。
18. 我总是同时为能实现几个学习目标而忙得焦头烂额。
19. 为了对付每天的学习任务，我已经感到力不从心了。
20. 为了实现一个大的目标，我不再给自己制定循序渐进的小目标了。

结果反馈：

上述20个题目可以分为4组，它们分别测查学生的学习欲望上四个方面的困扰程度：1～5题测查学习动机是不是太弱，6～10题测查学习动机是不是太强，11～15题测查学习兴趣是否存在困扰，16～20题测查学习目标上是否存在困扰。假如被试者对某组（每组5题）中的大多数题目持相同态度，则一般说明学生在相应的学习欲望上存在一些不够正确的认识，或存在一定程度的困扰。

从总体上，选择"是"记1分，选择"否"记0分，将各题得分相加，算出总分。

你的总分在14~20分：你的学习动机方面有严重的问题和困扰，需要立即调整了；6~13分：说明你的学习动机方面有一定的问题和困扰，需要适当的调整；0~5分：说明你的学习动机方面有少许的问题和困扰，必要时可调整。

（马存根：《大学生心理健康教育》，北京，人民卫生出版社，2005）

三、自主学习

（一）自主学习概念

自主学习指学习者在教师的指导下，对自己正在进行的学习活动进行主动、积极、自觉地计划、监控、评价、调整的过程。

根据齐莫曼（Zimmerman）的自主学习理论，提出了自主学习能力培养的六个方面内容，具体如下。

①学什么：自主安排学习内容的能力——会设定适合自己的学习目标；会根据情况自己安排学习内容……

②何时学：时间管理能力——会合理安排学习和作业的时间，会合理分配学习时间，能够根据学习任务的难度不同分配不同时间……

③如何学：运用和选择学习方法（或策略）的能力——会预习和复习的方法；会概括和分类学习内容；会选择和运用适合自己的学习方法……

④学什么、如何学：学习过程监控与调节能力——学习时能排除掉分心和干扰的事情；学习过程中检验自己做得对不对，在学习过程中时时监控自己的学习过程……

⑤学什么：学习结果的评价与强化能力——对一天或一堂课的学习做总结并分析得失；会自我鼓励……

⑥哪里学、和谁学：学习环境的控制能力——会向老师、同学和其他人请教问题；会到图书馆或网上查找学习资料；会迅速运用各种方法找到自己需要的资料……

（二）自主学习的必要条件

现代心理学认为，学生要做到自主学习，必须具备三个条件：其一是心理要达到一定的发展水平，其二是要具有内在的学习动机，其三是应具备一定的学习策略。

1. 能学

自主学习必须以一定的心理发展的水平为基础，也就是说必须"能学"。自主学习在很大程度上依赖于自我意识的发展。研究表明，我国高中生的自主学习能力的总体发展水平还不高，自主学习能力发展不平衡，做笔记、拟大纲、驾驭教材等的能力还较差。因此，在大学生中开展自主学习教育仍然具有重要的意义。大学阶段学生的自我意识有了明显发展，学习的目的性、独立性逐步增强，对学习的自我监控、自我评价能力进一步改善；他们已掌握了一定数量的学习策略，在课堂教学之外，能够较为自觉地安排自己的学习活动；有能力独立地确定学习目标、制订学习计划、选择学习内容、运用学习方法、监控学习过程、评价学习结果。

2. 想学

自主学习必须具备内在学习动机，也就是自己"想学"。现代学习心理学认为，与自主学习有关的内在学习动机的成分主要包括自我效能感、目标意识、价值意识、内归因倾向、兴趣等。自我效能感是学生对自己是否有能力从事某种学习的判断，是学习自信心在某项学习任务上的具体化。自我效能感作为一种动机因素对自主学习的影响表现为，高自我效能感的学生在学习任务的选择、学习策略的运用、学习自我监控、学习的坚持性等方面都优于低自我效能感的学生。目标意识是学生对学习目标及其意义的认识。它对自主学习的影响表现为，自主学习的学生更倾向于设置具体的、近期的、可以完成的学习目标，而帮助低学习动机的学生学会设置这样的目标有助于促进他们的自主学习动机。价值意识是指学生把学习与自己的需要联系在一起，认为学习"有用"。如把学习与自己的前途联系在一起，把学习与满足自己的求知欲联系在一起等。对学习的高价值意识是促进自主学习的重要动力之一。内归因倾向是把学习的好坏归因于自身的因素，比如自己的努力、能力、学习方法等。一般说来，内归因倾向的学生更倾向于自主学习。兴趣作为一种动机成分对自主学习的影响是不言而喻的，学生对某一门功课的学习兴趣越强，其学习的主动性、自觉性就越强。

3. 会学

自主学习必须以一定的学习策略做保障，也就是自己要"会学"。学习策略可分为两类，一类是一般性的学习策略，它适合于任何学科的学习，如设置学习目标、制订学习计划、管理学习时间、理解学习内容、评价学习结果、调控学习时的情绪等；另一类是具体的学习策略，适合于具体的学习内容，如做笔记、复述、背诵、画重点、列提纲、作小结、画示意图等。自主学习既需要一般性的学习策略，也需要具体的学习策略。国外心理学家经过长期研究鉴别出14种有效的自主学习策略，它们分别是：自我评价，组织和转换信息，设置目标和制订计划，寻求信息，记录和监控，组织环境，根据学习结果进行自我奖惩，复述和记忆，寻求教师、同伴和其他成人的帮助，复习笔记、课本、测验题等。研究表明，自主学习的学生对这些策略的运用明显多于学习自主性差的学生，这些策略也能在很大程度上解释学生之间的学习水平的差异。

第二节 玉不琢，不成器——面对学习中的难题

学生从中学升入大学，由于环境、生活方式以及人际关系的变化所引起的不适应，都会不同程度地反映到学习上，使大学新生产生较强烈的不适应感。在学习上普遍表现为学习积极性下降，呈疲劳状态，这种疲劳状态不是因身体能量消耗引起的，而是失去学习兴趣或学习单调等诸多因素所致。还有一些学生进入大学后认为，在中学阶段辛苦了许多年，进入大学可谓"苦尽甘来"，应该"歇一歇""喘口气"了，特别是把上大学看成个人奋斗目标的学生，感到"目标"实现了，就该享乐一下了，因此在学习的勤奋度上跟高中相比减少了许多。还有部分学生对学习成绩只求 60 分万岁，得过且过，平时学习不努力，要考试了才临时抱佛脚，有时虽然勉强考试过关，但是学的知识很不牢固。因而，大学生如果不能处理好大学学习过程中的心理问题，将会严重影响其学习及心理健康。

一、学习适应不良

心灵万花筒

小恒的苦恼

进入大学后，小恒觉得大学和中学的学习是两回事。在高中的时候，每堂课该看什么、该学什么，课后又该看什么、该学什么，老师都会明确地告诉学生。而进入大学后，老师上课不会说这里是重点、难点，那里是考点。上课的内容讲得飞快，笔记很难字字句句都记下来，一整章的内容一次课就完成了，有时候老师所讲的在教材上根本找不到。有时，老师还会列出一串长长的课外阅读参考书目让自己去翻。小恒原本想好好学习，但学到什么程度、如何去学都很不明确，失落感油然而生，久而久之，觉得学习也没啥劲儿。

学习适应不良大都发生在大学一

大学生在学习上普遍表现为学习积极性下降，呈疲劳状态，这种疲劳状态是失去学习兴趣或学习单调等诸多因素所致。

年级。新生步入大学，立即面临从中学到大学学习的急剧转折，而绝大部分学生对大学和中学的学习差异缺乏认识和心理准备，心理上常表现出不适应。大学生学习适应不良主要表现在两个方面。一是对大学学习的特点不适应。初入大学的新生对于大学教学方法的高度理论性、概括性和教学内容的大容量，一时很难适应。一部分大学生又未掌握适应大学的学习方法，思想上颇感有压力。二是对大学的专业学习不适应。由于种种原因，新生入学前对录取的专业了解不多，而期待又太高，入学后因为专业和兴趣不对口，而目前大类招生、转专业这些事情在大学校园里，是需要通过一定的条件才能实现的，常造成大学生的心理不适。学习适应不良以情绪障碍为主，如焦虑、不安、烦恼、抑郁、注意力不集中，进而对学习丧失兴趣。

二、学习动力缺乏

墙和剧院

从前有两名瓦工，在炎炎烈日下，同样辛苦地建造一面墙。一位行人走过问："你们在干什么？""我在砌砖"，一个答道。他的同伴却说："我在修建一座美丽的剧院！"此后，再以后……那个将自己的工作视为砌砖的瓦工砌了一辈子砖，而他的同伴则成了一名颇有实力的建筑商，承建了许多美丽的剧院。

（张大均、邓卓明：《大学生心理健康教育——诊断·训练·适应·发展》，重庆，西南师范大学出版社，2004）

就像上文小故事所蕴涵的道理那样，不同的动机导致不同的目标，不同的目标带来不同的结果。动机决定着情感、意志和才智的发挥。大学期间遇到的许多问题可能都与学习动力的缺乏相关。学习动力缺乏，是指学习没有内在的驱动力量，没有明确的学习方向，缺乏知识需求，学习兴趣不高，这也是某些学生常说的"学习没劲头"。这种学习动力缺乏主要有以下几方面的表现。

首先，学习兴趣缺失。学习新的知识本身是一件很有乐趣的事，但由于长时间学习与考试捆绑，考试的压力扼杀了学习的许多乐趣。因此许多人无法体会到学习的乐趣，也无法对学习感兴趣。到了大学阶段，当学习不再有许多管束时，这种兴趣的缺失让大学生对学习活动提不起劲，上课纪律松散，不愿意听讲，对教师布置的作业和相关任务拖拉、漠然置之。甚至产生厌学、弃学的消极情绪，使学习不能坚持下去。其次，缺乏明确的学习目标。高考过后，没有了升学的明确目标，很多大学生学习缺乏长远目标，他们不知道自己念大学究竟要学什么，学习后究竟能去做什么，愿意去做什么。短期来说，对自己在大学期间及每个学期究竟要达到什么要求心中无数。最后，缺乏目标很有可能造成学习无计划。没有目标就无从对每天的时间怎么安排、学习什么、学习多少内容、如何在多门课程中合理分配时间和精力进行详细的规划。这种由动机缺乏造成的没有适合自身的职业生涯规划方案，也没有系统的学习体系的大学生活，久而久之形成恶性循环，造成无成就感，无抱负和理想，无求知欲和上进心，没有压力和紧迫感。

三、学习动机过强

心灵万花筒

学习的阻抗

小毅从小家庭条件就不太好，为了给他创造更好的学习条件，姐姐上完高中就辍学打工给他赚学费。父母身体也不是很好。在高中阶段小毅埋头苦读，一直保持着优异的成绩，因此考入了著名大学的一流专业。他一心想通过自身的努力去改善自己的家庭境况。进入大学后，他发现按照以前的勤奋，很难维持学习上的优势，而其他方面的能力并不突出的他，也很难从其他方面找到自信。当他想争学业第一的念头越强烈，他发现自己越难集中注意力学习。时间一长，上课也经常走神，到图书馆去自习的效率也很低。

学习动机对学习活动起着发动、维护和推进作用，但并不意味着学习动机强度越大学习效果就越好。心理学研究认为，学习动机过强，不论是内部的抱负和期望过高，还是外部的奖惩诱因过强，都会使学生专注于自己的抱负和外部奖惩，而不是专注于学习，因而在实际上阻碍了学习。像上文中的小毅正是这种情况的写照。

学习动机过强的主要表现有三个方面。其一，成就动机过强。有的大学生成就动机过强，急于取得成就并超过他人，所树立的抱负和期望远远超过自己的实际能力和潜力。只盼成功，担心失败，给心理上造成很大压力，以致欲速则不达。其二，奖惩动机过强。对奖惩考虑过多，一心只想获得奖励，避免受到惩罚。如有的学生为了拿到奖学金，或者为了拿到较好的成绩为申请出国留学做准备等。奖惩动机过强的大学生大多是被动学习，以考试为中心，紧紧围着老师转，上课小心翼翼记笔记，下课认认真真对笔记，考前辛辛苦苦背笔记。这类大学生考试得分往往较高，但学得呆板，不能举一反三，灵活应变能力不强，知识面不够宽广。其三，学习强度过大。有些大学生不会合理安排学习时间，每天用于学习的时间过长，不善于休息，常常处于过度疲劳状态。

四、学习策略不当

学习"狂人"

小辉算得上是他们宿舍最勤奋的学生，每天按时六点半起床去背英语，从来不翘课，课后不管同学们玩游戏还是看肥皂剧，她总是雷打不动地去图书馆查资料，做作业。临考前，其他人都手忙脚乱地背答案，而她早已把要考试的科目复习了好几遍。可奇怪的是，每次考试的结果出来，她不仅成绩不突出，甚至还会偶尔挂科。各种考证、考级的考试她也很少有一次性通过的时候。

是不是在很多大学班级里都存在一两个类似于小辉这样的同学？他们勤奋、自律、有明确的学习目标。可就算是有这些保障，但他们也很难取得令人满意的成绩。不管从别人还是从他们自身看来，他们的付出与他们所获得的结果都不成比例。产生这种情况的大学生的突出问题很有可能是学习方式不当。大学的教学着重培养学生的自学能力，要求学生具有独立思考的自觉性和研究学习的自觉性。加之大学里课程门类多、课时多，教师讲课又不拘泥于一本教材。这样一来，依旧沿用中学的思维模式和学习方法进行学习的学生便产生了学习适应困难，如听课困难、做作业困难等。

从整体上看，学习方法是一个系统，单一的学习方法实际上是不存在的。只有从整体上系统的角度才能准确地把握学习方法。从学习策略上来说，学习方法实在是举不胜举，如果不在思想上重视探索学习方法，在理论上主动认识学习方法，在学习中积极运用学习方法，在学习后不断提炼自己的学习方法，在大学阶段，就很难在学习上做到"游刃有余"，也很难在终身学习的过程中成为"学习的主人"。

五、学习焦虑

小颖的软肋

小颖从小对学习就有种惧怕心理，最开始是害怕自己考不好会挨骂，渐渐地又害怕自己学不好会无法顺利地升学。为了考上大学，从小就接受家教的帮助。可到了大学以后没有了家教的帮助，面对大学学习，她更加对自己没有了信心，生怕自己的考试通不过，很丢脸。也因为这种对学习的担忧，让她觉得在同学面前低人一等。时间久了，似乎谁都可以拿她这个软肋来刺激她。

学习焦虑是指大学生由于不能达到预期目标或不能克服障碍的威胁，致使自尊心、自信心受挫，或失败感、内疚感增强而形成的一种紧张不安、带有恐惧的情绪状态。心理学研究表明，学生在学习过程中，保持适当的焦虑是必要的，它可以激发斗志，增强学习效果。但过度的学习焦虑会对学习产生不利的影响。

之所以会产生过度的学习焦虑，一方面是因为大学生给自己树立的抱负水平过高，远远超过了自己的能力水平；另一方面，过去学业上的失败经历使他们怀疑自己的智力和能力不如别人，如上文故事中的小颖则属于这种情况。本章开头的故事中晓煜的状况也是学习焦虑的一种明显的表现，很多人进入大学后，发现知识的海洋向自己敞开了一扇大大的门，什么都想学，什么都想学好，同时觉得之前许多年学习太单薄，尤其是如果周围有比自己"更强更好"的同学作为对比，这种焦虑会显得更加突出。还有一些学生因为背负着家长的较高期望或一定的经济压力，面对巨大的学习压力而整天"一筹莫展"。大学生严重的学习焦虑表现为学习压力大、精神长期高度紧张、思维迟钝、记忆力减退、注意力涣散、情绪烦躁、郁郁寡欢、精神恍惚、学习效率下降。

六、考试焦虑

隐形的对手

小武是一名工科学生，平时学习认真，勤奋刻苦，基础知识扎实，可一到考场，却怎么也发挥不出来水平。就算是考前他运用计算机做某些专业课的操作性考试模拟时也这样，一遇到自己不会做的题目，他就非常紧张，也许按照一般的逻辑，遇到不会做的题目先跳过，把会做的题目做完，等有剩余时间再来处理该题，但小武只要一遇到难题，就手心出汗，心跳加速，一紧张脑海里一片空白，原本会做的题目也不知道该怎么解答了。

考试焦虑是指由于担心考试失败或渴望获得更好的分数而产生的一种忧虑、紧张的心理状态。多数大学生在面临重要考试时都会产生一定程度的考试焦虑，这是正常的，但过度的考试焦虑常伴随着强烈的生理反应、认知过程和行为反应。

考试焦虑是一种负面的情绪状态，给人带来痛苦的反应，它既可能是一种暂时性情绪状态，又可以持续发展成为焦虑性神经症。从生理反应来看，过度考试焦虑者，表现为在考试前后心率加快、肠胃不适，可能出现原因不明的腹泻、多汗、尿频、头痛、失眠等，这些生理反应常会导致焦虑加深。考试过程要求参考者注意力高度集中，过度的考试焦虑会分散和阻断注意过程，使大学生的注意力分散，影响回忆的过程，使思维陷入混乱和停滞的状态，从而影响考试的发挥。考试焦虑水平过高，会降低一个人的自我评价水平，使他们丧失自信心，以致自我意识方面产生偏差。长期处于过高的考试焦虑水平的大学生，会变得退缩、害羞、过分胆小和富于攻击性。

第三节　做学习的主人——打造新的学习模式

古今中外，有无数的名师大家表达过关于学习的乐趣，学习带给人生的改变，以及学习之于人生的各种重要意义。如宋庆龄曾说，"不管你走哪条路，你不能赤手空拳地开始你的行程，你必须用知识把自己武装起来"。李大钊认为，"知识是引导人生到光明与真实境界的灯烛"。培根（Bacon）觉得，"人有多少知识，就有多少力量，他们的知识和他们的力量是相等的"。很遗憾的是，许多与学习相关的乐趣都消散在升学考试的压力中，而真正能领会到学习的乐趣，形成良好的学习模式的学生并不多。好在高尔基曾经说过"学习，永远不晚"。台湾地区学者齐邦媛在回答记者提问时说道："我希望中国读书人，无论读什么，能早日养成自己的兴趣，一生内心有些倚靠，日久产生沉稳的判断力。"大学生如果能在大学期间，重新审视自己的学习动机，培养自身的自主学习的能力，树立终身学习的观念，激发自身的学习兴趣与热情，便能成为学习的主人，从学习的过程中获得知识、智慧，享受学习带来的愉悦感。

一、确立适当的学习目标

戴尔·卡耐基指出："每一个人都应该努力根据自己的特长来设计自己、量力而行。根据自己的环境、条件、才能、素质、兴趣等，确定前进的方向。"在认识自我的内容中，涉及自尊时提到独立性自尊的重要特点是与自己进行比较；在设立学习目标时，注重从自身的起点出发，是非常重要的原则，既要有远大理想又不要"好高骛远"。心理学研究表明，学习目标和抱负水平太高，容易因经常达不到理想的目标而焦虑和丧失自信；学习目标和抱负水平太低，则很难对学习活动的动机起到激励作用，不利于学习水平的提高；只有适合自己的同时又稍高一点儿的学习目标和抱负水平，才既能对学习活动起到真正的推动作用，同时又不会给学习能力和学习基础有局限性的大学生造成不必要的学习心理压力和心理障碍。

二、激发学习兴趣和学习热情

"兴趣是最好的老师。"学习兴趣是人们在认知过程中的某种情绪情感的倾向性。学习过程既是理性的又是感性的。在学习过程中不仅要调动理性的心理元素（思维和记忆等）参与，而且要充分调动感性心理元素（兴趣、热情、感知觉、想象等）的参与。其实认识过程本身的特点就是从感性认识到理性认识。

学习有了兴味,就肯用全副精神去做事,学与乐不可分。

——陶行知

陶行知先生曾经说过:"学习有了兴味,就肯用全副精神去做事,学与乐不可分。"许多大学生并不知道自己真正的兴趣点在哪里。每个人的动机决定了在不同行为中的时间分配,越是感兴趣的活动,花的时间就越多。因此观察和记录自己花费在某项活动上的时间,就可以知道自己的兴趣所在。明确自己的兴趣活动是什么,并把它与学科学习联系起来。比如,喜欢摄影就把它与影视课程联系起来,喜欢唱歌就了解声乐知识,喜欢阅读把它与文学联系起来,进一步把学到的东西运用到现实中。当有兴趣支持学习行为时,也许也会遇到许多困难,但许多人的经验表明,这种热情的投入并不让人觉得辛苦和疲倦,而更多的是一种内心的满足感。

三、注重有效的学习策略和方法

科学有效的学习策略和学习方法是有效帮助大学生积极健康地学习、提高学习效率和成绩、减轻学习压力的重要措施和有力保障。大学生在整个学习过程中,应高度自觉地意识到自身思维认识和整个学习活动的心理状态,对认知流程学会实时监控,学会不断地总结自己的学习经验和策略,学会学习,让自己进入健康高效的学习状态。

从某种意义上说,学会学习就是学会学习的方法。人们常把方法比做路、比做桥、比做工具,这是十分生动而恰当的。法国杰出的哲学家、数学家笛卡尔有句名言:"最有价值的知识是方法的知识。"在爱因斯坦著名的"成功方程式"里,"正确的方法"也是三分天下有其一。掌握科学而适合自己的学习方法,是大学生学会学习的关键。

四、培养自主学习的学习态度

大学课程的设置以及相对轻松的学习环境为我们每一个人提供了相对适合各自个性发展的空间。再也没有班主任、任课老师来检查各科作业完成得如何,也没有了月考、期中考试等定期的考察。因此在学习这件事情上,大学生有史以来拥有了最大的自主权。大学生自主学习的能力,首先体现在要学会有效地安排自己的时间。清晨的校园里有的同学一大早就起床开始晨读,而有的同学却一直到要上课的时候还窝在被窝里呼呼大睡;夜幕降临的时候,有的同学匆匆赶去教室或者图书馆上自习，而有的同学却沉迷在网络中不能自拔……要知道，大学的时光是很宝贵的一段。怎样有效支配自己的时间也许每个人都不同的方法，但是，记住一句话：不管是什么，都要学会享受却不沉溺。学习如此，游戏娱乐亦是如此。其次，大学生要学会自主选择学习内容。除了必修课和基础课以外，大学生对开设的选修课和大学的各种讲座、活动内容，可以根据自己的需要、兴趣、特长进行取舍。最后，大学生的学习已不再是靠硬记去背老师整理过的一些东西，而是靠自己去理解消化知识。这个靠自己选择合适的学习方法的过程就充满了自主性。

五、树立终身学习的意识

在知识迅速增长的今天，学习势必成为个人生活的基本方式和持续终生的事业。大学文凭并不意味着一个人受到了足够的教育，相反，意味着个体需要用一生去追求更多——更多的知识、更多的思想、更多的挑战。1994 年 11 月，欧洲终身学习促进会在罗马召开了"首届全球终身学习大会"，指出："终身学习是 21 世纪的生存概念。"21 世纪是知识经济的时代，它要求拥有、积累、创造、转化、分享知识，而学习正是获取与运用知识的基石。知识经济最强调的是速度，目前人类知识量，每两三年就会倍增。因此，任何学校都不可能使学生学到他终身受用的知识，学校所能给予的知识是最基本的知识，个人仍需要在学校外获得大量的新知识，才能应付知识社会的挑战。因此，培养终生学习的观念，提高自学的能力，对于即将进入社会的大学生来说，既是时代、社会和兴业的要求，又是自身积极、主动的行为。瓦尔特·司各特说"每个人所受教育的精华部分，就是他自己教给自己的东西"。当大学生经过四年的大学学习生涯，能将在大学获得的终身学习的理念以及自学的能力应用在今后的工作生活中，他就在大学期间领会到了大学教育最重要的精华，也采摘到了学习这朵瑰丽的花朵中，最芬芳的蜜糖。

第十一讲

挫折应对——让挫折成为成长的资源

人生在有段途中,会遇到很多挫折
你要做的,就是坚持下去,前面会有惊喜等着你的。

　　在挫败时，我接受事实，但不颓丧，不让它苦恼我，因为我了解挫败只是一件事，不是整个人生。

——贝克

无臂钢琴师

　　"我的人生中只有两条路，要么赶紧死，要么精彩地活着。"这是无臂钢琴师刘伟的励志名言，他是"2011年感动中国"的获奖者。

　　刘伟出生于 1987 年，上小学的时候，他的梦想是成为一名足球运动员。10 岁那年，因高压线触电失去双臂，这一梦想被完全打碎。在医院做康复的那段时间，他遇到了一位同样失去双手的病人。"他能自己吃饭、刷牙、写字，而且事业上也非常成功，他教了我很多。"

　　失去双手半年后，他就学会了用脚刷牙、吃饭、写字。在康复治疗两年漫长时间里他没有在学校学习。之后他用了一个暑假的时间补习，又回到原来的班里。到了期末考试，他仍然是全班前三名。"从那个时候起，我开始努力学习了。任何事情我只要想学，都能学得很快，做得比别人好。"

　　生活被放到了没有双手的断点上。他在 12 岁时开始学游泳，进入了北京市残疾人游泳队。仅仅两年之后，他就在全国残疾人游泳锦标赛上获得了两金一银。这已是 2002 年的事情了，北京当时已经获得了举办奥运会的资格。刘伟对母亲许下承诺：在 2008 年的残奥会上拿一枚金牌回来。

　　命运对刘伟的残酷之处在于：总是先给了他一个美妙的开局，然后迅速地吹响终场哨。在为奥运会努力做准备时，高强度的体能消耗导致了免疫力的下降，他患上了过敏性紫癜。医生告诉他母亲，高压电对于刘伟身体细胞有过严重的伤害，不排除以后患上红斑狼疮或白血病的可能，他必须放弃训练，否则将危及生命。"只能放弃，不能为了比赛，命都不要了吧？"

　　已经 19 岁了，高考临近，他的成绩并不差，但他有了疑虑。"内心有激烈的冲突，到底要不要上大学？"在放弃了足球、游泳之后，他把希望置放在他的另一项爱好——音乐上。

　　刘伟最终放弃了上大学的机会，靠家人借钱买来了钢琴。接下来的问题是——去哪儿学音乐呢？他先找到一家私立音乐学院，表达了想入学就读的愿望后，校长的回应却是：刘伟进我们学校学音乐只能是影响校容。刘伟对校长说："谢谢你这么歧视我，我会让你看看我是怎么做的。"

　　用脚弹琴是艰难的，这需要勇气和想象力，许多人用手弹都需要很多年才有起色，何况是脚。刘伟每天练琴时间超过 7 小时。"我是三点一线的生活：练琴、学音乐、回家。我家在五道口，练琴的地方在沙河，学音乐的地方在四中，那时真是精神和体力的双重考验。"

在脚指头一次次被磨破之后，刘伟逐渐摸索出了如何用脚来和琴键相处的办法。如同在足球、游泳上的表现，他对音乐的悟性同样惊人。奥运会时，只学了一年钢琴的刘伟就登上了北京电视台的《唱响奥运》节目的舞台。

19岁学习钢琴，一年后就达到相当于用手弹钢琴的专业7级水平；22岁挑战吉尼斯世界纪录，一分钟打出了231个字母，成为世界上用脚打字最快的人；23岁他登上了维也纳金色大厅舞台，让世界见证了中国男孩的奇迹。

刘伟的人生遇到各种常人不曾遇到的挫折，每一次都通过自身的意志和行动与挫折情境进行对抗，取得了比健全人更大的成就。他的故事告诉大学生，挫折并不是成才不可逾越的阻力。大学生活中，同样会不可避免地遇到各种困难和挫折，有的人在挫折中获得力量和新生，有的人遇到挫折后便意志消退，失去生活的信心。挫折的承受能力、应对能力以及意志力是衡量心理素质高低的重要方面。从积极心理学的视角，重新对挫折进行认识与定位，提高自身的逆境商，提高在逆境中的意志品质，将有利于大学生顺利完成学业，并为今后的工作和生活打下良好的基础。

❀ 第一节　挫折真相——挫折的心理概述 ❀

一、挫折的含义

一帆风顺、一切顺利是人们的美好愿望，正因为它不容易实现，所以成为生活中常用的祝福语。每个人在成长的过程中，都面临不同的人生课题，在面对这些人生课题的过程中，存在着各种各样的困难，这些困难的情境，常被称为挫折。

台湾地区心理学家杨国枢在《现代心理学》一书中认为：所谓挫折，在心理学上有两种含义。其一，指对个体动机性行为造成障碍或干扰的外在刺激情境。在此情境中，对个体行为发生阻碍作用的，可能是人，可能是物，可能是社会环境或自然环境；其二，指个体在挫折情境下所产生的烦恼、困惑、焦虑、愤怒等各种负面情绪交织而成的心理感受。此种复杂的心理感受，可用挫折感表示。两种含义合在一起看，前者是刺激，后者是反应。心理学家们所要研究的，也就是在挫折情境下，分析个体因情境对其行为阻碍作用而产生的挫折感。

二、挫折的构成要素

（一）挫折情境

挫折情境是指导致个体需要不能获得满足的各种障碍、干扰等情境状态或情境条件，也就是通常所说的引起挫折的外在的因素。如考试失败、比赛失利、失恋、疾病引起的各种能力丧失等。

(二)挫折感受

挫折感是个体从事有目的的活动受到主客观因素的阻碍干扰，以致预期的动机和目的不能实现，需要不能得到满足时，而产生的情绪状态。挫折感以否定情绪为主要特征，与主体的需要未满足直接联系。受挫后的情绪反应主要是一种失败感，以及由失败感而产生的沮丧、苦闷、丧失自信心等情绪的体验，最终形成由失望、痛苦、紧张、焦虑、悲伤、恐惧等感受交织在一起的一种复杂而消极的情绪状态。挫折感不仅会产生情绪上的不良反应，也会产生行为上的连带反应，常常表现为失常的、失控的、没有目标导向的情绪性行为，如攻击、冷漠、焦虑、不安、固执、孤独、退行、幻想等。

挫折情境与挫折感受密切相关，一般来说挫折感受只有在特定的情境下才会产生，挫折情境越重大，所引起的挫折感受也可能越强烈。但两者之间也并不是完全的正比例关系。它会受到个体的生理状况、心理状况等诸多因素的制约，其中挫折认知与挫折感紧密相关联。

(三)挫折认知

挫折认知是指一个人对挫折情境的知觉、认识和评价。既可以是对实际遭遇到的挫折情境的认知，也可以是对想象中可能出现的挫折情境的认知。不同的人对相同的挫折情境所产生的主观心理压力也不尽相同，个人的知识结构和生活经历也会影响其对挫折情境的知觉判断。不同的挫折认知，引发不同的挫折反应。

三、挫折的分类

关于挫折的分类，有的学者将重点放在挫折发生的时间先后次序来分类，有的则以引发挫折的因素作为分类的依据，也有的以个体的需要在生活中是否得到满足作为分类标准。下面主要介绍萨波菲尔德（Sapperfield）按照引发挫折因素的发生时序的性质，将挫折分为以下几种。

(一)需要挫折

需要挫折是指由于个体本身或者外在环境等因素无法满足时，个体很快设法抑制该需求而产生的挫折。它包括两种情况：一是多种需要并存，发生矛盾，难以妥善解决。

大学生在放假期间要学习把逆境和挫折转化为前进的阶梯，培养自身的抗挫能力。

如在大学期间，有的同学又想将学生工作做得很出色，又想保住学习成绩的一流，还想谈一场轰轰烈烈的恋爱，但最终三者都没有做好引发的挫折；二是个体自认为自己的合理需要被外界条件阻碍不能得以满足，如某学生希望考上重点大学或心目中理想的专业，但由于考试没发挥好而没有达到目标，他因此会感受到挫折。

(二)行为挫折

行为挫折是指个体在面对困境的过程中，在一定动机支配下，有了行为的意向，但是由于某些因素的影响，个体的行动遭受阻碍或干扰，无法达到目标所产生的挫折感。如在学生活动的策划过程中，许多同学花了许多精力去策划大型活动，当拿出方案雏形时，遭到各种否定与批评，让操持该项策划的同学产生挫折感，觉得"费力不讨好"。

(三)目标挫折

目标挫折是指个体已经开始行动，但是在行动过程中遇到无法克服的干扰和障碍，个体无法达成所需要的目标，进而形成的挫折感。在日常生活中，目标挫折比需求挫折、行动挫折更常发生，如竞选学生会干部失败、就业求职中面试的失败等，都会产生挫折感。

四、挫折的特点

在大学生活中，在学习、人际关系、恋爱、家庭经济、自我定位、职业选择等各个方面都有可能遇到困境，引发挫折。在不同领域内遇到的不同挫折，存在着一定的相通性，从认识挫折特点的角度出发，对挫折有所了解，能让大学生更识得挫折的"真面目"。一般来说，挫折具备以下几个特点。

(一)必然性

有的大学生会对这一点心存怀疑。如许多大学生身边都存在这样的人，他们看上去学习成绩好，一帆风顺升学，能力也不错，家庭条件优越，难道他们也会遇到挫折？至少从表面上看起来并不是这样。大量事实证明，只要有人存在，有社会生活发生，就会有种种需要，就会因需要得不到满足或行为目标无法实现而产生挫折。每个人作为独一无二的个体存在于这个世界上，存在性的孤独造成人的需要无论如何无法得到百分百的满足，而这种缺陷常以挫折的形式呈现。人与人之间社会关系的形成不是一蹴而就的，这期间也不可避免地会产生种种矛盾和冲突，如需要的无限性与满足需要的条件的有限性之间的矛盾与冲突、人际交往中的矛盾与冲突等。在纷繁复杂的社会生活中，既然矛盾的存在是客观的，那么挫折的产生也是必然的。现代社会随着科技的发展，人类的生存空间得到了前所未有的拓展，但同时也为此付出了各种危机的代价。

在机器工业与信息化时代，每个人都无法避免遭遇到由自然环境恶化、公共事件、各种故障带来的挫折事件。

心灵注定在创伤中前行

在高倍显微镜下，人类受精卵形成的那一瞬间极其壮观。精子仿佛是一条巨龙，用头部穿破卵子的外壁，并且留下了一个巨大的创口。在精子进入之后，这个创口自动愈合，一个伟大的生命就开始慢慢生长了。

我们无法得知精子给卵子造成的"创伤"会对每一个个体的心理造成什么影响，我们只知道，不管从事实还是从象征层面上来说，这一过程都显示，生命是从创伤开始的。

但大多数人认为生命是从出生开始的，因为他们会在每一年的生日庆祝，而不会去纪念阴阳之精华相遇的那个事件。即使是这样，生命也是从创伤开始的，因为生产对母体和胎儿都是巨大的创伤，子宫壁上的创面、婴儿腹部上的伤疤和殷红的鲜血就是明证。某些心理学派用特殊的方法可以让人回忆起出生时经过狭窄产道的挤压感和恐惧感，这更是纯粹的心理的创伤了。

这还仅仅是开始。从子宫温暖、安全的环境中来到这个冷暖不定、灾祸莫测的世界上，创伤简直就是家常便饭。成长的每一步都是由创伤伴随的。或者说，没有创伤就不会有成长。

生命从创伤开始，也会以创伤结束。在肉体的生命的灰烬上，精神的生命也化为一缕青烟而去，世界又回到了没有这一生命出现过的从前；当然也不完全是这样，这一生命也许并没有真正离去，因为他或者她至少部分地会以创伤的形式永远地留在亲友的心中。

与成长伴随的心理创伤是不可避免的。这是人类的命运，是所有想以生命的形式在这个世界上走上一遭的所有生物的共同命运。这些创伤本身不一定会制造疾病，我们甚至可以说，经历这些创伤还是形成健康心灵的必要条件。无法想象，完全没有经历创伤的生命会是多么幼稚、软弱和变态。

（曾奇峰：《你不知道的自己》，北京，希望出版社，2006）

(二)普遍性

就如上文中所提到的那样，每个人从子宫环境来到这个冷暖不定、灾祸莫测的世界上，挫折简直是家常便饭。纵观人的一生，挫折无不与之相伴。每个人迈出的第一步就是在许多次的跌倒和爬起来的过程中稳健起来的。幼儿期虽阅历尚浅，但也会遇到挫折，想要的玩具、食物等得不到满足，在幼儿园里受了大个子小朋友的"欺负"。上学后，既会有与同学的团结问题，又会有学习成绩的压力……这一切的历程中都蕴涵着各种挫折。升学是人生一大台阶，一帆风顺者并不多，尤其升大学，为过"独木桥"需要顽强拼搏，然而，还是有一部分同学无法按自己的理想升入大学。挫折感使莘莘学子的心身经受了种种考验。纵观人类创造文明与进步的历史，无不经历过挫折与失败。人类从茹毛饮血的时代发展到今天，与自然环境的斗争，人类文明之间的战争与冲突，亦是无处不在。电视机、收音机、报纸、网络里的内容，也充斥着各种矛盾、冲突、纠纷、意外……这些无不给在其中的每个人带来挫折感。也因此挫折普遍存在于每个人的生活中。

(三)否定性

许多大学生应该都有过这样的体验：如当得知某一次考试失利，或者是高考成绩不如自己的期待，整个人就像泄了气的皮球一样，觉得精力全无，做任何事情都缺乏动力和热情，有时候甚至会吃不下，睡不好。带来这些反应的正是挫折中的否定性。这种否定性中蕴涵着打击，主要表现在对声望的打击、信念的打击、信心的打击和舆论的打击等方面。如挫折发生后，人们有时对自己的信念产生动摇、怀疑，甚至完全放弃。从挫折的内容看，挫折具有否定性，它否定了前进，否定了希望，它意味着停在跌倒的地方。

挫折的否定性，一方面意味着受挫以前的某些观念、思维状况有待改进，或主观努力不够等，它是对原来的这些方式的否定，也意味着继续按照原来的方式进行下去行不通；另一方面，这种行不通带给人希望破灭的沮丧，这种沮丧本身给事件的推进设置了更大的阻碍。因此，就前一种否定性而言，挫折是人生的经验教训；就后一种否定性而言，挫折是人类意志和勇气的试金石。

(四)双重性

挫折的双重性一方面体现在挫折带来一定的破坏性，这种破坏性与挫折的否定性紧密相关。挫折会产生情绪上的不安和焦虑；其次，经常受挫，容易使人们产生一种沮丧心理，用消极的态度对待生活；挫折还会引起一些攻击性行为。在面对挫折时，有些人往往不从自己身上找原因，而把原因归咎于外在的环境等因素，有的人攻击自我，自伤、自残、自我堕落或者做出破坏社会的行为等。

另一方面，挫折也有积极影响作用。英国心理学家布朗(J. F. Brown)曾说过："如果没有任何阻碍，一个人便会继续保持平庸、愚蠢、无想象力。而挫折可能产生鼓舞的效果，成为促进人上进的力量。"大量事实表明，一定的挫折能磨炼人的意志，增强人对逆境的忍受力，激起人发愤图强，最后取得成功。

(五)差异性

70分的考试成绩，对于不注重学业成绩的甲来说，可能会觉得是一个不错的分数；对于一个想拿年级第一名的乙来说，却是挫折。因此可以说挫折是一种主观感受，对某人构成挫折的情境，对另一个人并不一定成为挫折。一般来说，个人的重要动机受到阻碍时，其所感受的挫折较大，而较不重要的动机受到阻碍时，则易被克服或被别的动机的满足所取代。重要动机因个人的心理发展层次和认识的方法不同，而存在很大的差异。

另外，一个人是否感受到挫折与他自己对目标的设定有密切关系。例如，甲、乙两人都在训练游泳，甲的目标是通过体育课的游泳达标水平即可；乙锁定的目标是要在全国锦标赛中获得奖牌。假定两人的能力与机会都大致相同，一段时间下来，两个人水平差不多，则甲会感到满足和成功，而乙则感到挫折和失败。

挫折的差异性还表现在挫折反应的差异性上，而挫折反应会表现出明显的个别差异。在相同的条件下，不同个体挫折反应的强度不同，有人反应微弱，若无其事；有人反应强烈，痛苦万分；有人百折不挠、越挫越勇。在反应时间上亦不同，有人时过境迁、稍纵即逝；有人耿耿于怀，很难忘怀。面对同样的挫折的不同反应，这与个体的抱负水平与心理承受力两方面直接相关。

第二节　挫折应对——你用了的防御方式

如果不是换一个视角来看待，可能很少有人会感觉到挫折的存在是如此如影随形。个体感受不到挫折，但并不意味挫折不存在。在个体的心理机能中，潜意识里有不少心理防御机制用来保护自己免受挫折的侵袭。然而挫折依然存在，面对挫折，不同的大学生会采用多种多样的反应方式。每个人都有自己主要的应对方式，通过对应对方式的了解，大学生可以发现属于自身的主要应对方式是哪些，在什么情况下常采用哪种应对方式。如果挫折没有超过个人的承受能力，那对个人成长来说是一种磨炼，它引导个体的认识产生创造性的改变，增加解决问题的能力；而如果长期用不良的方式应对挫折，可能造成挫折过久、过强，超过了个人的承受能力，从而引起适应不良、情绪紊乱等。

每个人的潜意识里都有完整的心理防御机制来抵御挫折的侵袭。

以下对一些常见的应对方式进行描述。消极应对方式或称为不适应性的应对方式，这些应对方式用于任何一种挫折情境几乎都是不合适的，如压抑等。积极应对方式，或称为适应性应对方式，这些应对方式，适用于任何一种挫折情境几乎都是合适的，如认同等。但大多数应对方式，在不同的情境中，可能产生完全不同的心身效应，具有双重作用，如否认等。大学生们在了解自己的应对方式的过程中，还要觉察它对自己的作用，并学习摒弃消极应对方式，发挥积极应对方式。

一、压抑

压抑是指人们在受到挫折后，把意识所不能接受的、使人感到困扰或痛苦的情感、欲望或体验压抑到潜意识中，好像不再想起、已经遗忘，以保持内心的安宁，使自己暂时避免痛苦。压抑是一种"有目的性的遗忘"，这种遗忘与因时间久而自然忘却的情形不一样。例如，人们在日常生活中遇到挫折时常说，"我真希望没这回事""我不要再想它了"。如果一个人经常对挫折进行压抑，表面上看好像挫折并没有给人造成伤害，但实际上依然存在焦虑。这种焦虑、稍微被人触碰，被环境引发，困惑痛苦便迅速呈现。这样的痛苦经验若被压抑在内心中过久，过多，超过一个人的心理承受度时，就会导致心理疾病的产生。

二、攻击

攻击是指个体受到挫折后引起内心的愤怒或不满，从而表现出种种敌意行为。攻击有直接攻击和转向攻击两种形式。直接攻击是指个体受挫折后将愤怒直接指向造成挫折的人和物，如对给自己带来伤害的人采用打斗、口头的方式表达，也可能采用怒目相向或手势等方式表示。如果攻击的对象是自身，则可能出现自残、自伤、自我堕落等行为。由于觉察到不可能或不应该对引起挫折的对象直接攻击，或者挫折来源不明显、找不到直接的攻击对象时，便把攻击对象转向次要的人或物上，借助一种代替的满足来减少自己遭受挫折后的心理不平衡。如挨批评或被同学开了自己不能接受的玩笑，跟恋人相处时，就莫其妙地向恋人发火。攻击应对方式在某种程度上能发泄内心的愤怒或不满，但若指向的对象不妥，会造成新的挫折，因此，它具有双重性。

三、否定

否定是一种比较原始而简单的防卫机制，其方法是借着扭曲个体在创伤情境下的想法、情感及感觉来逃避心理上的痛苦，或将不愉快的事件"否定"，当它根本没有发生，来获取心理上暂时的安慰。"否定"与"压抑"极为相似。但"否定"不是有目的地忘却，而是不承认不愉快的事情的发生。重大变故发生时，人们第一阶段的反应常是否定。如查高考分数，比自己的预期低许多，第一反应便是"一定是总分算错了，或者是自己听错了"。许多人在面对突发事件亲人的死亡，就常会本能地说"这不是真的"，用"否定"来逃避巨大的伤痛。日常生活中"眼不见为净""掩耳盗铃"等都是否定的表现。否定能暂时保护个体免遭挫折的打击，但却让个体不敢去面对、去解决，因此，它也是具有双重性的应对方式。

四、退行

退行是指个体在受到挫折后，以与自己年龄不符的幼稚而简单的方式来应付挫折的行为。正常情况下，人的行为会随着心理的发展成熟而形成一定的模式。退行是一种由成熟向幼稚倒退的反向现象，而且其本人往往并不能清醒地意识到这种现象。例如，5·12汶川大地震发生后的一段时间，有一部分十几岁的少年晚上睡觉时出现尿床等现象；再如，一位女大学生意外怀孕，无法面对这一事实，她采取小姑娘的幼稚化行为，哭闹、撒娇、拒不接受。

五、固着

固着是指个体遇到挫折后，不去分析受挫原因、总结教训，而是采取刻板的方式，盲目重复某种无效行为，用这种方式应对挫折。一般而言，个体受挫后需要一种随机应变的能力来摆脱所遭遇的困境。但有人在反复碰到类似的情境后，依旧用先前的方式盲目地解决已经变化了的问题。这种固着行为不同于意志力，它指的是个体明知无论如何都不能在当前形势下实现目标，仍单纯地重复无效动作。例如，一位大学生在练习的过程中遇到某道题目，用一种运算方式并不能解决，他不是尝试新的方式，而是用同一种方式不断演算，把大量的学习实践浪费在这种固着上。再遇到新的不会演算的题目，还会用同样的方式对待。

六、反向

反向是指为了防止自认为不好的动机外露，表现出与动机方向相反的行为，即当个体意识到的某些欲望和动机，不为自己的意识或社会所接受时，害怕自己将会做出该欲望或动机引导的行为，于是将它们压抑至潜意识，并在实际行动上采取相反的行为表现出来。在性质上，反向行为也是一种压抑过程。例如，同宿舍的两位同学在各方面表现得都差不多，但甲学业上比乙要突出。临近期末考试，甲积极主动进行备考，乙尽管心里也很想像甲那样去做，也很想考个好成绩，但又觉得如果跟甲的行为一样，挺"掉价"的。于是乙在宿舍经常说，甲面对功课简直太用功了，自己对学业没那么在意，还是不要那样拼死拼活，绝大部分时间待在宿舍，很少进行复习，但内心里总觉得别扭。

七、投射

投射是指把自己的行为、失误或内心存在的动机和思想观念、欲望转移到别人身上。比如，有的人觉得人的本性是善良的，有的人觉得人心险恶。前者是将"好"投射到别人身上，后者是将"坏"投射到别人身上。"好"的投射不仅反映投射者内心的美好，也有益于建立良好的关系，投射者心身也受益。反之，"坏"投射反映投射者将内心某种不良念头、矛盾、不信任等转移到别人身上，并经常指责周围人群有这种念头或恶习；或者把自己所不能接受的性格、特征、态度、意念和欲望转移到别人身上，这样的投射造成人际环境的不良反应，投射者也心身受害。例如，某些大学生心胸较狭窄、自私，正因为他们自身具有这样的特点，他们常常认为，这个世界上绝大部分人都没有宽阔的胸怀，斤斤计较，每个人都只为自己不为别人，这正是他们自己内心的反应，而非别人的。

八、幻想

幻想是指当一个人的动机或欲望受到阻碍无法实现时，用想象的方式使自己从现实中脱离出来，在空想中获得内心动机或欲望的满足，或者当个人无法处理现实生活中的困难，无法忍受一些情绪的困扰时，将自己暂时离开现实，在幻想的世界中得到内心的平静或达到在现实生活中无法经历的满足，称为"幻想"，与常说的"白日梦"相似。幻想使人暂时脱离现实，使个人情绪获得缓和，但幻想并不能解决现实问题。经常沉浸于幻想中，而使"现实"与"幻想"混淆不清时，会显现出歇斯底里与夸大妄想般的症状。

九、合理化

合理化是指当人们的行为未达到目标或不符合社会规范时，为了减少或免除因挫折而产生的焦虑和痛苦，寻找种种理由或值得原谅的借口替自己辩护。换句话说，"合理化"就是制造"合理"的理由来解释并遮掩自我的伤害。合理化是人们在日常生活中使用最多的一种挫折防卫机制，通常的表现方式是"找借口""酸葡萄心理"和"甜柠檬心理"。例如，学生考试失败，不愿承认是自己准备不足，而说老师教得不好、老师评卷不公或说考题超出范围等。

十、认同

认同是指一个人效仿他人获得经验和方法，使自己的思想、言行更符合他认为的环境要求；或者是把别人具有的、自己感到羡慕的品质加在自己身上，或者将自己与崇拜的人视为一体，以提高自己的信心、声望、地位。大学生常常在生活、学习中把一些历史名人、知名校友、成功人士、影视明星或在某些方面表现突出的同学作为自己认同的对象。通过这样的认同，大学生从榜样身上汲取营养、动力、勇气与信心，进而更好地奋发进取，迎接挫折与压力的挑战。这样的认同具有积极效能。但若认同了社会不认同的"榜样"，模仿他们的行为、言语、思想，这样的认同就是消极的。

十一、升华

升华是指一个人在受到挫折后，将自己不为社会所认同的动机或欲望转变为符合社会要求的动机或欲望，或将自己的情感和精力转移到有益的活动中去，使低层次的需要和行为上升到高层次的需要和行为，从而将不良情绪和不为社会所允许的动机导向比较崇高的方面，以保持情绪稳定和心理平衡。升华的作用不仅可以使原来的动机冲突和受挫后的不良情绪得到化解和宣泄，而且能够促使人获得成功。历史上很多著名的科学家、艺术家和领袖人物，都是通过对挫折的升华而取得辉煌成就，如司马迁受辱著《史记》等。同样的，某些大学生入学时，在各种社团招聘活动中屡遭失败，但他不放弃，将大部分精力投入到知识的累积上，并通过勤工俭学获得能力的培养，毕业时成为学习成绩出类拔萃、能力突出的毕业生。

十二、幽默

幽默是指当一个人受到挫折、处境困难或尴尬时，用幽默的方式来化解困境，维持自己的心理平衡。当一个人处境困难或陷于尴尬境地时，有时可使用幽默来化险为夷、渡过难关；或者通过幽默间接表达潜意识意图，在无伤大雅的情形中，表达意见、处理问题。幽默也是一种高尚成熟的心理防卫机制。人格发展较成熟的人，常懂得在适当的场合使用合适的幽默。合适的幽默，可以将一些原来较为困难的情况转变一下，大事化小，小事化了，渡过难关，免除尴尬。它是一种成功的适应方法。在国外用自己并不地道的英语做脱口秀节目的黄西，就是运用幽默的一个成功典范，他在自己的书中写到"是，从尘土里来的人，能理解开怀大笑背后的酸楚，也知道幽默是面对不完美人生的最好方式"。

以上是关于挫折的部分应对方式，它并没有囊括所有。有兴趣的同学，可以通过课外的阅读和学习，了解和获得更多的相关知识。

第三节　提升耐受挫折能力——从积极心理学的视角出发

挫折是生活的组成部分，世界上的许多事物在挫折中不断发展向前，人们也是在与挫折的抗争中不断走向成熟的。每个人都无法避免遭受挫折，但挫折是把双刃剑，它既能使人坚强，也能使人脆弱；有的人能战胜和超越逆境，有的人则被逆境击垮。大学生在校期间需要学习把逆境和挫折转化为前进的阶梯，从对待逆境和挫折的态度、勇气、毅力和方法等方面进行努力，培养自身的抗挫能力。

一、激发乐观的潜能

每个人都无法避免遭受挫折，但挫折是把双刃剑，它既能使人坚强，也能使人脆弱。

积极心理学以美国著名心理学家塞利格曼（Seligman）和希斯赞特米哈伊（Csikszentmihalyi）的《积极心理学导论》为标志，形成美国心理学界一股新的力量，它关注人的心理机能、重视人潜能的发挥，把促进人的健康成长，激发与培养人的积极情绪，帮助人们快乐与成功，引导人们走向幸福当做自己的历史使命。

塞利格曼从乐观/悲观的角度出发，在25年研究的基础上发现，一个人的悲观和乐观态度对个体的影响非常大。他发现悲观的人的特征是，他相信坏事（挫折情境）都是因为自己的错，这件事会毁坏掉他的一切。乐观的人在遇到同样的厄运时，会认为现在的失败是暂时性的，每个失败都有它的原因，不是自己的错，可能是环境、运气或者其他人为的后果，这种人不会被失败击倒。在面对恶劣环境时，乐观的人会把它看成是一种挑战，更努力地去克服它。

25年的研究结果表明，轻度的悲观有用，但惯性的悲观想法会使更多不顺利的事降临到悲观者身上。实验显示，悲观的人容易放弃，常常陷入抑郁中。乐观的人在学校的成绩比较好，在工作上和球场上的表现也比较好，乐观的人通常比悲观的人更容易在竞聘中胜出，他们的健康状况一般说来都比较好。

心灵万花筒

五岁女儿播下的"积极"种子

美国著名心理学家塞利格曼在担任美国心理学会主席数月后的一天，与5岁的女儿在园子里播种。他的女儿叫尼奇。塞利格曼虽然写了大量有关儿童的著作，但实际生活中对孩子并不算太亲密。他平时很忙，有许多任务要完成，其实种地也只想快一点儿干完了。尼奇却手舞足蹈，将种子抛向天空。

塞利格曼叫她别乱来。女儿却跑过来对他说："爸爸，我能与你谈谈吗？""当然"，他回答说。"爸爸，你还记得我5岁生日吗？我从3岁到5岁一直都在抱怨，每天都要说这个不好那个不好，当我长到5岁时，我决定不再抱怨了，这是我从来没做过的最困难的决定。如果我不抱怨了，你可以不再那样经常都闷了吗？"

塞利格曼产生了一种闪电般的震动，仿佛出现了神灵的启示。他太了解尼奇的成长，太了解自己和自己的职业。他认识到，是尼奇自己矫正了自己的抱怨。培养尼奇意味着看到她心灵深处的潜能，发扬尼奇的优秀品质，培养她的力量。培养孩子不是盯着他身上的短处，而是认识并塑造他身上的最强，即他拥有的最美好的东西，将这些最优秀的品质变成促进他们幸福生活的动力。

这一天也改变了塞利格曼的生活。他过去的50年都在阴暗的气氛中生活，心灵中有许多不高兴的情绪，而从那天开始，他决定让心灵充满阳光，让积极的情绪占据心灵的主导。

继而，塞利格曼将这种关心人的优秀品质和美好心灵的心理学，定位为积极心理学。

每个人身上都蕴藏着乐观的资源，乐观在每个人生活中所占的比重，与是否将这部分激活有很大的关系，就像塞利格曼5岁女儿对父亲乐观的激活一样。

如今发展型大学生心理健康教育理念，也着重在激活大学生自身的乐观心态、开发大学生个体所拥有的优势、运用大学生所拥有的优势资源等。这些做法有一个共通前提在于，每个人自身都拥有这些资源，大学生需要去做的是，让自身拥有的乐观、优势等发挥出本身的力量。

二、习得乐观

乐观可以通过学习获得，这就是习得性乐观最简明的含义。了解习得性乐观可以从习得性无助中获得启发。

心理小贴士

习得性无助

美国心理学家塞利（Sally），在1967年研究动物时发现，他起初把狗关在笼子里，只要蜂鸣器一响，就给狗施加难以忍受的电击。狗关在笼子里逃避不了电击，于是在笼子里狂奔，屁滚尿流，惊恐哀叫。多次实验后，蜂鸣器一响，狗就趴在地上，惊恐哀叫，也不狂奔。后来实验者再给电击前，把笼门打开，此时狗不但不逃，而是不等电击出现就倒地呻吟和颤抖。它本来可以主动逃避，却绝望地等待痛苦的来临，这就是习得性无助。为什么它们会这样，连"狂奔、屁滚尿流、惊恐哀叫"这些本能都没有了呢？因为它们已经知道，那些是无用的，这就叫"习得性无助"。

（塞利格曼：《习得性无助》，北京，机械工业出版社，2011）

习得性无助是一种放弃的反应，是源自"无论你怎么努力都于事无补"想法的行为。悲观现象的核心是无助感，所谓无助感是说无论怎么努力都无法改变自身的命运。个人控制指的是用自主的行为去改变命运，它和无助感是相反的。而习得性无助跟解释风格紧密相关联。解释风格是你对为什么这件事会这样发生的习惯性解释方式。解释风格是习得性无助的调节器，乐观的解释风格可以阻止习得性无助，而悲观的解释风格可以散播习得性无助。

心理小贴士

习得性无助"免疫"

科学家将习得性无助的狗，放入往返箱，用手把这些不情愿动的狗拖过来，拖过去，越过中间的矮闸，直到它们开始自己动为止。科学家发现，一旦他们发现自己的行动对关掉电源是有效的时，无助就被"治愈"了。这个"治疗"百分之百有效，而且具有永久性。

（塞利格曼：《习得性无助》，北京，机械工业出版社，2011）

在对人类的观察实验中，心理学家也得到了与习得性无助类似的结果。细心观察，我们会发现，正如实验中那条绝望的狗一样，如果一名大学生总是无法取得学业上的优异成绩，他就很容易在学业上放弃努力。甚至还会因此对自身产生怀疑，觉得自己"这也不行，那也不行"，无可救药。

作为悲观的核心内容——习得性无助，既然可以被学会，也可以通过学习来把它消除。心理学家裕人通过实验发现，习得性无助"免疫"的功用在人身上也是有效的。它虽然不是万灵药，但它可以保护个体不受挫折的侵害，可以提升个人的成就水平，可以使个体的身体更强壮，它是一个令人愉悦的精神状态。失败后是否能重新振作不是天生的人格特质，悲观跟其他人格特质不一样，它不是固定不变的，它是可以学习的。

"上帝为你关上一扇门就会为你打开一扇窗。"保持乐观的态度，看到事物的积极方面就能够使大学生在遇到挫折时，仍然能满怀信心地继续前进。如果一个人总是能从失败中看到成功，从危机中看到转机，从困境中看到希望，那么他就拥有了乐观的积极心态。

三、学会接受挫折

漫漫人生路上，每个人都不可避免地要面临挫折，学会用接受的态度面对挫折，也是提升挫折承受能力的重要环节。挫折历程是每个人重要的人生经验，人生的成长和飞跃经常发生在个体觉得挫折的痛苦时刻。把挫折当做人生中重要的组成部分来接受，可以减少挫折来临时感受到的不满，并且最终减少负面情绪的产生。巴辛的故事中巴辛的态度就是面对挫折态度选择的很好的写照。

心灵万花筒

巴辛的故事

巴辛是一名银行职员，他的心情总是很好，从来就没人见到他有烦恼的时候。当有人问他近况如何时，他总会回答："我快乐无比。"如果哪位同事心情不好，他就会告诉对方怎么去看事物好的一面。他说："每天早上，我一醒来就对自己说，巴辛，你今天有两种选择，你可以选择心情愉快，也可以选择心情不好，我选择心情愉快。每次有坏事情发生，我可以选择成为一个受害者，也可以选择从中学些东西，我选择后者。人生就是选择，你要学会选择如何去面对各种处境。归根到底，你自己选择如何面对人生。"

四、提高挫折商

在面对挫折时，如果大学生能持有乐观积极的心态面对挫折，拥有顽强、自律的意志力克服挫折，那么就可以评价他是一个拥有高挫折商的人。挫折商全称为逆境商数，它是指人们面对逆境时的反应方式，即面对挫折、摆脱困境和超越困难的能力。

心理学家认为，一个人的成功必须具备高智商、高情商和高挫折商这三个因素。在智商跟别人相差不大的情况下，挫折商对一个人的成功起着决定性的作用。

在挫折商的测验中，一般考察以下四个关键因素——控制力、影响范围、主动性及持续时间。控制力指一个人对逆境有多大的控制能力。控制力弱的人经常说："我无能为力，我能力不及。"而控制力强的人则会说："虽然很难，但一定有办法。"影响范围评估的是逆境对工作、生活及其他方面的影响。高逆商者能够将逆境所产生的负面影响限制在一定范围内，不会将其扩大到其他层面上。比如工作中与同事起争执，能够就事论事，不会对人也有看法。主动性是指愿意承担责任、改善后果的情况。高逆商者往往能够清楚地认识到使自己陷入逆境的起因，并甘愿承担一切责任，及时采取有效行动，从哪里跌倒就从哪里爬起来。持续时间是指对逆境持久性的认知。逆商低的人，往往认为逆境将持续很长时间。这种想法会导致一些事情被拖延，并容易让人气馁。大学生可以通过以下测试对自身的挫折商水平的高低进行检验。

心灵瑜伽

逆境商(AQ)测试

指导语：AQ即逆境商，能否战胜逆境需要具备某些人格特质。本问卷测试你应付逆境、适应变故的能力，请根据你的实际情况或真实想法作答。

1. 我不难相信别人，也很容易跟别人建立友谊。

A. 是　　　　B. 不确定　　　　C. 否

2. 新规定、新制度的颁布和实施，是顺理成章、势在必行的事。

A. 是　　　　B. 不确定　　　　C. 否

3. 每次遇到挫折和失败，都会使我几乎失去生活的勇气。

A. 是　　　　B. 不确定　　　　C. 否

4. 我从不服用安眠药。

A. 是　　　　B. 不确定　　　　C. 否

5. 我的童年是在父母的溺爱下度过的。

A. 是　　　　B. 不确定　　　　C. 否

6. 我的收入不高，但手头总感到宽裕。

A. 是　　　　B. 不确定　　　　C. 否

7. 我对生活中某些团体有贡献（如家庭、学校、单位、教会等）。

A. 是　　　　B. 不确定　　　　C. 否

8. 我步入社会后感到路途坎坷，屡遭白眼。

A. 是　　　　B. 不确定　　　　C. 否

9. 我对自己实现既定目标的进度感到满意。

A. 是　　　　B. 不确定　　　　C. 否

10. 看到奇装异服、听到乱糟糟的音乐我就恶心。

A. 是　　　　B. 不确定　　　　C. 否

11. 明智比运气更重要。

A. 是　　　　B. 不确定　　　　C. 否

12. 运气的来临归功于往日的努力。

A. 是　　　　B. 不确定　　　　C. 否

13. 如果锲而不舍，最终会创造出新的天地。

A. 是　　　　B. 不确定　　　　C. 否

14. 接连遇到几件不愉快的事，我一次比一次感到苦恼。

A. 是　　　　B. 不确定　　　　C. 否

15. 人生在世，最好顺应环境，因为人很难改变命运。

A. 是　　　　B. 不确定　　　　C. 否

16. 对我来说，适应新环境是不难的，比如转学、调工作、搬家。

A. 是　　　　B. 不确定　　　　C. 否

17. 与性情不同的人在一起工作是活受罪。

A. 是　　　　B. 不确定　　　　C. 否

18. 朋友带来一个令人讨厌的人，我感到气愤。

A. 是　　　B. 不确定　　　C. 否

19. 原定加薪有我的份，公布的名单上却换了别人，此时我能坦然以对。

A. 是　　　B. 不确定　　　C. 否

20. 即使和"情敌"交谈，也能心平气和。

A. 是　　　B. 不确定　　　C. 否

	1	2	3	4	5	6	7	8	9	10	11	12	13	14	15	16	17	18	19	20
A	2	2	0	2	0	0	2	0	2	0	0	2	2	0	0	2	0	0	2	2
B	1	1	1	1	1	1	1	1	1	1	1	1	1	1	1	1	1	1	1	1
C	0	0	2	0	2	2	0	2	0	2	2	0	0	2	2	0	2	2	0	0

解析：31～40分：逆境分较高，通常情况下能较好地应对逆境，注意在大的变故时要挺住。你敢于迎接命运的挑战，你有不平凡的经历，能面对现实，对来自生活的冲击波，应付自如。你的失误是多方面的，不要单纯地归于自己，正视失败，即使失败也能东山再起。

11～30分：逆境商中等，具有一定的耐受挫折和困难的能力。工作中的挫折不会使你一蹶不振。对于不顺心的事，你的心理承受力也不错，可以应付一些不利问题。尽管你有这方面的能力，但仍需要磨炼。你在失败后，总结经验，是可以东山再起的。

0～10分：逆境商偏低，缺乏面对逆境、战胜困难的勇气和能力。工作、生活中的一记重拳，可能打得你一蹶不振，这可能和你一帆风顺的经历有关。你心灵脆弱，经受不起刺激，更经不起意外打击，即使小小的不如意也使你寝食难安。这是你的一大弱点，建议你努力提高心理承受能力，愉快地接受生活的挑战，同时也要少想个人得失，因为，应付困难的能力说到底是对个人利益损失的承受力。

有这样的一个小故事：一个路人看到一只将要破茧而出的蝴蝶，茧上裂开了一点点的缝，蝴蝶吃力地反复挣扎可就是出不来。路人等啊等，两三个小时过去了，蝴蝶似乎也没有了气力，仍然难以冲破在路人看来薄薄的茧壳。路人没有了耐心，找来剪刀小心翼翼地将茧剪破，蝴蝶出来了，路人期待蝴蝶能展翅高飞，自由起舞。但蝴蝶却只能耷拉着一对弱小的翅膀，慢慢地爬行。路人不知道蝴蝶正是在一次次破茧的痛苦中，把体液挤压到翅膀，才能获得飞翔的能力。许多时候经历挫折就像是蝴蝶破茧而出的过程一样，也是人生成长历程中的必经过程。如果大学生面对挫折时，都能怀有破茧而出时的期待与信念，那么相信所有的挫折都可以蛹化成人生美丽的蝴蝶。

（陶国富、王祥兴主编：《大学生挫折心理》，上海，立信会计出版社，2006）

心灵万花筒　　　**逆境求生八大守则：survival(生存)**

s(size up the situation)：迅速评估周围环境；

u(undue haste makes waste)：冷静、从容地思考下一步行动；

r(remember where you are)：搞清你身在何处；

v(vanquish fear and panic)：克服心理的恐惧和惊慌；

i(improvise)：灵活地利用周围的资源或材料；

v(value living)：珍惜生命；

a(act like the natives)：好像土著那样老练，懂得获取所需的资源；

l(learn basic survival skills)：牢记基本的求生技能。

（摘自：http://www.douban.com/note.）

第十二讲

生命教育——让生命的宝石熠熠闪光

感受世界的爱和美丽，并想要传递这些
爱和美丽的愿望常常会带给一个生命惊人的勇气和力量。

懂得生命真谛的人，可以使短促的生命延长。

——西塞罗

心灵万花筒

人为什么活着

在百度知道里，有人以"人为什么活着"为题，向广大网友征集大家关于这个问题的答案。回答多姿多彩，这些回答给了人们一个认真审视这个与每个人息息相关重要话题的机会。

Zzuzhk："活着是为了遇见美好。"

热心网友："因为一个字，梦！"

热心网友："在世界上走一圈，你寻找荣耀，掩埋悲伤，等待明天的太阳……人活着有无数种理由，没有绝对答案，到你要死之前，你回忆种种，可以流泪，可以欢笑，庆幸自己来过，we need。成为史诗，或成为小人物，无论如何，我们为自己活过。"

炸弹："因为存在，所以活着，因为有希望所以活着。"

没毒蘑菇："为了报答生自己，爱护自己的亲人们。"

热心网友："为了体验所有的甜酸苦辣。"

小紫英雄："因为惧怕死亡。"

重复对白："为了自己更好地享受生活。"

让孤独前行："为活着而活，因为你要活着，所以你得赚钱，让自己活着，只是要看你要怎样活了……"

（摘自：http://zhidao.baidu.com/question/274197177.html.）

人为什么活着？这个问题很容易回答，又很难回答。容易回答是因为，不论你要不要回答、怎么回答，甚至有没有思考过这个问题，你都在活着，或精彩或平淡；很难回答是因为，一旦你开始思考这个问题，你会发现你在思考一个严肃的命题——生命。

诺贝尔（Nobel）说，生命是自然赐予人类去雕琢的宝石。每一个人并不是生来就已经领悟了生命的真谛，也并不是每个人都寻找到了自己生命的意义……也正因如此，生命需要学习。通过学习，这颗永恒的宝石才会产生属于他自己的光和热。

第一节 生命教育——打开生命教育之门

作家张小娴在送她的孩子入学的第一天，望着孩子的背影，忍不住发问："世界啊，今天我把一个孩子给了你，若干年后，你会还给我一个怎样的孩子呀?"这一问,问出了千万父母的心声:我的孩子会成长为一个怎样的生命存在?

入学,这是一个人离开父母的怀抱、作为一个独立的生命进入这个世界的开始。自此,培养一个人成长为一个怎样的生命体存在?关心这个问题的已不仅仅是父母,全世界的教育者也问着同样的问题:我们的教育,要让我们的学生成长为一个怎样的生命体?本节所要阐述的主题,正是以生命为思考的原点,对生命、生命的意义进行探索。

一、什么是生命教育

狭义的生命教育是指对生命本身的关注,包括个人与他人的生命,进而扩展到一切自然生命。广义的生命教育是一种全人的教育,它不仅包括对生命的关注,而且包括对生存能力的培养和生命价值的提升,旨在帮助个人理解生命的意义,提高生命的质量,使其拥有一个美好的人生。有人说,所谓的生命教育就是让一个人"活着、活好、活美"。

(一)生命教育的源起与发展

生命教育的思想最早开始于 20 世纪 60 年代的美国。1968 年,学者杰·唐纳·华特士(J. Donald Walters)在加州创办了阿南达学校,教育人们爱惜生命、迎接挑战。杰·唐纳·华特士的理念和实践很快引起了全世界范围内的广泛关注。

1979 年,澳大利亚在新南威尔士州成立了"生命教育中心",明确提出了"生命教育"的概念。日本也在 20 世纪 80 年代末,针对日益严重的青少年自杀、污蔑、杀人、破坏自然环境、浪费等现象,提出了以"尊重人的精神"和"对生命的敬畏"为目标的道德教育。

20 世纪以来,我国台湾和香港地区的生命教育也得到了蓬勃发展,中小学系统开设了相关的生命教育课程,其主旨已不再局限于狭义的生命教育范围,而是旨在教育人珍惜生命、开展生涯、实现生活、丰富人生、发现生命的意义等。其生命教育范围涵盖生命系统、生命伦理、生涯发展、生活艺术、死亡教育、临终关怀、哀伤辅导、殡葬管理等。台湾地区还把 2001 年定为"生命教育年"。目前,大陆地区生命教育得到了一定程度的发展,但总体来说,还处于起步阶段。

(二)生命教育的内涵

广义的生命教育是"全人"的教育,其目的是将一个人培养成为真正关注生命和生命价值的"人",诗人泰戈尔(Tagore)说,"教育的目的应当是向人类传送生命的气息",这就是生命教育最初的起点,也是最终的终点。

人的生命可以划分为三种形态:自然属性的生命、精神属性的生命和价值属性的生命。从这三种形态出发，生命教育包含了三个不同的组成部分。

1. **自然属性的生命——认识生命、敬畏生命、珍爱生命**

自然属性的生命是指生命的生物性存在形式，主要指人的血肉之躯。这是人从事其他一切活动的基础。

生命教育的第一个基本的目标是让一个人认识到生命的来之不易、生命的脆弱、唯一、独特和不可逆转，从而更加敬畏生命、珍爱生命。这其中所指的生命，不仅仅是指"人的生命"，还包括所有生命体的生命。

从广义上说，生命是大自然的恩赐。人的生命与草木虫鱼的生命一样，都是大自然的恩赐。阿尔贝特·史怀泽（Albert Schweitzer）说："只有当人认为所有的生命，包括人的生命和一切生物的生命都是神圣的时候，他才是伦理的。这种尊敬畏之心是对待生命最基本的出发点，也是对待自然性生命的基本态度。"

2. **精神属性的生命——建立精神的栖息地，安放自己的心灵**

精神属性的生命是指人除了"躯体"这个活着的物质基础之外，还有"精气神"，是支撑着一个人用一种投入的、有感情的、怀抱着希望的方式去生活的精神。

臧克家的诗作《有的人》中这样写："有的人活着，他已经死了；有的人死了，他还活着。"这强调的是精神属性的生命。自然属性的生命是生命最根本的基础，但是这对于活生生的人来讲，仅拥有生命的自然属性远远不够，人还需要让自己的"灵魂"活着。精神属性的生命就是为生命注入了"生"之气息——"灵魂"。

生命教育的第二个重要组成部分就是，让每一个人了解到人并不仅仅和其他生物一样饿了吃、困了睡，人还有属于他自己的秘密——精神家园，人有自我意识，有超越物质需要的精神需求。同时，也帮助每一个人更好地建立自己精神的栖息地，安放自己的灵魂。

3. **价值属性的生命——寻找自我生命的价值，实现自我**

价值属性的生命是指人追求自我实现的生命过程。也就是说，人除了要"活着"之外，还要活出自己的精彩和价值。

人本主义心理学家马斯洛在其需要层次理论中提出，人一系列复杂的需要按照优先次序可以分为生理需求、安全需求、归属和爱的需求、尊重的需求、自我实现的需求。所谓自我实现，即一个人发挥自己的潜能，实现自我的价值和意义，就像通过一些方式让一颗钻石发出自己的光和热一样。人的生命形态作为社会属性存在的部分决定了实现自我价值的重要性。存在主义和人本主义心理学家都认为，生命的意义感和价值感是一个人保持健康和活力的基石，很多心理问题和心理困惑的出现常常也跟意义感的缺失联系在一起，严重的意义感缺失甚至会使一个人结束自己的生命。

生命教育的第三个组成部分即是培养和发掘生命的潜力，尽可能地发挥每一个生命个体的价值，也帮助个体本身找寻到自身的生命价值感和意义感。

二、生命教育的途径和形式

狭义的生命教育是指在学校范围内开展的与生命教育相关的内容，它主要采用教学、实践活动、素质拓展等途径开展；广义的生命教育其实不仅仅局限于学校教育，而是整个社会、家庭、学校积极互动共同来完成的。

从"富二代飙车""药家鑫案"到"老人跌倒扶还是不扶"，再到"两岁女童连遭两车碾过，数十路人经过却无人施以援手"，类似事件一再发生在我们的社会中，不禁让人们开始困惑：在对待生命的态度上哪里出了问题？

活着是为了报答爱自己的人、为了遇见美好，因为希望、因为梦……

真正有力的生命教育除了必要的学校教育之外，家庭和社会的教育有着非常重要的影响。只有唤起全体社会成员对生命的关注，大部分成员都尊重生命、敬畏生命、珍惜生命的时候，生命教育的网络才会变得真正坚固，而生命教育才能真正达到其所要达到的目标。

生命教育的形式多种多样，不同的国家和地区根据各自的情况有不同的偏重。例如，美国以死亡教育的方式面向学生开展生命教育；澳大利亚则更偏重于教导学生社交技巧的学习，以帮助他们更好地融入社会；日本则非常强调"热爱生命，选择坚强"；香港地区在"宗教教育中心"和香港地区"神拖会"的关注和推动下，生命教育侧重于人生与宗教哲学的教育；国内的生命教育目前着重在生命危机的预防和干预方面。

第二节　生命的真谛——思考生命这个命题

一、生命的由来——生命来之不易

地球上生命体的出现本身就是宇宙中一件极其了不起的小概率事件，而创造生命的过程则更是宇宙中最神秘最精妙的事情。生命，有一个不可思议的开始。

纪录片《帝企鹅日记》向极地以外的人展示了一只小企鹅从无到有的过

程——生育和抚养一只小企鹅，其难度绝对不小于在极地风暴中点燃一支蜡烛。

除去几百公里的长途跋涉、沿路虎视眈眈的天敌、恶劣无常的天气……这些胖乎乎的企鹅们，为必须避免冻土将蛋过早扼杀，必须将蛋小心翼翼地产于双脚之上。企鹅妈妈们外出觅食的时候，负责孵蛋的爸爸们同仇敌忾对抗寒风，它们整齐地挤作一堆，将相对较厚的脊背缓缓转向风吹来的方向。等到小企鹅出壳后，爸爸们又要提供第一口食物——那是四五个月前从食物充足的地区向繁殖地出发时储存在体内的。爸爸们必须等到妈妈们返回繁殖地才能离开，在那之前无力抵御寒冷的小企鹅仍得待在它们脚上……

一个生命的孕育和生长，是如此艰难的过程，人类的生命亦是如此。

(一)生命的孕育

精子战争

"慷慨"的睾丸每秒产生 300～600 个精子，然后集中运输到附睾中整装待发。而"吝啬"的卵巢每月只排出一个成熟的卵泡，卵子裹在其中。一次射入女子阴道的精子有 2 亿～4 亿个，它们聚集在子宫颈口，等待进入子宫，但子宫颈口又细又长，大部分精子在等待中超过了存活期而死亡，只有 5000 个精子进入子宫腔，而这 5000 个精子中，只有那个最强壮、最健康的精子才能抱得美人归——与卵子结合形成受精卵。这是生命的初始。

（资料来源：BBC《人体漫游》，寰宇地理《子宫日记》）

就人类而言，1 颗精子要与 2 亿～4 亿颗精子展开激烈的角逐，历经千辛万苦，最终才能获得与卵子结合的机会。从生命的一开始，便充满了极其残酷的竞争，而通往目标的路上也充满了重重的险阻。从这个意义上来讲，每一个成功来到这个世界上的人都是在这场激烈竞争中成功"打败"了 4 亿个竞争对手，并克服了过程中所有艰难险阻的"英雄"。

精子和卵子的结合才仅仅是一个生命的开始。在短短大约 38 周的时间里，这个单细胞要完成发育出 200 多种、上万亿个细胞的任务，这些细胞最终还要经过非常精密复杂的组合才能最终形成独立的生命体。而这个独立的生命体要成功地来到这个世界上，健康地长大，所需要面对的又是一重又一重的挑战。

(二)生命体的脆薄

在每个大学生成长的生命里，也许经历了这样的"大事件"："5 岁那年，小伙伴一招呼，你便兴冲冲往外跑，不小心摔了个狗吃屎，幸好并没有受伤。而你不知道的是，就在你摔倒的地方往左两厘米立着一根小钉子，如果你稍微偏一偏，左眼就失明了。"

这是生命的幸运，而同时，也最能看到生命的脆薄。

承载生命的身体其实并不像电影或者游戏中演绎的那样坚强如铁，迅速加血就能恢复。这个身体非常脆薄，从一开始就要面临细菌、病毒、疾病、意外等各种形式的威胁，有的时候，甚至是对生命的威胁。一个耳光打死一个人，一个马蹄坑呛死一个人，一个果冻噎死一个人，这些都不是什么怪事，在这些"意外"面前，生命脆薄得如一个陶瓷娃娃。

在巨大的灾难面前，生命更是犹如尘埃，一瞬间，便失去了它的痕迹……"汶川5·12地动山摇的瞬间，我忽然感悟到，生命如此之轻。这么多人的生命，那么美丽动人，那么阳光灿烂，却忽地没有了。几百万人的身躯遭到伤痛重创，几千万人的家园被夷为废墟。生命之轻，犹如尘埃，犹如雏羽。"一位地震亲历者这样描述自己的心情。

生命的薄脆还在于，死亡是注定的一件事情，而个体完全无法预期它会在什么时间到来。

一位老人这样讲述他一个朋友的故事：他长得非常帅，非常帅。他走在路上，每一个人都会回头看他；他还很健壮，精明，而且家里很富有。他每天盘算的就是："我今晚引诱哪一位姑娘呢？"他计划风流几年之后，取一位漂亮姑娘为妻，养育一群漂亮的孩子，踏踏实实地花他父亲留给他的钱。他为那笔钱制订了若干计划。他已经买好了今后过日子的地，并且在那儿建立了一座最大的住宅。我猜他还准备养马训练，之后参加比赛。一天早晨，他跨上他最心爱的那匹马，准备跑上几圈。他挥鞭抽打，马飞奔起来。不料，奔跑中的马陷进了一个兔子洞将他掀了下来。他摔折了脖子，死了。那天早上他睁开眼睛时，没有人会知道他当天就会死，他自己也是，他没有做60岁前去世的准备……"

面对生命的不易与脆薄，作家沈从文曾这样说："生命都是太薄脆的一种东西，并不比一株花更经得住年月风雨，用对自然倾心的眼，反观人生，使我不能不觉得热情的可珍，而看重人与人凑巧的藤葛。"这正是人类生命区别于其他生命形式的核心——人的生命是可以超越自然属性的生命而存在的。

二、生命的勇敢和坚强

尼克·胡哲——像雕塑一样却精彩地活着

尼克·胡哲（Nick Vujicic），1982年出生于澳大利亚墨尔本，一出生便没有双腿和双臂，只在左侧臀部以下的位置有一个带着两个脚指头的小"脚"，尼克叫它"小鸡腿"。然而，借着这个小鸡腿，尼克不仅可以走路和跳跃，他还可以打字、骑马、游泳，甚至是踢足球。30岁不到的他，拿到了两个大学的学位，创立了自己的企业，现在的他既是一个国际公益组织的总裁，同时又拥有自己的演讲公司。他的足迹遍布全世界，曾在20多个国家进行演讲，用自己的经历激励大家热爱生活，为大家带去希望。由于他对国家和社会的卓越贡献，2005年被授予"澳大利亚年度青年"的荣誉称号。尼克说能拥有自信，能一步一步走过艰难获得成功，获得全世界的尊重，他最要感谢的是来自父母和朋友的爱，当然，还有来自自己的爱。

（尼克·胡哲：《人生不设限》，北京，社会科学院出版社，2011）

尼克的故事，让人们读到的是一个生命"活着"的"精神"，这与人自然属性生命的脆薄相对照，人的精神生命是坚强与勇敢的。

蔡康永在《有一天啊，宝宝》的序中写到，"几乎所有的人，都是在还没有准备好的情况下，就开始了我们的人生"。一个人可能没有办法决定自己的出生，但是一个人却可以决定自己怎么去活。在网友的所有回答中，出现频率最多的也是：活着是为了报答爱自己的人、为了遇见美好，因为希望、因为梦……把所有这些回答做一个综合，大学生会发现，其实不外乎两个词——爱和希望。有了爱和希望，生命便有了继续活下去的力量。

（一）因为有爱

爱的力量

1999年10月3日在贵州马岭河风景区发生了新中国成立以来最严重的一起缆车车亡事故。由于超载和操作失误，重达三吨的缆车从相当于20层楼的高度重重地砸向谷底，造成14人死亡，22人受伤。

在这场惨祸中，两岁半的潘子浩是一个奇迹，他仅仅是嘴唇受了点伤。缆车坠地的一瞬间，父亲潘天奇、母亲贺艳文将潘子浩举过头顶，双手牢牢抓紧，在这危急的时刻，年轻的父母用高举的双手阻挡了袭向儿子的死神，而他们自己的身体却没有任何的防护。儿子得救了，父母却永远合上了双眼，永远离开了他们深爱的孩子、他们眷恋的世界。

缆车里还有一名男游客在车体下落的片刻，用身体紧紧护住了自己前面两个素不相识的孩子，试图用自己的身体减小孩子们的受伤程度。结果，两个孩子的性命保住了，而这个勇敢的游客却永远地留在了马岭河边。

（摘自：http://finance. sina. com. cn/xiaofei/comsnme/20060213/19152338269s. html/.）

在缆车坠落的5秒钟时间里，这些牺牲自己保护其他生命的选择几乎可以说是下意识的反应，而这种"下意识"里所包含的有人世间最深沉的爱，也是这个世界虽然不完美却很温暖的关键所在。

这个世界并不完美，可是，大部分人却很眷恋。仔细体会一下，被压在地震废墟中轻声唱"一条大河波浪宽，风吹稻花香两岸，我家就在岸边住……"等待着可能有或者无的救援的感觉、体会一下一个将死的士兵嘴里喃喃念叨着妈妈做的虾饼、战俘营中的犹太人在最艰苦的条件下想到新婚妻子也许在某个地方等着自己时候的感觉……因为有爱，因为有爱自己和自己爱的人，所以这个世界成了最让自己眷恋的天堂。"人类可以经由爱而得到救赎。在这世界上一无所有的人，仍有可能在冥想他所爱的人时尝到幸福的感觉，即使是极短暂的一刹那。"意义治疗的创始人弗兰克尔（Frankel）如是说，而这也正是让一个人获得存在的意义感，并愿意继续活下去的动力。

一个生命从孕育、出生到健康的长大，这其中他会接受到很多的支持和爱护，当一个人感受到这些爱，并被这些爱温暖的时候，他会愿意继续去把这种爱传递下去，温暖更多的人。这种感受世界的爱和美丽，并想要传递这些爱和美丽的愿望常常会带给一个生命惊人的勇气和力量，就如尼克·胡哲一样。

（二）因为有希望

心灵万花筒

希望之花

俄国心理学家曾做过这样一个实验：将两只大白鼠丢入一个装了水的器皿中，它们拼命地挣扎求生，维持的时间是 8 分钟左右。然后在同样的器皿中放入另外两只大白鼠，在它们挣扎了 5 分钟左右的时候，放入一个可以让它们爬出器皿外的跳板，这两只大白鼠活了下来。若干天以后，再将这对大难不死的大白鼠放入上述器皿中，结果令人吃惊：两只大白鼠竟然可以坚持 24 分钟，三倍于一般情况下能够坚持的时间。

[曾奇峰：《永不放弃希望》，载《中间校园文学》，2008（3）]

这位心理学家认为，前面两只大白鼠没有逃生的经验，它们只能凭自己本来的体力挣扎求生；有过逃生经验的大白鼠却多了一种精神的力量，它们相信在某一个时候，一个跳板会救它们出去，这使得它们能够坚持更长的时间。这种精神力量，是内心对一个好的结果的希望，这种希望给生命以巨大的力量。

有一句谚语说：只要活着，就有希望，这句话反过来亦成立：只有心怀希望，就能活下去。生命可以在废墟下苦

苦支撑 170 个小时，可以在恶疾面前创造伟大的生命奇迹，可以在身体残缺的状况下创造永不放弃的神话……生命可以在最艰难的一刻仍不放弃活下去的努力，所有的这些都是因为人们对未来的生命充满了期待与希望。有希望和没希望，对人的行为有完全不同的影响，当然也会有完全不一样的结果。

也许有的大学生会说，"有希望又有什么用，坚持了 24 分钟，白鼠不是一样还是要被淹死吗！"其实，关于白鼠的心理实验并没有在 24 分钟的时候结束，在白鼠挣扎了 24 分钟之后，实验者看它们实在不行了，就把它们捞上来了。因为实验者被白鼠的坚持所感动，这位心理学家说，他认为有这种积极心态的白鼠更有价值，更值得活下去，人类应该尊重一切希望，哪怕是一只大白鼠内心的希望。

大白鼠的希望，是人给它们的；而人类的希望呢？

2010 年 8 月 5 日，智利发生矿难，33 名工人被困在 622 米的地下，直到最后全部被成功地救出，他们在地下整整被困了 69 天！这次生命奇迹最关键的是矿工们通过各种方式传出消息：我们 33 人都还活着。那是在向人们诉说他们对得救还怀有着巨大的希望和相信，他们还在坚持。这种希望也极大地鼓舞了地面上营救人员的信心，所以会在远远超过所谓"黄金救援 72 小时"时限之后还想尽各种方法不抛弃不放弃地展开救援。这种希望所调动的其实并不仅仅是一个人自身的精力和体力，这种希望还会调动和鼓励周围很多的人来一起怀有同样的希望，也会感染更多的人来帮助你一起实现这样的希望。有一句话"当你真正想要去做一件事情的时候，全世界都会帮助你"，其背后的心理学阐释亦即如此。

所以，在现实生活中，大学生如果留意的话会发现，那些内心总是充满希望的人，常常也是那些活得更好更精彩的人。

三、生命的意义与价值

心灵万花筒

迷茫的大学生活

老师，你好：

我是一个在校大学生，都大三了，可是我总觉得自己很迷茫。每天生活除了 CS、dotA 等，就是吃饭和睡觉了。我也很想好好学习，可是又不知道天天考各种证书有什么意思，我不知道为什么要读这个大学，甚至不知道我为什么要这么活着，这样的生活我觉得没意思极了，可是我又找不到有意义的生活……我该怎么办？

迷茫，似乎已经成了大学校园里一个再普通不过的词了。就如写信的这个同学一样，生命被"无意义"的迷茫感牢牢地攫住，茫然四顾，不知何去何从，而生命就在这样的茫然与困惑中消耗殆尽。还有一些同学站在大学的尾巴上回望自己四年生活的时候，突然想哭，不是因为离别，而是因为遗憾。如果说生命是一颗钻石，那么寻找到生命的意义则如同寻找到了让这颗钻石发光发热的途径，是每一个生命实现自我价值的必然诉求。

（一）人为什么需要意义感

1. 意义感带来掌控感

完型心理学派通过研究发现，人的知觉器官会下意识地将杂乱无章的外来刺激按照对人自身有意义的方式来组织，这种倾向叫做知觉的完整性。这也就是为什么壁纸上不规则的黑点会被看成是图形和底色；看到不连续的图形，人也会自动地将其感知为完整的图形，而忽略其不连续的地方；遇到各种各样的事件，会按照自己熟悉的解释架构来理解。当人无法把任何刺激或情境模式化时，人就会感觉到紧张、困扰、不满意、不安。

这种归纳意义的倾向在生命中的表现就是个体希望为自己寻找到一种有条理的模式来诠释生活中各种不规则的刺激和事件，这个有条理的模式就是所谓的"意义感"。当个体能找到这种模式的时候，就会相信自己掌握了可以解开自己生命中所有事件的钥匙，这种信念可以带来掌控。这种掌控感可以帮助人缓解面对复杂多变人生时候的焦虑和不安。

2. 意义感可以影响价值感

存在主义治疗大师欧文·亚龙（Irvin D. Yalom）认为，一旦人发展出了一种意义感，就会产生相应的价值观。价值观对一个人的重要性在于，它会告诉你："我该如何活？我应该根据什么而活？"

如果写信的这位同学的意义架构强调知识服务于社会，那么，他也许会认为自己长时间沉溺于网络而忽视知识学习是不对的，而努力学习专业知识是对的，这就是"价值判断"，这种价值判断会决定你采用什么样的方式去生活。

3. 过有意义的人生是每一个生命的天性

在人本主义心理学的观点里，就像植物的向光性一样，每一个人都有向上发展的愿望，没有人天生就是颓废、消沉和退缩的。过有意义的人生，实现自我的价值，这是每一个生命的天性。

（二）寻找生命的意义

弗兰克尔在其理论中提出了三种寻找生命意义的途径。

1. 创造的价值

创造的价值是说一个人可以通过各种类型的活动实现自己的价值，也就是通常所说的成就、成绩，也可以成为工作的意义。

对于大学生来讲，这种类型的意义可以通过努力学习专业知识，获得一个比较好的学业成就来获得；也可以通过发展自己的兴趣嗜好、社团活动、志愿服务等来取得。这种意义的取得通常是在行动中、自我付出与收获中、与他人所建立的关系中发现自己生命的价值和意义的。

2. 经验的价值

经验的价值是指由体验某种事物或经由体验某个人（如爱情）来发现生命的意义。这种价值是通过对这个世界的接纳与个人的感受中实现的，即这部分的价值更注重内心的感受。

例如，大学生可以去欣赏自己喜欢的艺术品、听自己喜欢的音乐、读触动自己内心的书，或者体验大自然的瑰丽、感受爱情的美好等。当敞开心扉去感受和体验这个世界的时候，也会体验到生命的价值和意义感。

对于大学生来讲，通过打开自己的生活圈子，让自己尝试各种体验来丰富自己的内心和感受都是很好的获得经验价值的方法。比如，可以借助节假日去旅行，走很多路，看很多人和风景；可以广泛阅读书籍，尤其是名著，通过读书让自己内心更丰富起来；可以去体验各种生活，比如去支教或者志愿服务等，除了可以获得创造性的价值之外，你还可以获得各种不一样的体验，从而获得经验价值……

3. 态度的价值

态度的价值是指人可以在经历和面对无法改变的命运（罪恶感、死亡或痛苦的逼迫）时从自己所采取的态度中获得的意义感。弗兰克尔认为，这是苦难的意义，也是人类存在的最高价值所在。与这种意义感所伴随而生的即是前文所说的个人所持的生活信念或价值观。而这种生活信念和价值观是时时刻刻都在有形无形地影响着一个人的生活。

当然，发现这一层的生命意义并不是必须要一个人经历了一些困难或者变故才能获得。通过阅读、体验、反思自身等方式也是可以帮助一个人发现自己的生活信念和价值观，从而获得自己生命的最高意义。

心灵瑜伽

几个有关生命的问题

关于人类生命最高价值的讨论，将围绕"生与死"，从死亡开始说起。

如前文那位老人说的一样，每一个人都没有做 60 岁前去世的准备。所以，人们常常觉得自己还有很多的时间、足够多的机会让自己去完成某一件事情，所以从来没有认认真真地思考过，"如果今天是自己生命的最后一天，你会想要怎样度过你的最后这几个小时？"问一问自己，你会发现，那些跳进你脑海里的你最想做的事情正是你真正看重和珍视的。

有人说，如果每个人从 80 岁开始倒着活，90% 以上的人都能取得巨大的成功。就像那首叫《如烟》的歌这样唱道"有没有那么一个明天重头回一遍/让我再次感受曾挥霍的昨天/无论生存或生活我都不浪费/不让故事这么的后悔/有谁能听见/我不要告别"，他在唱的是一个老人在临死的时候坐在窗前回望自己一生，内心的唏嘘与感叹。当一个人注视着死亡的时候，死亡会教会人如何有意义地活着。

尝试着回答下面这些问题：

1. 假如你的生命只剩下 6 个月，你将会怎样度过？

2. 假如你现在已经是大四的毕业生，在离开学校的时候想要给四年前的自己写一封信，你准备写些什么内容？

3. 想象自己站在生命线的终点之上，回望自己的一生，为自己写下墓志铭。

当你写下这些练习的答案，你同时也在写下自己的信念与价值观。这些信念与价值观正是影响着你的每一个想法、每一个行为、每一个决定的最终力量，也许就正是那个自己一直苦苦追寻的生命的意义。给自己一些时间，让自己仔细地审视一下自己生命的这个重要部分。

生命的意义因人而异，不是固定不变的，也因时而异。弗兰克尔认为，寻找生命的意义最重要的是要明白一个人的生命在具体的时间的具体意义。就比如一个人，在高中阶段可能他生命的全部意义都是好好学习，在学业上取得自己的成绩，所有的活动都围绕着这个有价值的事件进行；进入大学后，由于环境的改变，这些有意义和价值的内容也会发生相应的改变，除了学业成绩之外，还有人际交往、社团活动中获取的价值等。同时，对于一个人来讲，其态度价值常常会保持在一个比较稳定的状态中。

第三节　生命的危机——迈过绝望那道坎

生命体在这个世界上会遇到很多危机，这些危机除了疾病、意外、灾难等外，也有少部分人会自己选择结束自己的生命，这就是生命的另外一种危机状态——自杀。

一、人为什么会选择自杀

有研究显示，每一个人的一生中总会有那么一次或者几次会闪过自杀的念头。可见，"自杀"这个词其实对每一个人来讲都不陌生。但是，真正将这种念头变为实际行动的则是少之又少，尤其是在接受高等教育有着美好前途的大学生群体中，这种情况则更少一些。尽管如此，和大学生谈自杀却是一个非常必要和重要的话题，生命的拥有和失去，是全和无的选择。

生命来之不易，为什么人会选择自杀呢？

（一）死的本能

按照弗洛伊德的理论，每一个人都有死亡的本能。死的本能是一种要摧毁秩序、回到前生命状态的冲动，其目的是设法要使个人走向死亡，因为只有在死亡里，个人才有希望完全解除紧张和挣扎，那里才有真正的平静。而"死亡是所有生命的目标"。弗氏理论认为，人类的很多冒险行为，如登山、跳伞、极限运动等都是死的本能的体现。

虽然有死的本能，但人却没有真正地去主动寻求死亡，原因在于除了死的本能之外，人还有生的本能。所谓生的本能，是指人的自我保护本能和繁衍壮大的本能。具体表现为性欲、性冲动和性交能力以及自我躯体保护和心理保护（心理防御机制），让自己不受伤害并繁衍生存下来。生的本能和死的本能是人心底最根本的和最重要的两种本能力量。

生的本能与死的本能的力量都非常巨大，它们相互制约，互相转换统一在人一生的发展中。大部分人不会主动选择寻求死亡通常都是因为生的本能对死的本能的制约作用。例如，在危险情况甚至是自伤自虐的情形下，疼痛或者恐惧感会瞬间唤醒机体的生的本能，开始让一个人觉得生命的可贵，从而制止自伤的行为。弗洛伊德认为，这种生的本能对死的本能的阻止既有效地释放了人潜在的死的能量，又避免了真死，从而有效地使生死能量又达到了一个新的平衡。而自杀的人通常都是死的本能超越了生的本能的制约力量，让一个人想要彻底地走向真正的"平静"。

（二）遭遇危机事件

心灵万花筒

缺少自我的爱情

小米的男朋友提出要和她分手，回望自己之前5年的路，小米突然觉得自己好像失去了方向。因为之前的自己仿佛都是在为男朋友而活：为了陪伴他，实现他的梦想，考进了医学院，小米放弃了她自己的朋友圈子、一切都围绕着男朋友的生活，失去了自己原来的生活内容……当对方要离开的时候，小米发现自己的生活里根本没有自己……巨大的无意义感击中了小米，她突然发现自己不知道该怎么活下去了……

所谓的危机是一种认识，是一个人认为某一件事或境遇是个人的资源和应对机制所无法解决的时候会产生的一种认识，这种认识通常伴随而来的是绝望感和无意义感。除非能够及时缓解，否则，绝望感和无意义感会导致情感、认知和行为功能的失调。

危机事件是指能够引起一个人危机感的事件，如丧失亲人、失恋、失业、重病、无法找到工作遭遇挫折等。当然，对不同的人来讲，对"危机事件"的定义也是非常不同的，有的人可能会因为考试分数比某一个人低了两分就认为是一道过不去的坎，有些人则认为亲人离世也是可以承受得了的重量。

在许多案例中，自杀都是一种逃避无法面对的生活或挫折的解脱手段。选择自杀的诱因之一便是他们认为自己面对的现实是无法克服和应对的，唯有死亡才是解脱的唯一手段。自杀，成了一个人面临危机感觉自己目前所有解决问题的方法和资源都无法解除危机的时候唯一的解决手段。

（三）长期抑郁

抑郁是一种很常见的情绪状态，在每个人的一生中，都有过抑郁的情绪体验，尤其是在遭受到如亲人离世、高考落榜等重大的丧失和挫折的时候常伴随这种体验。这是一种郁闷、压抑、失落、矛盾等情绪状态。如果一个人长期处于抑郁情绪中越陷越深，最终发展成为抑郁症，事情就会变得严重起来。有研究显示，抑郁症患者的自杀率是普通人的 35 倍，抑郁症患者中 15％的人是以自杀为结束的。

这是因为，长期处于抑郁情绪的人常常有非常明显的情绪低落、兴趣减退，会常感觉到悲伤、忧虑，感觉到自己没有价值、自罪自责等情绪问题。这种长期的低落情绪就像乌云，把一个人的生命之光也变得非常黯淡，使一个人很容易被无意义和无价值感击倒。

二、自杀心理

一些人，一生中可能会闪过自杀念头，但研究表明，他们并不想真正结束自己的生命，而是生命中遭遇到无法解决的问题或寻找不到生命存在的意义，倘若人们具有自杀的防范知识和处理的经验，了解一些与自杀相关的知识，一旦在自身或周围的同学、亲人、朋友等遇到类似的困境时，可以帮助自己和他人走出困境。

自杀的类型可以分为冲动型和理智型两大类。

（一）冲动型自杀

冲动型自杀常常有明显的偶然事件引起，当事人处于非常强烈的激愤、委屈、悔恨、内疚、烦躁、赌气等情绪状态中，自杀行动比较迅速，发展期短，具有冲突性或者突发性。例如，有的人因为同学之间的冲突和争执一时赌气会采取极端行为，或者因为有考试不及格选择跳楼等都属于这种类型。自杀者在实施自杀的时候通常会处于情绪的激情状态，思维和行动都是不理智的，这种自杀者常常会在被成功解救之后对自己的行为产生后怕和后悔。所以，如果自己在情绪激昂的状态下萌生出自杀的念头，首先要做的不是去采取行动，而是让自己先调节和平复一下自己的情绪。

(二)理智型自杀

理智型自杀通常不是由偶然事件引起的，这种自杀者通常是对自杀进行过长期的思考、评价、判断之后才逐渐萌生自杀念头，通常会比较有计划地实施自杀行动，在自杀前已经做好充分的思考和准备。所以自杀进程比较缓慢，发展期比较长。长期抑郁症、孤独空虚者、极度无价值感的自杀者属于此种类型。

理智型自杀的心理过程是有规律可循的，通常会有以下几个阶段。

1. 萌生阶段

因为遭遇到了无法解决的现实问题，如身患绝症而无钱治疗，心里就会产生"不如死了算了"；再如，"脸都丢尽了怎么见人"……而其实，这个阶段的人其实内心存有强烈的生存欲望。比如出现内心痛苦、睡眠质量下降、情绪不安等信号，这一阶段的表现具有隐蔽性，也是一个最容易被自己和周围的人忽略的阶段。

2. 彷徨阶段

把自杀当做解决手段的初期，人通常都不会马上采取行动，生的本能又会使当事人陷入生与死的矛盾、犹豫与彷徨中。在这个阶段，当事人常常因为思想斗争激烈而表现出比较大的情绪波动。在这一阶段，当事人会经常谈论到与自杀相关的问题，预言、暗示自杀，或以自杀威胁别人，直接或间接地表现出自杀的意图。这其实是当事人在向别人发出寻求帮助或者引起注意的信号。这个时候，如果能够及时得到别人的帮助，获得必要的解决方法，当事人很有可能会减轻甚至打消自杀的想法。

3. 决定阶段

在现实生活中，人们对自杀存在一些误解，认为谈论自杀的人或者威胁说要自杀的人可能通常都不会去实施自杀。也因此很容易对自杀当事人的一些自杀信号给予不恰当的处理和反应。经过生与死的矛盾与衡量之后，加上得不到必要的帮助又找不到更好的解决问题的方法，当事人会做出自杀的决定。此阶段的当事人不再讨论和暗示自杀，反而显得很平静，抑郁情绪也似乎有所恢复，也会表现得更轻松，表现出状况好转的假象，这种假象会让周围的人误以为真的好转从而放松警惕。

4. 实施阶段

真正想要自杀的当事人会尽量摆脱周围人对其自杀行为的阻碍和干预，因此，当事人会对自己自杀的方式和各种准备做一个周密的思考和计划，最终采取某种手段来结束自己的生命。

其实在自杀的各个阶段，都是可以有效介入和及时阻止自杀行为的发生的。了解自杀各个阶段的心理过程对于有效地识别自杀线索、减少自杀事件的发生具有重要意义。

三、警惕自杀

心理学家发现，一个人周围如果出现过自杀的情况，会大大提高这个人的自杀风险。另外，一个人的自杀往往又会给家庭、朋友、同学带来长期的伤痛。有研究显示，一个人自杀，会对周围至少 5 个人产生强烈的影响。而对于跟自杀当事人最亲近的亲人而言，除了面临内心巨大的伤痛之外，还常常会背负着深深的内疚与自责，这往往会成为他们生命中沉重的包袱。所以，准确地辨别各种自杀线索、有效的干预自杀行为的实施对于整个社会和家庭来讲都有着非常重要的意义。

(一)可识别的自杀线索

在自杀心理的发展阶段中可以看到，自杀者在实施自杀行为之前是有很多线索透露出来的，这些线索其实也是自杀者在向接受到这些信息的人求助，所以敏感地接受和识别出这些线索是有效干预自杀非常重要的一步。

1. 言语线索

①直接向人说："我想死。""我不想活了。"

②间接向人说："我所有的问题马上就要结束了。""现在没有人可以帮助我。""没有我，他们会过得更好。""我再也受不了了。""我的生活毫无意义。"

③谈论与自杀有关的事或开自杀方面的玩笑；

④谈论自杀计划，包括自杀方法、日期和地点；

⑤流露出无助或无望的心情；

⑥突然与亲朋告别；

⑦谈论一些可行的自杀方法。

2. 行为线索

①出现突然的、明显的行为改变(如中断与他人的交往或出现很危险的行为)；

②抑郁的行为表现；

③将自己珍贵的东西送人；

④有条理地安排后事；

⑤频繁出现意外事故；

⑥饮酒或吸毒的量增加。

此外，以下的行为线索也很重要，包括：①退缩和独处愈加明显；②出现焦虑并且很持久；③食欲不振；④工作或学习成绩下降；⑤发现过去有过自杀意念；⑥具有自卑感和羞耻感等。

3. 其他线索

①自己想死的念头对周围的人诉说或在日记、绘画中表现出来；

②情绪性格明显反常，焦虑不安，无故哭泣；

③抑郁状态，食欲不好，失眠；

④个人卫生习惯的改变（变得肮脏）；

⑤回避与人接触，与集体不融洽或过分注意别人；

⑥行为明显改变，对生活麻木冷漠的人，像突然变了一个人，敏感又热情；

⑦无故送东西、送礼物给亲人或同学，无来由地向他人道谢或致歉；

⑧对学习失去兴趣，上课无故缺席，迟到早退，成绩骤降。

心理小贴士

关于自杀的误解

1. 与想自杀的人讨论自杀将诱导其自杀。事实上应该和可能自杀的人讨论自杀，这样的目的是使想自杀的人愿意花时间重新获得对生活的控制。

2. 威胁别人说自杀的人不会自杀。事实上，大量自杀身亡的人曾经威胁过别人或者公开过自己的想法。

3. 自杀是不合理的行为。事实上，从自杀者的角度看，几乎所有采取自杀行为的人都有充足的理由。

4. 自杀者患有精神疾病。事实上仅有很少部分自杀未遂者和自杀成功者患有精神疾病。他们中大多数人具有严重的抑郁、孤独、绝望、无助、被虐待、受打击、深深的失望、失恋或者别的情感状态。

5. 自杀发生在家族中，具有一种遗传倾向。事实上，自杀的倾向没有遗传性。它是学习来的或者是情境性的。

6. 想过一次自杀就总会想自杀。事实上，大部分人只是在他一生中的某个时刻产生自杀念头。大多数人能从短时间的威胁中恢复过来，学会适应和管理，长久生活，使自己的生活丰富多彩，免受自我冲突的威胁。

7. 一个人自杀未遂后自杀危险可能结束。事实上，自杀最危险的时候是情绪高涨期，是想自杀的人严重抑郁后变得情绪活跃起来的时候。真正危险的迹象是抑郁或者自杀后出现的"欣然"状态。

8. 一个想自杀的人开始表现慷慨和分享个人财产，表面这个人有好转和恢复的迹象。事实上，大多数想自杀者在情绪好转后，才有精力开始作出一定的计划，安排他们的财产，这种财产安排有时候类似于最后的愿望和遗嘱。

9. 自杀是一种冲动行为。事实上，有些是冲动行为，另一些则是仔细考虑之后才实行的。

（吉利兰、肖水源等著：《危机干预策略》，北京，中国轻工业出版社，2000）

(二)面对生命的危机，可以做些什么

当面对着一个有着自杀危机的个体的时候，可以：

①保持冷静和耐心倾听；

②让他倾诉自己的感受；

③认可他表露出的情感，也不试图说服他们改变自己的感受；

④询问他是否想自杀，比如"你是否感觉到那样痛苦、绝望，以至于想结束自己的生命"；

⑤相信他说的话；当他说要自杀时，应认真对待；

⑥如他要你对其想自杀的事情给予保密时，不要答应；

⑦让他相信他人的帮助能缓解面临的困境，并鼓励他寻求帮助；

⑧说服其相关人员共同承担帮助他的责任；

⑨如果判断他当时自杀的危险性高，不要让其独处，要立即陪他去心理卫生服务机构或医院接受评估和治疗；

⑩对刚出现自杀行为(服毒、割腕等)的人，立即送到最近的急诊室进行抢救。

2006年，史蒂芬·霍金(Stephen William Hawking)到香港科技大学演讲。有记者以一位因意外导致全身瘫痪香港青年希望能安乐死为例询问霍金是否曾因身体残障而感到沮丧，又是怎么克服的？霍金是这样回答的："他有自由选择结束生命，但那将是一个重大错误。无论命运有多坏，人总应有所作为，有生命就有希望。"这句话听起来有些老生常谈，但却道出了生命的真谛。

伊坂幸太郎(Isaka Kotaro)亦在其著作《死神的精确度》中用故事的形式道出了生命的真谛。小说中一个角色藤木一惠，在她满脑子都想着自杀的那些日子里，她的生命真的是一片狼藉，看不到任何希望，甚至当死神决定让她活下去的时候，死神自己也不知道这个决定是不是正确。然而，在藤木一惠接下来的生命中，一个音乐制作人发现她无与伦比的嗓音，她最终成了一名非常棒的歌手，演绎了非常多好听的曲子，这些都是没有人可以预料到的可能性。

这就是生命。

当一个人的生命之河一路奔向未来的时候，你和我都不知道，这个生命将会有多珍贵。

参考文献

1. 苏彦捷. 亲密关系中的日常冲突及其解决[J]. 应用心理学，2004(2)

2. 张于. 爱情心理及其与人际关系满意感、主观幸福感的关系[D]. 武汉：华中师范大学，2009

3. 林艳艳. 心理学领域中的爱情理论述要[J]. 赣南师范学院学报，2006(1)

4. 黄希庭. 当代中国大学生心理特点与教育[M]. 上海：上海教育出版社，1999：181

5. 詹姆斯(美)著，肖水源等译. 危机干预策略[M]. 北京：中国轻工业出版社，2000

6. 延艺云. "5·12"汶川不相信眼泪[M]. 北京：中国电影出版社. 2009

7. 黄丽，李梅. 校园成长列车——献给大学新生的心灵礼物[M]. 杭州：浙江科学技术出版社，2009

8. 江光荣. 选择与成长——大学生心理学[M]. 武汉：华中师范大学出版社，2004

9. 薛德钧，田晓红. 大学生心理与心理健康[M]. 北京：北京大学出版社，中国林业大学出版社，2007

10. 维克多·弗兰克尔(Frank. V. E.). 活出生命的意义[M]. 北京：华夏出版社. 2010

11. 马建青. 大学生心理健康[M]. 北京：人民出版社，2011

12. 李芳. 知情达意——医学生情绪管理[M]. 北京：中国协和医科大学出版社，2008

13. 陈勃. 大学生人生困惑及应对[M]. 北京：高等教育出版社，2004

14. 周蓓，周红玲. 大学生心理健康案例教程[M]. 北京：人民邮电出版社，2009

15. 张大均，吴明霞. 大学生心理健康[M]. 北京：清华大学出版社，2007

16. 樊富珉，费俊峰. 青年心理健康十五讲[M]. 北京：北京大学出版社，2006

17. 杨眉. 心理关键词影响你的一生[M]. 广州：花城出版社，2011

18. 马喜亭. 阳光伴我行——大学生情绪管理[M]. 北京：高等教育出版社，2008

19. 张满堂，褚远辉. 大学生心理健康教程[M]. 昆明：云南大学出版社，2006

20. 马丁·塞利格曼著，任俊译. 认识自己，接纳自己[M]. 沈阳：万卷出版公司，2010

21. 朱建军，邓基泽. 大学生心理健康[M]. 北京：中国农业大学出版社，2004

22. 郑雪. 人格心理学[M]. 广州：暨南大学出版社，2001

23. 佐斌. 大学生心理发展[M]. 北京：高等教育出版社，2004

24. 张玲. 当代学校心理健康指导[M]. 北京：教育科学出版社，2010

25. 斯科特·W. 文特雷拉. 积极思考的力量[M]. 北京：中信出版社，2003

26. 黄希庭. 人格心理学[M]. 杭州：浙江教育出版社，2002

27. 罗伯特·J. 斯腾伯格，凯琳·斯腾伯格. 爱情心理学[M]. 北京：世界图书出版公司，2010

28. 江远，张成山. 新编大学生心理健康教育[M]. 北京：清华大学出版社，2009

29. 王滟明，邹简. 哈佛积极心理学笔记：哈佛教授的幸福处方[M]. 北京：中国言实出版社，2011

30. 张大均，邓卓明. 大学生心理健康教育——诊断·训练·适应·发展（一年级）[M]. 重庆：西南师范大学出版社，2004

31. 张大均，邓卓明. 大学生心理健康教育——诊断·训练·适应·发展（三年级）[M]. 重庆：西南师范大学出版社，2004

32. 张旭东，车文博. 挫折应对与大学生心理健康[M]. 北京：科学出版社，2005

33. 陶国富，王祥兴. 大学生学习心理[M]. 上海：华东理工大学出版社，2003

34. 陶国富，王祥兴. 大学生挫折心理[M]. 上海：立信会计出版社，2006

35. 维蕾娜·卡斯特. 依然故我[M]. 香港：国际文化出版社，2008

36. 乔纳森·布朗. 自我[M]. 北京：人民邮电出版社，2004